T0219533

Mathematische Modelle des Kontinuums

Ernst Kleinert

Mathematische Modelle des Kontinuums

 Springer Spektrum

Ernst Kleinert
Mathematisches Seminar
Universität Hamburg
Hamburg, Deutschland

ISBN 978-3-662-59678-4   ISBN 978-3-662-59679-1 (eBook)
https://doi.org/10.1007/978-3-662-59679-1

Die Deutsche Nationalbibliothek verzeichnet diese Publikation in der Deutschen Nationalbibliografie;
detaillierte bibliografische Daten sind im Internet über http://dnb.d-nb.de abrufbar.

Springer Spektrum

Planung/Lektorat: Andreas Rüdinger

Springer Spektrum ist ein Imprint der eingetragenen Gesellschaft Springer-Verlag GmbH, DE und ist
ein Teil von Springer Nature.
Die Anschrift der Gesellschaft ist: Heidelberger Platz 3, 14197 Berlin, Germany

Vorwort

Der vorliegende Text ist aus Vorlesungen und Vorträgen hervorgegangen, die ich 1999/2000 und 2018 am Mathematischen Institut der Universität Hamburg gehalten habe. Meine allererste Motivation, mich in einige Gegenstände, die ich nur oberflächlich kannte, einmal gründlicher einzuarbeiten, ging alsbald über in den Wunsch, den gewaltigen mathematischen Reichtum, der sich unter dem Titel „Modelle des Kontinuums" versammeln lässt, von einem übergreifenden Gesichtspunkt aus zu fassen und darzustellen. (Dass das Thema nicht zu erschöpfen ist, brauche ich wohl nicht eigens zu sagen.) So entsteht gleichzeitig eine Gelegenheit, am Leitfaden eines Gegenstandes von unbestreitbarer Bedeutsamkeit an einige philosophische Seiten der Mathematik heranzutreten. Umgekehrt kann eine Philosophie der Mathematik dem Thema des Kontinuums nicht ausweichen; mit vollem Recht schreibt Feferman: „But as long as science takes the real number system for granted, its philosophers must eventually engage the basic foundational question of modern mathematics: What are the real numbers, really?" ([FL], S. 298).

Vom Leser wird erwartet, dass er über mathematisches Basiswissen und *common sense* verfügt, wie sie in einer an deutschen Universitäten üblichen Grundausbildung erworben werden können, einschließlich der ersten Begriffe von Algebra und Topologie. Gelegentliche Bemerkungen gehen darüber hinaus, werden dann aber in der Folge nicht benutzt. Die Sache bringt mit sich, dass er die ersten Schritte in die mathematische Logik zu tun lernt, ferner einen „starken Vorgeschmack" von der (mathematischen) Kategorientheorie bekommt.

Dieses Buch ist kein Lehrbuch im üblichen Sinne, es führt nicht in eine bestimmte Theorie ein, will auch nicht pure Ideengeschichte sein, sondern widmet sich einem Thema, zu dessen Bearbeitung verschiedene Theorien entwickelt werden, die es zu vergleichen gilt, nach ihrer Rolle, ihrer Leistung, ihrem Recht. Hier ist nicht nur, wie meistens in der Mathematik, der bloße Nachvollzug gefordert, sondern auch Urteilsvermögen: der Leser soll die Sache zur seinigen machen. Ich habe darum, soweit es angängig schien, den Vorlesungston mit seiner direkten Ansprache beibehalten.

Eine erste Fassung erschien 2000 in den „Hamburger Beiträge[n] zur Mathematik". Im Herbst und Winter 2018/2019 wurde der gesamte Text neu geschrieben, und die Abschnitte über die Konstruktion von A'Campo und die Conwayzahlen wurden hinzugefügt. Prof. Detlef Laugwitz (†) bin ich verpflichtet für die zahlreichen Anregungen, die ich von ihm erhielt. Danken möchte ich auch Dr. Andreas Rüdinger vom Springer-Verlag, ohne dessen Engagement und Entgegenkommen dieses Buch nicht hätte erscheinen können.

Hamburg   Ernst Kleinert
im Frühjahr 2019

Inhaltsverzeichnis

Kapitel 1
Einleitung

Seit griechischer Zeit ist es eine Grundaufgabe der Wissenschaft, bei Aristoteles noch der Physik, seit Leibniz der Mathematik (siehe hierzu die Arbeit von Breger in [Lab]), eine Theorie des Kontinuums zu geben. Ziel dieser Vorlesung ist, in einigermaßen repräsentativer Auswahl Revue passieren zu lassen, was die mathematische Spekulation im Verfolg dieser Aufgabe hervorgebracht hat. Es wird sich dabei herausstellen, dass die übliche Theorie der reellen Zahlen, die in den Grundvorlesungen mit so viel Selbstverständlichkeit als *die* Theorie des Kontinuierlichen schlechthin dargestellt wird, diesen Status keineswegs beanspruchen kann, dass zu der genannten Grundaufgabe das letzte Wort noch nicht gesprochen ist, ja dass es ein solches letztes Wort vielleicht nie geben wird. Bevor wir aber daran gehen, wird es gut sein, den fundamentalen Charakter jener Aufgabe durch eine mehr oder weniger philosophische Besinnung ins Licht zu setzen.

Ein wissenschaftlicher Grundbegriff wie der des Kontinuums ist eine Präzisierung oder Spezifikation eines vorwissenschaftlichen, mehr oder weniger anschaulichen. Wir besprechen zunächst den anschaulichen, sodann den philosophischen Begriff des Kontinuums und legen uns schließlich die Frage vor, warum die Wissenschaft vom Kontinuum Mathematik ist.

Beginnen wir mit dem Wort selbst, das uns schon auf das Charakteristische beim Kontinuum hinweist, den Zusammenhang. Lateinisch continere heißt „zusammenhalten", vgl. Kontinent, frz. contenance, das griechische Wort, von dem das lateinische (ungefähr) die Übersetzung ist, lautet synechès. Das lateinische continuus bedeutet auch „unmittelbar anschließend"; dieser Aspekt hat sich im englischen to continue, continuation erhalten. Synonym mit „kontinuierlich" wird im Deutschen auch „stetig" gebraucht; hierin liegt „Beständigkeit, Gleichförmigkeit", vgl. oberdeutsch „stat", lateinisch stare, stehen. Die verschiedenen Konnotationen verdienen hervorgehoben zu werden: im continere liegt immerhin eine Aktivität, das Halten; stare bezeichnet eher einen Zustand.

Das Kontinuum, genauer: kontinuierlich Ausgedehntes, ist etwas, das wir wahrnehmen oder uns als wahrgenommen vorstellen. Alle Wahrnehmung vollzieht sich

© Springer-Verlag GmbH Deutschland, ein Teil von Springer Nature 2019
E. Kleinert, *Mathematische Modelle des Kontinuums*,
https://doi.org/10.1007/978-3-662-59679-1_1

in Raum und Zeit; wir haben also zwei Quellen für unsere Wahrnehmung von Kontinuierlichem, und wir nehmen Kontinuität wahr an räumlich oder zeitlich Ausgedehntem, insbesondere an Raum und Zeit selbst. Freilich erscheint das Kontinuum der sinnlichen Wahrnehmung nicht allein an Gestalt und Dauer, sondern auch als ein akustisches, im kontinuierlichen Anschwellen und Modulieren eines Tons, als haptisches, durch kontinuierlich veränderbare Intensität der Berührung, vor allem als farbliches, im kontinuierlichen Übergang zwischen Farbtönen. All das bleibt hier außer Acht, denn diese Kontinua werden, soweit sie überhaupt wissenschaftsfähig sind, auf reelle Maßgrößen und damit auf das lineare Kontinuum zurückgeführt (siehe Weyl [WP], S. 94 f. für eine Beschreibung des Farbraumes als zweidimensionale projektive Mannigfaltigkeit).

Das zeitliche Kontinuum nehmen wir wahr als den kontinuierlichen Bewusstseinsstrom, das lückenlose Verfließen der Zeit. Nähere Reflexion (mit Husserl etwas anspruchsvoller ausgedrückt: phänomenologische Betrachtung) zeigt nun sofort, dass wir nicht Zeit an sich wahrnehmen, sondern Phänomene, d. h. in der Zeit Erscheinendes; nur auf dieses Erscheinende, Während oder sich Vollziehende kann man die Aufmerksamkeit richten. Trägt man dem Rechnung, so kann man die Zeit nicht als eine Art Rahmen ansehen, der an sich schon „da ist" und in dem dann Dinge erscheinen und Vorgänge sich abspielen, sondern eher umgekehrt: die Zeit erscheint nur durch die Phänomene oder an ihnen, durch Abfolge und Veränderung.

Vor allem aber: von der Reflexion auf die Zeit lässt sich das reflektierende Ich kaum abtrennen, schon das Gewahrwerden von Zeitlichkeit setzt ein erinnerndes Bewusstsein voraus, die „reine" Zeit und das „reine Ich" scheinen geradezu zusammenzufallen. Die Besinnung auf das eigene Zeiterleben zeigt uns als primäre Einteilung die in Vergangenheit, Gegenwart und Zukunft, diese aber setzt den „Ichpunkt" voraus, ohne „Ich" kein „Jetzt". Aber es kann uns hier doch nur um die Einteilung nach „Früher" und „Später" gehen, und mit ihr wird die Zeit „verräumlicht", als Gerade aufgefasst. In welchem Verhältnis übrigens diese Einteilungen (in der einschlägigen Diskussion als „A- und B-Reihe" bezeichnet) zueinander stehen, das aufzuhellen ist alles andere als einfach, vielmehr bis heute ein unausgeschöpftes Thema der Philosophie. Schon Augustinus kommt (im elften Buch seiner Confessiones) zu dem Resultat: „Quid est ergo tempus? Si nemo ex me quaerat, scio; si quaerenti explicare velim, nescio." Wenn mich niemand fragt, was die Zeit sei, weiß ich es; aber wenn ich es jemandem erklären soll, dann weiß ich es nicht mehr.

Wenden wir uns zum räumlichen Kontinuum, sieht es zunächst nicht anders aus: auch den Raum selbst können wir nicht wahrnehmen, sondern nur Dinge im Raum. Schließen Sie die Augen und versuchen Sie es: Sie visualisieren vielleicht eine Art Weltraum, aber woher wissen Sie, dass es der Weltraum ist, wenn nicht ein paar Sterne die räumliche Struktur andeuten? Das Räumliche mit seinen drei Dimensionen wird nur präsent durch darin Befindliches. Und selbst wenn es Ihnen gelingt, sich so etwas wie ein schwarzes Loch vorzustellen – das kann es auch nicht sein, denn der Raum an sich ist nichts, das eine Farbe haben kann. Ähnlich wie die Zeit, ist auch der Raum, wie Leibniz es sagt, eine Weise (ordo) des Beieinanderseins von Dingen, nicht eine Art Schachtel (receptaculum), in der die Dinge stecken: „Mihi olim meditanti visum est non aliter illo labyrintho continui exiri posse quam ipsum quidem spatium perinde ac tempus commune non accipiendo pro alio quodam ordine compossibilium vel simultaneorum vel successivorum." Nur so entkommt man dem Labyrinth des Kontinuums: indem man Raum und Zeit als eine Ordnung des Zusammen-Möglichen auffasst, sei es des Gleichzeitigen oder des Aufeinanderfolgenden ([LP] VII S. 467). Eine tiefe Einsicht, die in der Allgemeinen Relativitätstheorie eine Bestätigung erfahren hat: die Massenverteilung bestimmt die metrische Struktur der vierdimensionalen Raumzeit. Jedoch: es ist viel leichter, sich vom Raum eine zwar im strikten Sinne inadäquate, aber doch brauchbare Vorstellung zu machen, als von der Zeit (sofern man sie nicht verräumlicht); das räumlich Wahrgenommene oder Vorgestellte hat eine Beharrlichkeit, es „läuft nicht davon", es verharrt unverändert, während wir uns damit beschäftigen. Auch drängt sich das mit der Zeit verwobene Ich weniger herein, wenn wir uns auf ein räumlich Gegebenes konzentrieren, wir können uns im Gegenteil darüber vergessen. So spielt denn auch die Raumvorstellung in der philosophischen Betrachtung des Kontinuums durchaus die dominierende Rolle; wenngleich sich schon bei Aristoteles zeigt, dass eine wirklich adäquate Auffassung des Kontinuums verlangt, zeitliche Abläufe einzubeziehen.

Wir fassen also das einfachste Kontinuum ins Auge, die gerade Linie. Worin liegt das Kontinuierliche? Die erste Impression ist vielleicht die von etwas absolut Dichtem, sozusagen in sich hinein Abgeschlossenem. „Kontinuierlich" als Gegenbegriff zu „diskret" stelle ich mir gern so vor: über eine von feinem Sand bedeckte Wüste geht ein Gluthauch, und die Körner verschmelzen zu einer glasigen Fläche, geben ihre Individualität auf. „Selbst der Gedanke gleitet ab", möchte man mit Goethe sagen. Nun, das ist Lyrik und kaum mathematikfähig. Aber haben wir nicht schon einen mathematischen Begriff von Zusammenhang, den der Topologie? Leider bringt auch er uns nicht weiter: Ist Zusammenhang im einfachsten Sinne gemeint, so braucht man nur zu bemerken, dass sich jede Menge zusammenhängend topologisieren lässt. Ist Wegzusammenhang gemeint, wird das Kontinuierliche beliebiger Räume nur zurückgeführt auf das des Einheitsintervalls, und das ist ja gerade unser Problem. Versuchen wir es so: Es geht um eine besondere Art des Zusammenhangs; diese Art aber zeigt sich darin, wie das Zusammenhängende sich verhält, wenn man es teilt.

In der Tat: die philosophischen Bemühungen, das Kontinuierliche begrifflich zu fassen, operieren von Anfang an mit Teilungen. Aristoteles unterscheidet am Beginn des sechsten Buchs seiner Physik drei Arten des Benachbartseins von Gleichartigem: aufeinanderfolgend, aber mit einem Zwischenraum *(ephexes)*, berührend *(echomenon* oder *haptomenon)*, schließlich stetig *(syneches)*. Beim *echomenenon* sind die Grenzen, *eschata*, am selben Ort, *hama*, beim *syneches* sind sie Eins, *hen* (231 a 21). Das Berührende kann in Stetiges übergehen, durch Zusammenwachsen oder Verkleben (227 a 15). Kontinuität ist also zunächst eine Relation. Kurz danach (231 a 25) aber spricht Aristoteles von einer stetigen Linie, nimmt also Kontinuität als Eigenschaft. Der Bezug ist naheliegend: kontinuierlich ist etwas, dessen Teile in der Relation der Kontinuität stehen. Hier muss man berücksichtigen, dass für Aristoteles zu einem Stück oder Teil seine Grenzen immer mit dazugehören, modern gesagt: nur geschlossene Intervalle oder Vereinigungen von solchen kommen als Teile in Betracht. Darin offenbart sich die physikalische Motivation in der Untersuchung von Aristoteles. Für uns ist es kein Problem, uns ein Intervall ohne seine Grenzen vorzustellen. Aber zu einem soliden physischen Gegenstand gehören seine Grenzen dazu. (Ganz klar ist das freilich nicht. Was ist denn der Rand eines solchen Gegenstands, z. B. dieses Stücks Kreide? Etwa die äußerste Schicht Elementarteilchen? Aber diese sind doch selbst räumlich ausgedehnt, müssten also ihrerseits einen Rand haben. Und haben denn die kleinsten Bestandteile überhaupt einen festen Ort, nicht vielmehr eine Bahn? Wenn wir aber etwa sagen, der Rand des Kreidestücks ist der Rand der Vereinigung aller Teilchenbahnen, so ist das nichts weiter als eine mathematische Fiktion, die zudem physikalisch willkürlich erscheint, da sie nicht die Wechselwirkung der Kreideteilchen mit dem umgebenden Kosmos berücksichtigt, die zum Bestand des Kreidestücks dazugehört. Fazit: wir können kaum behaupten, in völliger Klarheit über den Begriff „Rand" zu sein – außer natürlich in der Mathematik.)

Die Teile des kontinuierlich Ausgedehnten müssen nun selbst wieder teilbar sein. Denn Unteilbares, d. h. Punkte, kann nicht kontinuierlich benachbart sein: ein Punkt ist ja sein eigenes *eschaton,* zwei Punkte, die im definierten Sinne kontinuierlich benachbart sind, müssten also zusammenfallen. Die Teile eines Kontinuums sind selbst Kontinua. Diese Eigenschaft nimmt Aristoteles, in sehr modern anmutender Wendung, dann als endgültige Definition: kontinuierlich ist, was *dihaireton eis aei dihaireta* ist, teilbar in immer weiter Teilbares (231 b 16). Und offenbar ist widersprüchlich, alle möglichen Teilungen als vollzogen zu denken: die letzten Teile können keine Punkte sein, wie wir gesehen haben, müssten also wieder Kontinua sein, also nicht letzte Teile. „In dem Stetigen sind zwar unbegrenzt viele Hälften, aber nicht der Wirklichkeit, sondern der Möglichkeit nach" (Buch VIII). Die Teilungen bilden eine potenzielle, keine aktuale Unendlichkeit. Hintergrund einer jeden Potenzialität aber ist Zeit.

Über die Erörterungen in der „Physik" des Aristoteles ist die rein philosophische Betrachtung des Kontinuums nicht wesentlich hinausgekommen. Leibniz schreibt [LM] Bd. VII S. 273: „Man muss wissen, dass eine Linie nicht aus Punkten zusammengesetzt ist, eine Fläche nicht aus Linien, ein Körper nicht aus Flächen; sondern die Linie aus kleinen Linien" usw.; [LP] Bd. III S. 612: „Die Teile (der Linie) existieren nur in der Möglichkeit, sie sind nicht in der Linie wie die Bruchteile in der Eins." (Man sieht hier besonders deutlich, dass die Arithmetisierung der Geometrie, die unsere Vorstellung beherrscht, sich noch nicht durchgesetzt hat). All das ist aristotelisch. Ferner [LP] Bd. II S. 278/79: „Aber der Raum, wie die Zeit, sind nichts Substantielles, sondern etwas Ideales, und bestehen in Möglichkeiten, d. h. wie auch immer beschaffenen Ordnungen des Zusammenexistierens. Deswegen gibt es in ihnen keine Einteilungen außer denen, die der Verstand vornimmt, und der Teil kommt nach dem Ganzen. Bei realen Dingen hingegen sind die Einheiten früher als die Vielheiten." – Man muss übrigens, wenn man Leibnizens Äußerungen zum Kontinuum würdigen will, das Neue berücksichtigen, das bei ihm hinzutritt, nämlich das Unendlichkleine, das er für

die Begründung der Infinitesimalrechnung braucht; damit werden wir noch ausführlich zu tun bekommen.

Bei Kant lesen wir ([KrV] B 211): „Die Eigenschaft der Größen, nach welcher
an ihnen kein Teil der kleinstmögliche (kein Teil einfach) ist, heißt die Kontinuität derselben. Raum und Zeit sind quanta continua, weil kein Teil derselben
gegeben werden kann, ohne ihn zwischen Grenzen (Punkten und Augenblicken)
einzuschließen, mithin nur so, dass dieser Teil selbst wieder ein Raum, oder eine
Zeit ist. Der Raum besteht also nur aus Räumen, die Zeit aus Zeiten, Punkte und
Augenblicke sind nur Grenzen, d. i. bloße Stellen ihrer Einschränkung, Stellen
aber setzen jederzeit jene Anschauungen, die sie beschränken oder bestimmen
sollen, voraus, und aus bloßen Stellen, als aus Bestandteilen, die noch vor dem
Raume oder der Zeit gegeben werden könnten, kann weder Raum noch Zeit
zusammengesetzt werden. Dergleichen Größen kann man auch fließende nennen,
weil die Synthesis (der produktiven Einbildungskraft) in ihrer Erzeugung ein Fort-
gang in der Zeit ist, deren Kontinuität man besonders durch den Ausdruck des
Fließens (Verfließens) zu bezeichnen pflegt." – Man beachte den letzten Hinweis:
vom räumlichen Kontinuum kann das zeitliche nicht getrennt werden, wie unsere
Überlegungen schon gezeigt haben.

Wir sind heute versucht, derartige Beschreibungen als ungenügend anzusehen,
weil sie erstens von nicht-formaler Natur sind, zweitens (teilweise wenigstens)
auch für die nicht-kontinuierliche, abzählbar unendliche Menge der rationalen
Zahlen gelten. Was den ersten Einwand betrifft, so werden wir noch sehen, dass
sich heute viel mehr formalisieren lässt, als die gewöhnliche mathematische
Schulweisheit sich träumen lässt. Der zweite Einwand aber setzt voraus, dass
das Kontinuum überhaupt durch eine Punktmenge adäquat wiedergegeben werden kann, und das haben, wie wir sahen, alle bisher genannten Denker und viele
andere bis heute ausdrücklich zurückgewiesen. Hier noch ein besonders klares Argument von Peirce, das sich auf das zeitliche Kontinuum bezieht und ganz
phänomenologisch gehalten ist: „We are conscious only of the present time which
is an instant if there be any such thing as an instant. But in the present we are
conscious of the flow of time. There is no flow in an instant. Hence the present is
not an instant" [PT]. D. h. ein Zeitpunkt im strikten Sinne ist phänomenologisch
gar nicht ausweisbar, ist eine mathematische Fiktion, ebenso wie der euklidische
Raumpunkt. Eine Menge ist nun einmal etwas essenziell Diskretes, seine Kons-
tituentien sind die Elemente, denn nach dem Axiom der Extensionalität (siehe
Abschn. 4.1) sind zwei Mengen gleich, wenn sie dieselben Elemente enthalten.
Daran ändert sich auch nichts, wenn man eine Menge nichtdiskret topologisiert.
In jedem anständigen topologischen Raum besteht jeder Punkt „für sich", kann
von jedem anderen durch Umgebungen getrennt werden. Ich werde in dieser Vor-
lesung auf mathematische Modelle eingehen, die einer solchen „ganzheitlichen"
Auffassung Rechnung tragen; aber bis dahin ist noch ein weiter Weg.

Die definitive Charakterisierung des Kontinuums in Termini von Teilungen
stammt bekanntlich von Dedekind (Stetigkeit und Irrationalzahlen, 1872). Er
beginnt mit der Feststellung, dass jeder Punkt der Geraden eine „Zerschneidung"
derselben hervorbringt, nämlich in die Punkte rechts und die links von ihm

(zu welchem Teil man den Punkt selbst schlägt, ist gleichgültig). Dann fährt er fort: „Ich finde nun das Wesen der Stetigkeit in der Umkehrung, also in dem folgenden Princip: Zerfallen alle Puncte der Geraden in zwei Classen von der Art, dass jeder Punct der ersten Classe links von jedem Puncte der zweiten Classe liegt, so existirt ein und nur ein Punct, der diese Eintheilung aller Puncte in zwei Classen, diese Zerschneidung der Geraden in zwei Stücke hervorbringt". In etwas gröberer Anschaulichkeit: überall, wo man das Kontinuum teilen will, ist schon ein Punkt von ihm, man kann es nicht spalten wie ein Stück Holz, von dem jedes Atom rechts oder links der Schneide bleibt. Dies ist das Prinzip des dedekindschen Schnitts, und wir werden sehen, dass es nicht nur eine Charakterisierung der Stetigkeit ist, sondern (und daran zeigt sich eigentlich seine mathematischer Fruchtbarkeit) auch zur Konstruktion des reellen Kontinuums aus den rationalen Zahlen gebraucht werden kann, sowie zu noch viel weiter gehenden Verallgemeinerungen (siehe Kap. 8). Es ist wirklich frappierend, wie einfach die Wendung ist, mit der Dedekind eine 2000jährige Diskussion abgeschlossen hat (wohlgemerkt: nicht die um das Kontinuum schlechthin, sondern um seine Charakterisierung durch Teilungen). Aristoteles scheint ganz nahe daran zu sein, wenn er Phys. VIII schreibt: „Wenn man die stetige Linie in zwei Hälften teilt, so nimmt man den einen Punkt für zwei; man macht ihn sowohl zum Anfang als zum Ende; indem man aber so teilt, ist nicht mehr stetig weder die Linie noch die Bewegung." Fast wie eine Vorwegnahme liest sich Leibniz [LM] Bd. VII S. 284: „Continuum est totum, cuius duae quaevis partes cointegrantes … habent aliquid commune, et quidem si non sint redundantes seu nullam partem communem habeant … tunc saltem habent communem aliquem terminum". Ein Kontinuum ist ein Ganzes, in dem je zwei Teile, die zusammen das Ganze bilden, etwas gemeinsam haben; wenn sie nicht einander überlappen, also einen Teil gemeinsam haben, so doch wenigstens eine gemeinsame Grenze. Inwieweit diese Äußerungen wirklich als Vorwegnahme des dedekindschen Prinzips gelten dürfen, scheint mir eine schwierige Frage zu sein.

Wir halten zweierlei fest: Erstens, das Kontinuierliche liegt sozusagen nicht im Kontinuum „an sich", wie es die allererste, naive Anschauung glauben macht, sondern lässt sich nur definieren durch Vermittlung einer Aktivität, des Teilens; es ist ein „operativer" Begriff (Wieland). „Durch dieses Axiom [der Schnittvollständigkeit] denken wir die Stetigkeit in die Linie hinein", wie Dedekind treffend bemerkt. Sodann: denken wir mit Aristoteles die Teilungen in zeitlicher Folge, können es nur abzählbar viele sein, und selbst wir wenn all diese als vollzogen denken, bleibt immer noch ein Kontinuum von nicht vollzogenen übrig; das Kontinuum ist also eigentlich ein solches von Möglichkeiten, oder wie Weyl es mit leicht romantischem Einschlag formuliert: ein „Medium freien Werdens". Beachten wir, wie weit die „Arbeit des Begriffs" uns von jener ersten, unreflektierten Impression weggeführt hat, der das Kontinuum als ein An-Sich par excellence erschien, als Substanz von sozusagen letzter Entschiedenheit!

Hieraus haben manche geschlossen, dass das anschauliche Kontinuum gar nicht mathematikfähig sei. Weyl schreibt in „Das Kontinuum", 1918: „Das anschauliche und das mathematische Kontinuum decken sich nicht; zwischen beiden ist eine tiefe Kluft befestigt", und noch 1986 schließt sich Lorenzen dem an [LoT]. Demzufolge kann Mathematik nichts anderes leisten, als Konstruktionen für die Herstellung einzelner Punkte des Kontinuums anzugeben (und das sind natürlich nur höchstens abzählbar viele) und Beziehungen zwischen diesen zu deduzieren. Wir werden uns später anschauen, was für eine Theorie stetig ausgedehnter Größen einer solchen Auffassung zufolge allein legitim ist (Kap. 9). Grundsätzlich aber ist hier zu bemerken: das konkret Angeschaute oder Erfahrene ist nie *Gegenstand*, sondern allenfalls *Ausgangspunkt* von Mathematik. Die eigentlichen Gegenstände der Mathematik sind die Grundbegriffe mit ihren Beziehungen untereinander, also die Axiomatik, welche mathematische Betrachtung aus dem Erfahrenen herausdestilliert, mitsamt den daraus abgeleiteten Strukturen. Ihrer begrifflichen Natur nach sind das ausnahmslos Fiktionen, die natürlichen Zahlen nicht weniger als Hilberträume oder fuzzy sets.

Warum brauchen wir von diesem Kontinuum eine Wissenschaft? Wir haben festgestellt: das Kontinuum begegnet uns in Raum und Zeit. Raum und Zeit sind, mit Kant gesprochen, Anschauungsformen, sie gehören zu den Bedingungen der Möglichkeit von Erfahrung, wir können (physische) Gegenstände gar nicht anders denken als in Raum und Zeit begegnend, und wir können Raum und Zeit nicht anders denken als kontinuierlich ausgedehnt. Das hat man natürlich auch vor Kant gesehen, aber erst Kant hat dieser Tatsache in einer umfassenden Analyse des menschlichen Erkenntnisvermögens einen systematischen Platz gegeben. In [KrV] B 211 lesen wir: „So hat demnach jede Empfindung, mithin auch jede Realität in der Erscheinung, so klein sie auch sein mag, einen Grad, d. h. eine intensive Größe, die noch immer vermindert werden kann, und zwischen Realität und Negation ist ein kontinuierlicher Zusammenhang möglicher Realitäten und möglicher kleinerer Wahrnehmungen." Man beachte: das ist ein phänomenologischer Befund, mit dem physikalische Theorien von Aufbau der Materie nichts zu tun haben; freilich denken wir uns heute auch die festen Gegenstände, die Aristoteles als echte Kontinua nahm, in Atome aufgelöst; aber die Atome selbst wie auch den Raumhintergrund können wir nicht zugleich so denken.

Die Erforschung der Bedingungen, unter denen Erfahrung möglich ist, heißt seit Kant Transzendentalphilosophie. Die Pointe ist: was in den Bedingungen oder Formen möglicher Erfahrung liegt, muss sich auch an den Dingen, die wir erfahren, zeigen, es ist eben das Be-Dingende, es macht Aussagen über sie objektiv gültig, d. h. gültig für die Dinge, insofern sie Objekt, Gegenstand von Erfahrung werden. Das ist Kants „kopernikanische Wende", mit der er die Möglichkeit synthetischer apriorischer Aussagen erklärt (das sind, grob gesagt, nicht-triviale Sätze über mögliche Erfahrungen, deren Gültigkeit nicht von faktisch gemachter Erfahrung abhängt) und eine neue Epoche der Philosophie begründete. Peirce formuliert zustimmend so: „That [die Wende] was nothing else than to consider every conception and intuition which enters necessarily into the experience of an object, and which is not transitory or accidental, as having objective validity" [PT]. Und es bedarf keiner langen Begründung, dass die Wissenschaft von diesen notwendigen Bestandteilen aller Erfahrung eine erste Wissenschaft sein muss (in einem hierarchischen, nicht im historischen Sinne).

Warum ist die Wissenschaft vom Kontinuum eine mathematische? Statt mich einfach auf die (seit Leibniz bestehende) Tradition zu berufen, möchte ich eine Auffassung von Mathematik vorschlagen, aus der sich das von selbst ergibt. Hierzu müssen wir einen Schritt zurücktreten und die Conditio Humana in den Blick nehmen, die menschliche Seinsverfassung, die Befindlichkeit des Menschen in der Welt. Es gehört zu dieser Conditio, dass der Mensch das ihm Begegnende bewusst auffasst, das heißt wahrnimmt und auf Begriffe bringt (erst das ist Erfahrung), sodann zunächst gedanklich bearbeitet, nach seinen Eigenschaften, seiner Veränderbarkeit, seiner Beziehbarkeit auf anderes Begegnendes oder auch nur Denkbares befragt. Diese Aktivitäten vollziehen sich in bestimmten Formen. Wir haben schon Raum und Zeit als Formen der Anschauung kennengelernt. Das Umsetzen in Sprache, das Auf-Begriffe-Bringen operiert mit Grundformen, von Kant, der hier Aristoteles folgt, Kategorien genannt und in seiner berühmten (von der aristotelischen Liste allerdings sehr verschiedenen) Tafel zusammen-gefasst, die viel Kritik erfahren hat, aber im Wesentlichen das enthält, was in moderner Sprechweise den fundamentalen Formenbestand einer Prädikatenlogik mit Modalitäten ausmacht (siehe dazu meinen Aufsatz [KK]). Das gedankliche Bearbeiten schließlich steht unter den Gesetzen der Logik und folgt darüber hin-aus gewissen „strategischen Leitlinien", von Kant „regulative Ideen" genannt, z. B. das Streben nach möglichst großer Einheit des konzeptuellen Gebäudes und In-Beziehung-Setzen möglichst vieler Gegenstände des Denkens zueinander. Die-ses gesamte Aggregat von Formen des Erfassens und gedanklichen Bearbeitens möchte ich den „kategorialen Apparat" des Menschen nennen. „Erste" Wissen-schaft, so können wir jetzt sagen, ist Wissenschaft von diesem Apparat. Meine These (die ich in [KMP] ausführlicher dargestellt habe) ist nun: Mathematik ist nichts anderes als die Entfaltung aller Gesetzmäßigkeiten, die in diesem kate-gorialen Apparat anzutreffen sind, nach axiomatischer Methode, d. h. durch Kons-truktion und Deduktion aus „reinen" Begriffen. Weil durch ihn Erfahrung erst möglich wird, sind jene Gesetzmäßigkeiten in aller Erfahrung anzutreffen, und darum ist Mathematik anwendbar. Die Lehre vom Kontinuum gehört offenbar zur Mathematik der Anschauungsformen, ist genauer ein Kapitel in der Mathematik vom Raum; die Mengenlehre wäre zur Mathematik der Verstandesbegriffe zu rech-nen, als die Lehre von den Gesetzmäßigkeiten des Zusammenfassens; die mathe-matische Kategorientheorie (die wir kennenlernen werden) ist eine Mathematik des In-Beziehung-Setzens.

Damit haben wir – in sehr groben Zügen – den historisch-philosophischen Rah-men abgesteckt, aus und in dem die Lehre vom Kontinuum wächst. Jetzt ein Gang durch die Inhalte, die ich vor Ihnen ausbreiten möchte. Die erste räsonable Theo-rie stetig ausgedehnter Größen ist die griechische Proportionenlehre. Sie thema-tisiert nicht das „Wesen" der Stetigkeit (das war damals, wie gesagt, eine Frage der Physik), aber sie gibt einen begrifflich sauberen Rahmen für den Vergleich von Größen, die sogar von verschiedener Art sein können, und gehört damit hierher. Zur algebraischen Struktur dieser Größen (Addition und Multiplikation) sagt sie nicht viel, obwohl es naheliegt und nicht schwierig ist, diese aus der Geometrie herauszuholen; dies wird unser zweites Thema sein. Als nächstes behandeln wir den heute üblichen Aufbau des reellen Zahlensystems, welches in der Analysis-vorlesung in der Regel ja axiomatisch eingeführt, also vorausgesetzt wird. Die Analyse der dabei benutzten universellen Konstruktionen wird uns Anlass sein, in die mathematische Kategorientheorie einzusteigen. Eine wesentliche Leistung beim heute üblichen Aufbau des Zahlensystems, vorzüglich mit den Namen von Cauchy und Weierstraß verbunden, war die Vermeidung des Unendlich-Kleinen, mit dem die frühen Analytiker virtuos, aber doch wenig stringent hantiert hatten, für welches eine logisch einwandfreie Begründung aber nicht in Sicht schien. Eine solche wurde erst im letzten Jahrhundert geleistet und zwar unter Heranziehung der mathematischen Logik und der Mengenlehre (das Auswahlaxiom spielt eine entscheidende Rolle). Die erste, selbst nun schon klassische Version stammt von Robinson und arbeitet mit einer Erweiterung des reellen Körpers zu einem „hyper-rellenhyperreellen" Körper, der die gewünschten Infinitesimalien enthält. Den Intentionen der Klassiker näher kommt eine andere Version der Infinitesimal-rechnung, die nicht, wie die Robinsonsche, mit invertierbaren, sondern mit nil-potenten Infinitesimalien arbeitet. Ihre Axiomatisierung hat zur Folge, dass das Kontinuum nicht mehr als Punktmenge aufgefasst werden kann. In Konsequenz dessen ist die Aussagenlogik nicht mehr boolesch; insbesondere gilt der Satz vom ausgeschlossenen Dritten nicht mehr, alle Argumente müssen also „konstruktiv" sein. Diese Theorie geht zurück auf eine Idee von Lawvere und erfordert zu ihrer „Realisierung" einen enormen Aufwand kategorientheoretischer Natur, den ich nur teilweise entwickeln kann; jedoch ist es möglich, mit der ganz einfachen Axioma-tik Differentialrechnung zu treiben und eben zu glauben, dass die Theorie konsis-tent ist (wie man es im ersten Semester bei der Standardanalysis ja auch glauben muss). Auch die Konstruktion von Conway verlässt die gewohnte Mengenwelt, freilich aus einem ganz anderen Grund. Mit dem Fall des Tertium non datur in Kap. 7 sind wir in den Bannkreis der intuitionistischen Logik eingetreten; ich möchte Ihnen wenigstens die Grundlagen von Brouwers Theorie des Kontinuums näherbringen. Zum Schluss werden wir versuchen, einen übergreifenden Gesichts-punkt zu gewinnen.

Literatur zur Einleitung
Unübertrefflich und unentbehrlich ist Weyl [WP], Kap. II. Pflichtlektüre ist auch das Kapitel über das anschauliche und das mathematische Kontinuum in sei-nem Buch [WK]. Neuere Entwicklungen sind einbezogen in Laugwitz [LaK], dort auch viele weitere Literaturangaben. Viele Einzeluntersuchungen, vor allem historisch-philosophischer Art, enthält der Band [Lab]. Eine eindringende Studie zur Kontinuumstheorie bei Aristoteles stammt von W. Wieland [Wi]; siehe hierzu auch einige Aufsätze in dem zuvor genannten Band.

Kapitel 2
Die griechische Proportionenlehre

Zu Beginn des 5. Jahrhunderts v. Chr. war die mathematische Welt der Pythago-reer noch heil: alle Verhältnisse im Kosmos lassen sich durch Verhältnisse zwi-schen Zahlen (und das heißt immer: natürlichen Zahlen) ausdrücken; die Zahlen sind die Ordnungsmächte schlechthin in allem, was existiert, sind „Formkräfte aller Wirklichkeit". Ja, die Pythagoreer gingen soweit, zu sagen, dass die Dinge selbst Zahlen *seien,* arithmous einai phasin auta ta pragmata, wie Aristoteles überliefert, und das All nichts anderes als die Entfaltung der Einheit, monas. Die schönste Bestätigung dieser Ansicht gab die Musiktheorie: einfache ganzzahlige Unterteilungen einer Saite liefern die Grundintervalle, 1:2 = Oktave, 2:3 = Quinte. Die ganzzahligen Verhältnisse, die man in der Astronomie ansetzte, sorgten für die Harmonie der Sphären. Die Pythagoreer nahmen so einen Grundgedanken vorweg, der unsere ganze moderne Wissenschaft beherrscht, nämlich Qualitäten mit Quantitäten zu identifizieren. Freilich findet sich in ihrer Zahlenlehre auch allerhand obskurer Symbolismus, und man darf bezweifeln, dass sich von daher ableitet, was wir mathematische Wissenschaft nennen; deren Ursprung wird eher in Milet zu suchen sein, bei Thales und seiner Schule (siehe dazu Burkert [Bu], S. 441 ff.).

Wie auch immer: die heile Welt wurde, wie bekannt, gegen Ende des 5. Jahr-hunderts durch die Entdeckung inkommensurabler Größenverhältnisse zerstört (d. h. Verhältnisse von Größen, die nicht Vielfache einer gemeinsamen Einheit sind), darunter geometrisch höchst elementare, wie Diagonale und Seite im Qua-drat oder Fünfeck. Wollte man also eine mathematische Theorie der Größen und ihrer Verhältnisse, musste man über die natürlichen Zahlen hinausgehen. (Wie wir das heute machen, wird in Kap. 4 vorgeführt werden). Die griechische Lösung dieser Aufgabe wird Eudoxos zugeschrieben (um 408–355, nach anderen um 391–338), dessen Proportionenlehre Euklid im 5. Buch der „Elemente" wieder-gibt. Hier liegt nun wirklich Mathematik im seither geltenden Sinn vor, das heißt in axiomatisch-deduktivem Aufbau, wenn auch (natürlich) nicht nach heutigen Standards „durchformalisiert". Wir verschaffen uns einen kleinen Eindruck davon,

© Springer-Verlag GmbH Deutschland, ein Teil von Springer Nature 2019
E. Kleinert, *Mathematische Modelle des Kontinuums*,
https://doi.org/10.1007/978-3-662-59679-1_2

wobei wir (meistens) die Umschreibung in heutige algebraische Symbolik verwenden (die aus dem Originaltext herauspräpariert zu haben kein geringes Verdienst der Herausgeber darstellt).

Als „undefinierte Grundbegriffe" treten *Größen* auf, die man sich von verschiedenen Arten (=physikalischen Dimensionen) denken kann, Länge, Flächen-
oder Rauminhalt, Winkel, Dauer oder Gewicht (die Griechen scheinen aber nur an
geometrische Größen gedacht zu haben). Größen gleicher Art sind vergleichbar, es
gilt stets genau eine der Alternativen „größer", „gleich" oder „kleiner", mit moder-
nem Ausdruck: Größen gleicher Art sind total geordnet. Sie können ferner addiert,
insbesondere vervielfältigt werden, wobei die üblichen Regeln der Kommutativität,
Assoziativität und Distributivität gelten (modern: Größen gleicher Art bilden eine
kommutative Halbgruppe). Den beiden Distributivitäten, $m(a+b)=ma+mb$, $(m+n)$
$a=ma+na$ für Zahlen m, n und Größen a, b, widmet Euklid die beiden ersten Sätze
des fünften Buches; der dritte spricht die Assoziativität $m(na)=(mn)a$ aus.

Definition 4: Größen a, b gleicher Art bestimmen eine Proportion, wenn sie,
geeignet vervielfacht, einander wechselseitig übertreffen: $ma>b$ und $nb>a$ für
geeignete m, n.

Wir sagen heute: gilt dies für beliebige a und b, so ist die Anordnung *archimedisch;* das Konzept geht aber auf Eudoxos zurück.

Die meisten (extensiven) Größen sind archimedisch geordnet. Ein Nicht-Bei-
spiel, das die Mathematiker bis in die Neuzeit beschäftigt hat, bieten Winkel mit
krummliniger Begrenzung. Wir betrachten der Einfachheit halber Winkel mit
einem festen Scheitel O, deren einer Schenkel auf einer festen Geraden g liegt.
Zwei Winkel, die von durch O gehenden Geraden mit g eingeschlossen werden,
kann man der Größe nach vergleichen, noch bevor man ein „Größenmaß" eingeführt hat, indem man denjenigen für den größeren erklärt, dessen Winkelraum
den anderen umfasst. Dieses Konzept lässt sich nun übertragen auf den Fall, in
welchem wir nur Kreislinien betrachten, die g in O tangential berühren. Dann
ergibt sich: je größer der Radius, desto kleiner der Winkel, man kann also den
inversen Radius zum „Winkelmaß" machen, das sich nun auch addieren und ver-
vielfachen lässt. Aber kein in diesem Sinn genommenes Vielfaches irgendeines
Kreises wird den Winkel erreichen, den irgendeine durch O gehende Gerade mit
g einschließt; die von den Kreisen erzeugten Winkel sind „unendlich klein" gegen
die von den Geraden erzeugten. Natürlich würden wir heute sagen, dass die fraglichen Winkel sachgemäß als Schnittwinkel der Tangenten zu definieren sind,
und diese sind bei den Kreisen allesamt $=0$, so dass das „Nichtarchimedische"
verschwindet; aber offenbar ist das nicht die einzig mögliche Betrachtungsweise
(siehe Waismann [Wa], S. 198 ff. für eine weitere Diskussion der „hornförmigen"
Winkel).

Im Folgenden sei stets vorausgesetzt, dass die fraglichen Größen eine Proportion bestimmen. Euklid gibt seine Definitionen stets in Worten, nicht in Symbolen;
wenigstens die Definition der Gleichheit von Proportionen (Definition 5) soll hier
wiedergegeben werden:

„Man sagt, dass Größen in demselben Verhältnis stehen, die erste zur
zweiten wie die dritte zur vierten, wenn bei beliebiger Vervielfältigung die

Gleichvielfachen der ersten und dritten den Gleichvielfachen der zweiten und vierten gegenüber, paarweise entsprechend genommen, entweder zugleich größer oder zugleich gleich oder zugleich kleiner sind."

Das übersetzt sich so: die Größen a, b und c, d bestimmen dieselbe Proportion, wenn für alle Zahlen m, n gilt

$$\text{wenn } ma > nb, \text{ so } mc > nd,$$
$$\text{wenn } ma = nb, \text{ so } mc = nd,$$
$$\text{wenn } ma < nb, \text{ so } mc < nd.$$

Wir schreiben dafür (was Euklid nicht tut) a/b = c/d. Zu beachten ist zunächst: es müssen a und b sowie c und d von derselben Art sein, aber nicht a und c. Bemerkenswert ist sodann: Euklid sagt nicht, was eine Proportion *ist*. In Definition 3 heißt es zwar: „Eine Proportion („logos") ist ein gewisses Verhältnis, das zwei Größen in Bezug auf ihre Abmessung haben", aber das kann nicht als Definition im prägnanten Sinn der Mathematik durchgehen und ist kaum als solche gemeint (wenn es sich nicht überhaupt um einen späteren Einschub handelt), ebenso wenig wie die zitierte Definition 4. Erst die Definition der Gleichheit lässt erkennen, was im Begriff der Proportion erfasst werden soll. Das ist axiomatisches Denken im modernen, hilbertschen Sinn: „Proportion" als undefinierter Grundbegriff. Wir würden heute wohl sagen: eine Proportion ist eine Äquivalenzklasse von Paaren von Größen (das wird durch Definition 4 geradezu suggeriert), die Größen jeder Art bilden eine Menge, und so die Proportionenlehre auf die Mengenlehre zurückführen. Aber auch die Mengenaxiomatik (siehe Def. 4) sagt nicht, was Mengen *sein* sollen, sondern legt, wie jede (primäre) Axiomatik, nur fest, was von ihnen ausgesagt werden kann. Und auch Euklid hätte doch sagen können: je zwei Größen, die gemäß Def. 4 in Proportion stehen, *repräsentieren* eine Proportion, und mit Def. 5 hat man dann alles, was man braucht.

Überzeugen wir uns nun, dass die Definition „richtig" ist, indem wir sie in unsere Zahlensprache übersetzen: es sind dann a/b =: r, c/d =: s reelle Zahlen, und n/m =: q ist rational. Dann sagt die Definition: es ist r = s genau dann, wenn für alle rationalen q gilt

$$(r < q) \Leftrightarrow (s < q), (r = q) \Leftrightarrow (s = q), (r > q) \Leftrightarrow (s > q).$$

Oder, in Kontraposition: zwei reelle Zahlen r, s sind verschieden genau dann, wenn es eine rationale Zahl q gibt mit $r \leq q \leq s$ oder $s \leq q \leq r$ (wobei Gleichheit jeweils höchstens einmal stehen kann). Nicht alle Proportionen sind rational, also solche von kommensurablen Größen, aber wenn zwei verschieden sind, kann man sie durch rationale trennen. Das ist uns heute als Dichtigkeit von $\mathbb{Q}$ in $\mathbb{R}$ geläufig, aber wenn man bedenkt, wie weit die Griechen von dieser unserer Begrifflichkeit entfernt waren, muss man den Einblick des Eudoxos bewundern. Es ergibt sich weiter, dass alle Proportionen mit solchen von Zahlen (also mit positiven rationalen Zahlen) verglichen und durch sie approximiert werden können. Insbesondere: so verschiedener Art die Größen auch sein mögen, die Proportionen zwischen ihnen sind immer dieselben mathematischen Objekte. Denken Sie einmal darüber nach, ob das wirklich so selbstverständlich ist, wie es uns heute scheint.

Als nächstes werden wir fragen: „Gleichheit" soll doch wohl eine Äquivalenzrelation sein, wie steht es mit dem Beweis? Überflüssig zu sagen, dass auch dieser Begriff bei Euklid nicht vorkommt. Sehen wir selbst zu: die Reflexivität ist trivial, die Symmetrie schon weniger: gelte $a/b = c/d$, und sei etwa $mc > nd$. Wenn dann $ma = nb$ oder $ma < nb$ wäre, müsste auch $mc = nd$ oder $mc < nd$ gelten, mit Widerspruch; entsprechend die anderen Fälle. Die Symmetrie folgt also aus der Antisymmetrie der Anordnung der Größen. Die Transitivität ist Euklid einen Satz wert (Satz 11):

Aus $a/b = c/d$ und $c/d = e/f$ folgt $a/b = e/f$.

Der Beweis ist *straight forward:* gelte z. B. $ma < nb$; dann folgt erst $mc < nd$, sodann $me < nf$, etc.

Euklid beweist im 5. Buch 25 Sätze über Proportionen, die wir nun ohne Beweise und in heutiger Formulierung durchgehen. Satz 4 stellt fest, dass Gleichheit von Proportionen bei Multiplikation mit einem rationalen Faktor erhalten bleibt:

Aus $a/b = c/d$ folgt $ma/nb = mc/nd$ für beliebige Zahlen m, n.

Die Sätze 5 und 6 entsprechen 1 und 2, mit Subtraktion statt Addition von Größen bzw. Zahlen. Die Sätze 7 und 9 bringen eine Art Kürzungsregel und ihre Umkehrung:

$a = b$ genau dann, wenn $a/c = b/c$ oder $c/a = c/b$ für beliebige c.

Als „Porismos" („Verdienst") zu Satz 7 wird konstatiert:

Aus $a/b = c/d$ folgt $b/a = d/c$,

was sich aber wohl doch am einfachsten aus der Definition ergibt. Sodann wird die Anordnung von den Größen auf die Proportionen übertragen:

Definition: es sei $a/b > c/d$, wenn es Zahlen m, n gibt mit $ma > nb$ und $mc < nd$.

Wieder wird implizit die Dichtigkeit von $\mathbb{Q}$ in $\mathbb{R}$ ins Spiel gebracht!

Satz 13 sagt, dass diese Definition mit der Gleichheit von Proportionen kompatibel ist. Die Sätze 8 und 10 bringen die Aussagen:

Aus $a/c > b/c$ folgt $a > b$, aus $a/b > a/c$ folgt $b < c$,

und ihre Umkehrungen. Satz 16 enthält Multiplikation „über Kreuz":

Aus $a/b = c/d$ folgt $a/c = b/d$

(hier müssen natürlich alle vier Größen von derselben Art sein). Die Sätze 20–23 befassen sich mit „zusammengesetzten" Proportionen, z. B.:

Aus $a/b = d/e$ und $b/c = e/f$ folgt $a/c = d/f$.

Dann gibt es eine Reihe von Sätzen (12, 17, 18, 19, 24) des folgenden Typs:

Aus $a/b = c/d = e/f$ folgen $(a + b)/b = (c + d)/d$ und $a/b = (a + c + e)/(b + d + f)$.

Beweisen wir den ersten: gelte etwa $m(a+b) = ma + mb < nb$. Dann muss $m < n$ sein, und wir können mb von beiden Seiten abziehen und erhalten $ma < (n - m)b$. Die Voraussetzung ergibt jetzt $mc < (n - m)d$, und Addition von md auf beiden Seiten ergibt $m(c + d) < nd$ wie verlangt, etc.

Das fünfte Buch endet mit einer bemerkenswerten Ungleichung, die im Wortlaut zitiert sei:

„Stehen vier Größen in Proportion, so sind die größte und die kleinste zusammen größer als die übrigen beiden zusammen."

Übersetzung und Beweis dieser Aussage rate ich selbst vorzunehmen und herauszufinden, was sie mit der Ungleichung zwischen arithmetischem und geometrischem Mittel zu tun hat. Hiermit sei unser Rundgang durch Euklids 5. Buch beendet.

Die Proportionenlehre gehört zu den berühmtesten Lehrstücken aus dem Werk Euklids. Barrow, der Lehrer Newtons, schrieb: „There is nothing in the whole body of the „Elements" of a more subtile invention, nothing more solidly established, and more accurately handled than the doctrine of proportionals." Schon unser Rundgang ließ erkennen, wie (relativ) systematisch und sorgfältig hier eine Theorie aufgebaut wird, wie ein Bereich von Sachverhalten sich nach seinem eigenen Gesetz entfaltet, nicht in „rhapsodischer Aufraffung" präsentiert wird. Vor allem natürlich: über den Abgrund des Inkommensurablen ist wenigstens eine Brücke geschlagen, die Mathematik steht bereit, den Kosmos zurückzuerobern, nachdem der Überschwang der Pythagoreer an der Klippe des Irrationalen gescheitert war. Hätte man jetzt nicht darangehen können, das Buch der Natur mathematisch zu lesen, wie es Galilei 2000 Jahre später postulierte?

Dass dies nicht geschah, hatte sicher mehrere Gründe, und nicht nur mathematische; aber einen mathematischen können wir leicht erkennen. Die Theorie kann ihr ganzes Potenzial nur entfalten, wenn man mit den Proportionen rechnen, allgemeiner: sie zum Argument- und Wertebereich von Funktionen machen kann. Uns erscheint es heute als das Nächstliegende, die Proportionen als „verallgemeinerte Zahlen" aufzufassen, nach Wahl einer Einheitsgröße E die natürlichen Zahlen in Form der Proportionen nE/E einzubetten und sodann zu versuchen, die Rechenoperationen auf allgemeine Proportionen auszudehnen. Aber Euklid fällt es nicht ein, mit Proportionen zu rechnen, nur die Anordnung wird von den Größen auf die Proportionen übertragen; alle seine Sätze betreffen die Gleichheit von Proportionen oder Rückschlüsse von diesen auf die in ihnen vorkommenden Größen. Wenigstens die Addition von Proportionen mit kommensurablen „Nennern" liegt doch auf der Hand, auch für die Euklid verfügbare Begrifflichkeit: $a/ne + b/me = (ma + nb)/nme$. Multiplikation stößt freilich auf die Schwierigkeit, dass man dabei von der physikalischen Dimension abstrahieren muss – aber eben das leistet ja der Proportionsbegriff. Und für die Punkte einer Geraden, also des linearen Kontinuums, kann man mittels des Strahlensatzes (der eine Proportion ausspricht) eine Multiplikation erklären, bei der Länge mal Länge nicht Fläche ist, sondern wieder Länge. Da sich schon gezeigt hat, dass Proportionen, wenn man sie als mathematische Objekte sui generis begreift, immer dieselben Objekte sind, hätte man damit für Größen aller Art einen einheitlichen Kalkül gewonnen. Dieser Weg, in die geometrischen Größen algebraische Strukturen einzuführen, ist erst im 19. Jahrhundert systematisch beschritten worden; das nächste Kapitel wird davon handeln. Hierin liegt sicher *ein* Grund, aus dem die Proportionenlehre nicht die mathematische Revolution initiiert hat, die doch keimhaft in ihr angelegt ist; ihre Anwendung blieb auf die Geometrie und das elementare Verrechnen von Größen beschränkt. Sie trat schließlich zurück hinter dem Rechnen mit Gleichungen allgemeinerer Art, von dem sie ja nur Spezialfälle behandelt.

Literatur zu diesem Kapitel
Über die pythagoreische Mathematik informiere man sich in Burkert [Bu]. Eine deutsche Übersetzung des Euklid nebst einigen Kommentaren stammt von C. Thaer [ED]. Will man tiefer in die Materie eindringen, sollte man die erschöpfend kommentierte englische Ausgabe [EE] von T.L. Heath zur Hand nehmen. Empfehlenswert auch der Bericht in Kline [Kli].

Kapitel 3
Algebra aus Geometrie

Wir haben gesehen, dass eine mathematische Beschreibung des Kontinuums unfruchtbar bleibt, wenn sie nicht mit einem Kalkül für dessen Punkte verbunden ist. In diesem Kapitel setzen wir die Beschreibung als eine geometrische voraus und zeigen, wie man aus ihr algebraische Strukturen gewinnt, mit denen sich dann die Geometrie koordinatisieren lässt. Die Anschauung vom linearen und ebenen Kontinuum setzt sich um in Axiome, aus denen sich für Punkte und Strecken ein Kalkül gewinnen lässt: das Kontinuum wird „rechenfähig".

Nach einer Vorbetrachtung, die uns eine Zielrichtung weist, beginnen wir mit der einfachsten geometrischen Axiomatik, die einen Koordinatenschiefkörper liefert. Diesen wollen wir dann kommutativ, angeordnet, schließlich vollständig. Diesen Eigenschaften entspricht geometrisch eine Folge von Axiomengruppen, in der die Argumentationsformen der klassischen Geometrie sozusagen in ihre logischen Atome aufgelöst sind. Diese durchgreifende Redaktion der geometrischen Axiomatik wurde am Ende des 19. Jahrhunderts vollzogen und lag in Hilberts „Grundlagen der Geometrie" (1899) zum ersten Mal geschlossen vor.

Die Mehrzahl der Beweise werde ich nicht explizit vorführen (das würde zu viele Vorlesungsstunden kosten), sondern verweise auf das Buch von Lingenberg [Li]. Ich hoffe aber, dass Sie einen Einblick in die verwendeten Methoden erhalten; auch bleibt der Gedankengang stets anschaulich-plausibel.

3.1 Eine einfache Überlegung

Die Punkte einer Gerade mit Koordinaten zu versehen bedeutet nichts anderes, als sie mit einer Körperstruktur auszustatten. Dazu reicht elementargeometrische Intuition aus, wie sie die Griechen kannten, denen allerdings die gruppentheoretische Begrifflichkeit fehlte. Zu dieser Intuition gehören ja nicht nur einfache Objekte und ihre Konstellationen, sondern auch Möglichkeiten, diese

© Springer-Verlag GmbH Deutschland, ein Teil von Springer Nature 2019
E. Kleinert, *Mathematische Modelle des Kontinuums*,
https://doi.org/10.1007/978-3-662-59679-1_3

Objekte zu bearbeiten – Bewegungen, Spiegelungen, Deformationen. Fassen wir eine einzelne Gerade ins Auge, auf der wir einen Punkt O ausgezeichnet haben, so finden wir unter ihren „geometrischen" Selbstabbildungen die folgenden:

(1) Translationen um eine feste Strecke, die wir mit OA bezeichnen können, wo A ein von O verschiedener Punkt ist;
(2) Streckungen, die O festlassen und die Gerade nach beiden Richtungen um denselben Faktor (den wir als Proportion denken können) strecken bzw. stauchen;
(3) die Spiegelung an O.

Hinzu kommt die Identität, die wir als Translation um die Strecke der Länge Null oder auch als Streckung mit dem Faktor 1 denken können.

Für diese Operationen ist das Folgende evident:

(a) Die Translationen bilden eine kommutative Gruppe T, und zu jedem Punkt A gibt es genau eine Translation, die O in A überführt; d. h. die Operation von T auf der Menge der Punkte ist *einfach transitiv*.
(b) Die Streckungen lassen O fest und bilden ebenfalls eine kommutative Gruppe D+, und zu je zwei Punkten A, B auf derselben Seite von O gibt es genau eine Streckung, die A in B überführt; alternativ: ist E ein Punkt $\neq$ O, gibt es zu jedem Punkt A, der auf derselben Seite von O liegt wie E, genau eine Streckung, die E in A überführt.
(c) Die Spiegelung ist mit den Streckungen vertauschbar; in der Gruppe D, die von D+ und der Spiegelung erzeugt wird, hat also D+ den Index 2. D operiert einfach transitiv auf der Menge aller Punkte $\neq$ O.

Schließlich überzeugt man sich von

(d) T wird von D normalisiert, d. h. für t $\in$ T, d $\in$ D ist $dtd^{-1} \in$ T.

Jetzt abstrahieren wir von der Geometrie und betrachten eine Menge X mit zwei Elementen O und E sowie kommutativen Untergruppen T und D der Gruppe aller Permutationen von X, derart dass gilt: T operiert einfach transitiv auf X, D lässt O fest und operiert einfach transitiv auf X\{O}, und T wird von D normalisiert.

Für A $\in$ X sei t_A *das* Element von T mit $t_A(O) = A$, für A $\neq$ O sei d_A *das* Element von D mit $d_A(E) = A$. Wir definieren jetzt Addition und Multiplikation auf X durch

$$A + B = t_A(t_B(O)), \quad A \cdot B = d_A(d_B(E));$$

letzteres für A $\neq$ O $\neq$ B, sowie A $\cdot$ O = O $\cdot$ A = O für alle A. Dann gilt:

3.1.1 Mit diesen Operationen wird X ein Körper, dessen Additionsgruppe zu T und dessen Multiplikationsgruppe zu D isomorph ist

Zum Beweis: die Gruppeneigenschaften von Addition und Multiplikation folgen unmittelbar aus denen von T und D, die beiden letzten Behauptungen ebenso unmittelbar aus der Konstruktion; so besagt ja die Klausel für die Addition einfach, dass die Abbildung t $\rightarrow$ t(O) ein Homomorphismus T $\rightarrow$ (X, +) ist, und die

Isomorphie folgt aus der einfachen Transitivität. Es bleibt die Distributivität: zunächst betrachten wir die Gleichungskette

$$A \cdot d(E) = d_A(d(E)) = d(d_A(E)) = d(A),$$

für beliebiges d und zunächst $A \neq O$, doch gilt auch $O \cdot (d(E)) = d(O) = O$. Setzt man hier $A = t(O)$, $t \in T$, so kommt

$$dtd^{-1}(O) = d(t(O)) = t(O) \cdot d(E). \qquad (*)$$

Damit beweist man die Rechtsdistributivität $(A + B) \cdot C = A \cdot C + B \cdot C$, die für $C = O$ klar ist; zur Vereinfachung schreiben wir $A = t(O)$, $B = s(O)$, $C = d(E)$ und erhalten mit (*)

$$(A + B) \cdot C = (ts(O)) \cdot d(E) = dtsd^{-1}(O) = \left(dtd^{-1}dsd^{-1}\right)(O)$$
$$= \left(dtd^{-1}\right)(O) + \left(dsd^{-1}\right)(O) = A \cdot C + B \cdot C.$$

Ein solcher Gedankengang war, wie gesagt, den griechischen Mathematikern methodisch verschlossen. Jedoch erlaubt die elementare Geometrie der *Ebene* eine Definition von Addition und Multiplikation der Punkte einer Geraden, die auch der Antike erreichbar gewesen wäre. Das wird jetzt unser Thema.

3.2 Affine Ebenen

Die denkbar einfachste Axiomatik für die Geometrie der Anschauungsebene ist im Begriff der *affinen Ebene* kodifiziert. Man betrachtet Paare $\mathcal{A} = (P, G)$, wo $P = \{A, B, \ldots\}$ als Menge der Punkte, $G = \{g, h, \ldots\}$ als Menge der Geraden zu denken ist, versehen mit einer Relation der Inzidenz, die wir als „A liegt auf g" oder „g geht durch A" aussprechen. Die folgenden Axiome sollen erfüllt sein:

(A1) Durch je zwei Punkte geht genau eine Gerade.

Wir schreiben $(A, B) = (B, A)$ für die Gerade durch A und B. Geraden sollen *parallel* heißen, $g \parallel h$, wenn $g = h$ oder g und h keinen Punkt gemeinsam haben. Es folgt das *Parallelenaxiom:*

(A2) Zu jeder Geraden g und jedem Punkt A gibt es genau eine zu g parallele Gerade, die A enthält.

Schließlich postulieren wir ein Nicht-Trivialitätsaxiom, das uns die zweite Dimension garantiert. Dabei sollen Punkte *kollinear* heißen, wenn sie auf einer Geraden liegen; nach (A1) sind je zwei Punkte kollinear.

(A3) Es gibt wenigstens drei nicht kollineare Punkte.

Als Einübung in die Begrifflichkeit, und um zu zeigen, wie fein austariert die Axiomatik ist, beweisen wir drei elementare Aussagen.

(1) Sind die Geraden g und h nicht parallel, so haben sie genau einen Punkt gemeinsam.

Beweis: aus der Voraussetzung folgt, dass g und h verschieden sind und wenigstens einen Punkt A gemeinsam haben. Hätten sie einen zweiten Punkt B gemeinsam, folgte mit (A1), dass $g = (A, B) = h$ und damit ein Widerspruch.

(2) Parallelität ist eine Äquivalenzrelation.

Beweis: Reflexivität und Symmetrie sind klar. Für die Transitivität sei g ‖ h, h ‖ k. Wir können $g \neq k$ annehmen. Wenn A auf g und k läge, hätte h die Parallelen g und k durch A, und mit (A2) folgte doch $g = k$.

(3) Auf jeder Geraden liegen wenigstens zwei Punkte.

Beweis: Wir wählen mit (A3) die drei nicht kollinearen Punkte A, B, C und setzen $h = (A, B)$, $a = (A, C)$, $b = (B, C)$. Dann sind h, a, b paarweise nicht parallel (warum?).

Sei nun g irgendeine Gerade; wir können annehmen, dass g keine der drei Geraden h, a, b ist, von denen wir ja wissen, dass sie wenigstens zwei Punkte enthalten. Ferner ist g zu höchstens einer dieser Geraden parallel; wir nehmen an, dass g weder zu a noch zu b parallel ist. Dann existieren die Schnittpunkte S von g und a sowie T von g und b. Wenn $S \neq T$, sind wir fertig. Ist $S = T$, liegen also S und C auf a und b, also ist $S = C$ und C liegt auf g. Um einen zweiten Punkt auf g zu finden, ziehen wir die Parallele d zu a durch B heran. Diese ist nicht parallel zu g, hat also mit g einen Schnittpunkt R. Aus $R = C$ folgte, dass C auf d und a läge, damit aber $d = a$, und a enthielte die drei Punkte A, B, C, Widerspruch.

Diese Aussage, zusammen mit (A1), erlaubt es, Geraden mit der Menge der auf ihnen liegenden Punkte zu identifizieren.

Beispiele. Das *Minimalmodell* einer affinen Ebene hat vier Punkte und alle sechs Punktepaare als Geraden. Es ist der kleinste Spezialfall aus einer Klasse von Beispielen, die für uns die einzig wichtigen sind, nämlich zweidimensionale Vektorräume über Schiefkörpern D. Für P nehmen wir D^2, für G die Nebenklassen eindimensionaler Unterräume; die Geraden haben also die Form

$$g = A + <B>, \text{ mit } <B> = BD;$$

schreibt man $A = (a, a')$, $B = (b, b')$, erhält man die Parameterdarstellung $g = \{(a + bd, a' + b'd) \mid d \in D\}$. Weisen wir die Axiome nach:

(A1) sind P, Q zwei Punkte, so ist Q+<P − Q> eine Gerade, die sie verbindet. Liegen P, Q auch auf der Geraden A+<B>, folgt der Reihe nach $P−A$, $Q−A \in <B>$, $P−Q = (P−A)−(Q−A) \in <B>$, $<B> = <P−Q>$, weil ein eindimensionaler Raum von jedem seiner von O verschiedenen Elemente aufgespannt wird, und schließlich

$$A + <B> = Q + (A-Q) + <B> = Q + <B> = Q + <P-Q>.$$

(A2) wir überlegen zunächst:

es ist $A + <B> || <A'> + <B'>$ genau dann, wenn $<B> = <B'>$.   (*)

Die Implikation von rechts nach links ist klar, weil Nebenklassen nach derselben Untergruppe identisch oder disjunkt sind. Ist $<B> \neq <B'>$, sind B, B' linear unabhängig, also $D^2 = <B> + <B'>$. Also gibt es d, $d' \in D$ mit $A - A' = Bd + B'd'$, und es folgt

$$A + B(-d) = A' + B'd' \in (A + <B> \cap A' + <B'>),$$

also sind $A + <B>$ und $A' + <B'>$ nicht parallel. Jetzt beweisen wir das Parallelenaxiom: zu gegebenem C und $A + <B>$ ist $C + <B>$ eine Parallele zu $A + <B>$ durch C, und ist $A' + <B'>$ irgendeine solche, folgt mit (*) erst $<B> = <B'>$ und dann

$$A' + <B'> = C + <B'> = C + <B>,$$

wobei wir in der ersten Gleichung benutzt haben, dass eine Nebenklasse von jedem ihrer Elemente vertreten wird.

(A3) die Punkte (0,0), (0,1) und (1,0) sind nicht kollinear.

Wir bezeichnen diese affine Ebene mit $\mathcal{A}(D)$; man nennt sie auch die Koordinatenebene über D. Das Minimalmodell erhält man, wenn man für D den kleinsten aller Körper nimmt, nämlich $\mathbb{Z} \bmod 2\mathbb{Z}$.

3.3 Affine Ebenen mit Koordinatenschiefkörpern

Nicht alle affinen Ebenen haben die gerade beschriebene Form; aber wir widerstehen der Versuchung, ins „Museum der Gegenbeispiele" einzutreten, weil wir hier nur an einer hinreichenden Bedingung dafür interessiert sind; siehe [Li] für den „Stufenaufbau" der affinen Ebenen. Diese Bedingung, die sich sogar als notwendige erweist, ist ein klassisches Theorem der Geometrie, nämlich der *Satz von Desargues:*

(D) Seien g_1, g_2, g_3 paarweise verschiedene Geraden, die durch einen gemeinsamen Punkt O gehen, seien P_i, Q_i von O verschiedene Punkte auf g_i, $i = 1, 2, 3$, und gelte $(P_1, P_2) || (Q_1, Q_2)$ und $(P_1, P_3) || (Q_1, Q_3)$. Dann gilt auch $(P_2, P_3) || (Q_2, Q_3)$.

In Worten: sind bei zwei Dreiecken, deren Eckpunkte auf kopunktalen Geraden liegen, zwei Paare entsprechender Seiten parallel, so gilt dies auch für das dritte Paar.

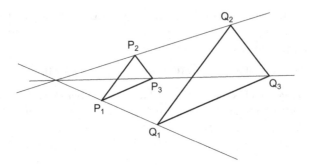

Diese Aussage wurde, als Satz der ebenen euklidischen Geometrie, im 17. Jahrhundert von Desargues bewiesen. Die obige Skizze wird sie veranschaulichen; Beispiele, in denen sie nicht gilt, sind natürlich „euklidisch" nicht sichtbar zu machen.
Hier tritt sie als Axiom auf. Wir können nun einen Hauptsatz konstatieren:

3.3.1 Genau die affinen Ebenen $\mathcal{A}$, die (D) erfüllen, sind Koordinatenebenen über
einem Schiefkörper D, der durch die Ebene eindeutig bestimmt ist, $D = D(\mathcal{A})$. Die
Zuordnungen $D \to \mathcal{A}(D)$ und $\mathcal{A} \to D(\mathcal{A})$ sind zueinander invers.

Affine Ebenen mit (D) heißen auch *desarguessch*. In gewissem Sinne ist also die
rein geometrische Axiomatik der affinen desarguesschen Ebenen äquivalent zur
rein algebraischen der Schiefkörper; ein erstaunliches Faktum, wenn man die
kategorial (dies Wort philosophisch verstanden) ganz verschiedene Herkunft dieser beiden Axiomatiken bedenkt. Wir werden diesen Satz nicht in vollem Umfang
beweisen, sondern nur auf den (für uns) interessantesten Teil eingehen, nämlich
die Konstruktion von D aus $\mathcal{A}$, also die Koordinatisierung der Ebene. Hierzu gibt
es mehrere Wege, von denen ich Ihnen zwei zeigen möchte. Der erste führt zu der
in 2.1 betrachteten Situation; der zweite ist die versprochene, ganz elementar-geo-
metrisch gehaltene Konstruktion.

(a) Die Kollineationsgruppe

Es ist ein Prinzip modernen mathematischen Denkens, mit jeder Klasse von
Objekten auch die „zugehörigen" *Morphismen* zu betrachten, die „strukturerhaltenden" Abbildungen zwischen ihnen; mit der Disziplin, die diesen Gesichtspunkt in den Vordergrund rückt, der (mathematischen) Kategorientheorie, werden
wir noch zu tun bekommen. Hier genügen uns die Automorphismen der affinen
Ebenen, die man *Kollineationen* nennt.
    Definition: eine Kollineation von $\mathcal{A} = (P, G)$ ist ein Paar von Permutationen
$P \to P$, $G \to G$ (wir bezeichnen beide mit demselben Buchstaben a), welches die
Inzidenzrelation erhält, also:

A liegt auf g genau dann, wenn a(A) auf a(g) liegt.

Es ist klar, dass die Kollineationen eine Gruppe bilden, die wir mit Kol($\mathcal{A}$)
bezeichnen. Man überlegt sich sofort, dass eine Kollineation parallele Geraden in
ebensolche überführt.

Der Leitfaden für die Lösung unserer Aufgabe, zu $\mathcal{A}$ einen Schiefkörper D zu konstruieren, ist die Überlegung aus 2.1: die additive Gruppe von D erscheint als Gruppe der Translationen in fester Richtung, die multiplikative als Gruppe von Streckungen mit der Null als Zentrum. Wir müssen also diese Abbildungen durch unsere bescheidene affine Begrifflichkeit charakterisieren. Wunderbarerweise gelingt dies.

Definition: eine Kollineation t heißt *Translation,* wenn gilt:

(i) für alle Geraden g ist g ∥ t(g); (ii) es ist t = id, oder t hat keinen Fixpunkt.

Es ist klar, dass „anschauliche" Translationen diese Eigenschaft haben; sie sind dadurch aber auch charakterisiert. Man beweist nun:

(1) Die Fixgeraden einer Translation t bilden ein Parallelenbüschel, d. h. eine Äquivalenzklasse der Relation „parallel". Liegt g in dieser Klasse, heißt t eine Translation in g-Richtung.
(2) Die Translationen bilden einen Normalteiler T von Kol($\mathcal{A}$), die Translationen in g-Richtung eine Untergruppe.
(3) Gibt es Translationen in verschiedenen Richtungen, so ist T abelsch.
(4) Zu zwei Punkten A, B gibt es höchstens eine Translation t mit t(A) = B.

Jetzt wenden wir uns der zweiten für uns wichtigen Klasse von Kollineationen zu:

Definition: eine Kollineation d heißt *Streckung* (auch *Dilatation*), wenn gilt:

(i) Für alle Geraden g ist g ∥ d(g); (ii) d hat mindestens einen Fixpunkt.

Beachten Sie: hier sind Spiegelungen inbegriffen, als Streckungen der Ordnung 2. In ziemlicher Analogie zum Fall der Translationen beweist man:

(5) Jede Streckung $\neq$ id hat genau einen Fixpunkt.
(6) Die Fixgeraden einer Streckung sind genau die Geraden durch den Fixpunkt.
(7) Die Streckungen mit festem Fixpunkt O bilden eine Untergruppe D(O) von Kol($\mathcal{A}$).
(8) Für Punkte A, B $\neq$ O existiert höchstens eine Streckung d ∈ D(O) mit d(A) = B.

Die Beweise von (1)–(8) sind nicht trivial, aber doch elementar in dem Sinne, dass man mehr oder weniger direkt auf die Definitionen rekurriert (was natürlich einige Komplexität nicht ausschließt). Alles geht ohne den Satz von Desargues, der entscheidend dafür ist, dass man bei den Eigenschaften (4) und (8) statt „höchstens" schreiben darf: „genau ein". Der folgende Satz ist in gewissem Sinne der Angelpunkt der ganzen Konstruktion:

3.3.2 Sei O ein Punkt von $\mathcal{A}$. Dann sind äquivalent

(i) Der Satz von Desargues gilt für alle Konfigurationen mit Zentrum O,
(ii) D(O) operiert transitiv auf den Punkten $\neq$ O jeder Geraden durch O.

(Als *Konfiguration* bezeichnet man hier das Arrangement von Geraden, auf das sich der Satz bezieht; das *Zentrum* ist der gemeinsame Schnittpunkt der g_i.) Eine analoge Aussage gilt für die Translationsgruppen T(g); sie ist äquivalent zum sog. „kleinen" Satz von Desargues, der aus dem „großen" ableitbar ist. Nach (4) und (8) operieren also D(O) bzw. T(g) einfach transitiv auf den Punkten jeder Geraden durch O bzw. jeder zu g parallelen Geraden.

Es ist nun nicht ohne weiteres ersichtlich, wie der Satz (D) mit dieser Transitivität zusammenhängt. Ich will Ihnen darum die eine Hälfte des Beweises vorführen: es sei D(O) transitiv wie erklärt, wir beweisen (D) für die fraglichen Konfigurationen und übernehmen die Bezeichnungen, die wir oben eingeführt haben.

Wir haben zu zeigen, dass $(P_2, P_3) \| (Q_2, Q_3)$. Die Voraussetzung liefert ein $d \in D(O)$ mit $Q_1 = d(P_1)$. Daraus folgt $d((P_1, P_2)) = (Q_1, Q_2)$, denn $(P_1, P_2) \| (Q_1, Q_2)$ ist vorausgesetzt, d erhält Parallelität und $d(P_1)$ liegt auf (Q_1, Q_2). Damit folgt auch $Q_2 = d(P_2)$, denn

$$d(P_2) = d((P_1, P_2) \cap g_2) = d(P_1, P_2) \cap g_2 = (Q_1, Q_2) \cap g_2 = Q_2,$$

wobei wir $d(g_2) = g_2$ benutzt haben. Ebenso zeigt man $Q_3 = d(P_3)$. Zusammen mit $Q_2 = d(P_2)$ folgt hieraus $d((P_2, P_3)) = (Q_2, Q_3)$. Da d Streckung ist, folgt die Behauptung. Sie sehen, wie die Voraussetzungen ineinandergreifen wie die Zahnräder eines Getriebes.

Mit diesem Kriterium kann man nun leicht zeigen, dass affine Ebenen vom Typ $\mathcal{A}(D)$, D ein Schiefkörper, desarguessch sind; ich überlasse Ihnen das als Aufgabe.

Mit den bisher beschriebenen Resultaten haben wir die Situation von 2.1 erreicht, bis auf die dort vorausgesetzte Kommutativität der beiden Gruppen. Die von T braucht man auch nicht, sie ergibt sich aus der Distributivität, nämlich der Gleichung

$$(A + B)(1 + 1) = A + B + A + B = A + A + B + B,$$

indem man $-A$ von links und $-B$ von rechts addiert (1 bezeichnet hier das neutrale Element bezüglich der Multiplikation). Für die Distributivität braucht man nun noch einige zusätzliche Überlegungen, für die ich auf [Li], S. 41 verweise. Wir resümieren: die Punkte einer festen Geraden g mit einem ausgezeichneten Punkt O bilden einen Schiefkörper, dessen Additionsgruppe zu T(g) und dessen Multiplikationsgruppe zu D(O) isomorph ist.

(b) Die hilbertsche Streckenrechnung

Wir wählen drei nicht kollineare Punkte O, E, E' und setzen $(O, E) = x$, $(O, E') = y$. Wie oben wollen wir die Punkte von x zu einem Schiefkörper machen, lassen uns nun aber ganz von elementargeometrischer Anschauung leiten. Interessant ist hierbei, wie die zweite Dimension auf die erste „einwirkt".

Die Addition von Punkten A, B sollte dem „Abtragen" der Strecken zwischen O und A bzw. B aneinander entsprechen. Abtragen ohne Kongruenzbetrachtungen oder gar Längenmessung gelingt durch zweifache Parallelprojektion:

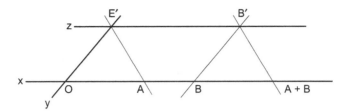

Wir bilden die Hilfsgerade z ∥ x durch E′ (Axiom (A2)), sodann die Parallele zu y durch B, die z in einem Punkt B′ schneidet. Die Parallele zu (E′, A) durch B′ schneidet x in einem Punkt, den wir A + B nennen. Dass dies die „richtige" Summe ist, sehen Sie wohl selbst.

Die Multiplikation wird nach Maßgabe des Strahlensatzes definiert:

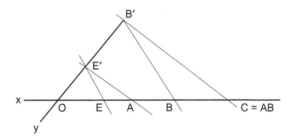

Wir bilden die Parallele zu (E, E′) durch B, die y in einem Punkt B′ schneidet, sodann die Parallele zu (A, E′) durch B′, die x in einem Punkt schneidet, den wir C nennen. Nach dem Strahlensatz ist

Strecke(O, E)/Strecke(O, B) = Strecke(O, E′)/Strecke(O, B′) = Strecke(O, A)/Strecke(O, C);

nehmen wir Strecke(O, E) als Einheit, kommt also Strecke(O, C) = Strecke(O, A) Strecke(O, B), wie gewünscht.

Soweit, so klar. Es zeigt sich nun aber, dass der Nachweis der von D behaupteten Eigenschaften auf diesem Wege sehr viel mühsamer ist als auf dem zuvor beschriebenen. Das war auch zu erwarten, denn der Zugang über die Translations- und Dilatationsgruppen bringt die algebraischen Strukturen von selbst mit sich, während bei dieser „Streckenrechnung" für die Schiefkörperaxiome geometrische Aussagen benötigt werden, die nicht eben durchsichtig sind. Es handelt sich um sog. „Schließungssätze", Aussagen vom „Typus" (D), und natürlich, soweit sie hier gebraucht werden, aus (D) ableitbar, aber doch nicht auf simple Weise; sie gehören zu den ersten wesentlichen Fortschritten, welche die abendländische Geometrie über ihre antiken Vorläufer erzielte. Nur an einem weiteren Beispiel werden wir uns ansehen, wie Geometrie und Algebra hier korrespondieren. Der abstraktere Zugang erweist sich so als der konzeptuell durchsichtigere; ein kleines Lehrstück zum Thema „Anschaulichkeit in der Mathematik".

Wir haben damit skizziert, wie die Punkte einer Geraden in einer desarguesschen affinen Ebene $\mathcal{A}$ mit der Struktur eines Schiefkörpers D versehen werden können. Es ist dann nicht mehr allzu schwierig, nachzuweisen, dass $\mathcal{A} = \mathcal{A}(D)$ ist; siehe [Li], S. 42. Der reelle Zahlkörper, den wir geometrisch konstruieren wollen, ist nun sehr viel mehr als bloß ein Schiefkörper; er ist kommutativ, angeordnet, schließlich vollständig. Wir benötigen also geometrische Äquivalente dieser algebraischen (oder analytischen) Eigenschaften und geben diese nun der Reihe nach an.

3.4 Affine Ebenen mit einem Koordinatenkörper

Was bedeutet die Gleichung AB = BA geometrisch? Betrachten wir die Skizze mit der Konstruktion der beiden Seiten,

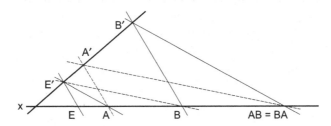

in der die gestrichelten Linien die Konstruktion von BA darstellen. Wenn die Skizze halbwegs korrekt ist, kommen natürlich die beiden Produkte gleich heraus. Wie können wir das beweisen? Wir haben

nach Konstruktion von AB: (E, E′) ∥ (B, B′) und (E′, A) ∥ (B′, AB);
nach Konstruktion von BA: (E, E′) ∥ (A, A′) und (E′, B) ∥ (A′, BA).

Zuerst folgt (A, A′) ∥ (B, B′). Wir betrachten jetzt das „Sechseck" mit den Ecken E′, A′, B′, A, B, AB. Zwei Paare entsprechender Seiten sind als parallel erkannt: (A, A′) ∥ (B, B′) und (B′, AB) ∥ (E′, A). Wenn wir daraus folgern dürften, dass auch (A′, AB) ∥ (E′, B), dann würde folgen, dass (A′, BA) ∥ (A′, AB), damit (A′, AB) = (A′, BA) und AB = BA, weil dies der Schnittpunkt dieser Geraden mit x ist. Was wir hier benutzt haben, ist der.

Satz von Pappus-Pascal (PP): Gegeben zwei Geraden g, h mit Punkten P_i auf g, Q_i auf h, $i = 1, 2, 3$, von denen keiner der Schnittpunkt von g und h ist. Gilt dann $(P_1, Q_2) \parallel (Q_1, P_2)$ und $(P_1, Q_3) \parallel (Q_1, P_3)$, so auch $(P_2, Q_3) \parallel (Q_2, P_3)$.

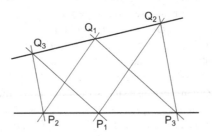

Damit können wir konstatieren:

3.4.1 Satz. Sei $\mathcal{A}$ eine desarguessche affine Ebene. Dann ist $D(\mathcal{A})$ kommutativ genau dann, wenn in $\mathcal{A}$ der Satz von Pappus-Pascal gilt

Man kann zeigen, dass (D) aus (PP) folgt. Das ist keineswegs trivial, zeigt sich aber hier als genaue Analogie zu der trivialen Tatsache, dass ein Körper ein Schiefkörper ist.

3.5 Anordnung

Als nächstes steht die Anordnung auf unserem Programm; zuerst erinnere ich an den algebraischen Aspekt. Ein (kommutativer) Ring R heißt *angeordnet,* wenn in ihm eine Teilmenge P ausgezeichnet ist mit

(P1)$R = (-P) \cup \{0\} \cup P$ (disjunkte Vereinigung), P(2)$P + P \subset P$, $PP \subset P$.

P heißt der *Positivitätsbereich.* Man definiert dann $x < y$ durch $y - x \in P$. Aus den Axiomen folgt, dass die Anordnung total ist, sowie die Gesamtheit der üblichen Regeln für das Rechnen mit Ungleichungen, z. B. dass Quadrate nicht negativ sind. Aus (P2) folgt, dass R ein Integritätsbereich der Charakteristik Null sein muss; die Anordnung dehnt man leicht auf den Quotientenkörper aus. Der Absolutbetrag wird definiert durch

$$|x| = x \text{ für } x = 0 \text{ oder } x \in P, |x| = -x \text{ für } x \in (-P);$$

er hat die bekannten Eigenschaften $|x| = 0 \Leftrightarrow x = 0$, $|xy| = |x||y|$, $|x + y| \leq |x| + |y|$.

Das anschaulich-geometrische Äquivalent der Anordnung ist eine dreistellige Relation Z, „Zwischen", die für die Punkte einer jeden Geraden definiert ist; wir lesen „Z(A, B, C)" als „B liegt zwischen A und C". Die folgenden Axiome sollen erfüllt sein:

(O1) Von drei Punkten liegt stets genau einer zwischen den beiden anderen;

(O2) Aus Z(A, B, C) folgt Z(C, B, A);

(O3) Ist $A \neq C$, so existieren B, D mit Z(A, B, C) und Z(A, C, D).

(O1) entspricht der Totalität der Anordnung, (O2) dem üblichen Gebrauch von „zwischen", und (O3) ist eine „Reichhaltigkeitsaussage": die Punkte einer Geraden liegen „dicht", und keine Gerade hört irgendwo auf. Subtiler ist das folgende Axiom, das eine Beziehung zwischen den Anordnungen auf verschiedenen Geraden ausspricht und nach seinem Entdecker „Axiom von Pasch" genannt wird:

(O4) Wenn (1) A, B, C nicht kollinear sind, (2) die Gerade g keinen dieser Punkte, aber (3) einen Punkt zwischen A und B enthält, dann enthält sie auch einen Punkt zwischen B und C oder zwischen A und C.

In Worten: eine Gerade, die das Innere einer Dreiecksseite schneidet, aber nicht durch den gegenüberliegenden Punkt geht, schneidet auch das Innere einer der beiden anderen Seiten.

Sei nun $\mathcal{A}$ eine affine Ebene mit Koordinatenkörper K. Mittels der Relation „Zwischen" kann man nun die Punkte einer festen Geraden x, die wir uns gleich als Koordinatenachse denken können, mit einer Anordnung versehen. Nach Wahl von zwei Punkten 0 und 1 auf x kann man

$$P = \{A | Z(0, A, 1) \text{ oder } Z(0, 1, A)\} \cup \{1\}$$

setzen. Zum Nachweis der Axiome sowie der Tatsache, dass die Geraden nicht nur algebraisch isomorph sind (Nebenklassen eindimensionaler Unterräume in K^2), sondern auch „dieselbe" Anordnung tragen, brauchen wir noch weitere geometrische Axiome, die der *Kongruenz*. Sie formalisieren das in der Geometrie gebräuchliche Verfahren, an beliebigen Stellen gegebene Intervalle ab- und gegebene Winkel anzutragen.

Für zwei Punkte A, B bezeichnen wir das Intervall $\{P | Z(A, P, B)\}$ kurz mit AB (Multiplikation von Punkten kommt im Rest dieses Kapitels nicht mehr vor). Die Axiome der Kongruenz fordern zunächst eine Äquivalenzrelation „$\equiv$" auf der Menge aller Intervalle, mit den folgenden weiteren Eigenschaften:

(K1) Sind A, B Punkte von g, C ein Punkt von h, dann existiert auf jeder Seite von C auf h genau ein Punkt D mit $AB \equiv CD$.

Hier muss noch erklärt werden, was „auf derselben Seite von C" heißen soll. Man definiert mittels Z eine Relation auf den Punkten von h, „P und Q liegen auf derselben Seite von C", durch das Nichtbestehen von Z(P, C, Q). Dies erweist man leicht als Äquivalenzrelation mit zwei Klassen, genannt die „Halbgeraden", die von C ausgehen. (K1) fordert also, dass man jedes Intervall überall in jeder Richtung antragen kann. Das zweite Axiom verlangt, dass Kongruenz mit dem „Zusammenfügen" von Intervallen verträglich ist:

(K2) Sind AB, BC disjunkte Intervalle auf g, ebenso A′B′ und B′C′ auf h, und ist $AB \equiv A'B'$ sowie $BC \equiv B'C'$, so ist auch $AC \equiv A'C'$.

Der zweite Teil der Axiome für die Kongruenz besteht in analogen Forderungen für Winkel, wobei ein Winkel definiert wird als ein Paar von Halbgeraden, die vom selben Punkt ausgehen. Ich will das nicht mehr in extenso anführen, sondern verweise auf die Literatur. Jedenfalls ergibt sich damit, dass der Koordinatenkörper K ein angeordneter Körper ist.

Bisher haben wir gesehen: (A1) − (A3) + (PP) + Anordnung + Kongruenz liefern einen angeordneten Koordinatenkörper für $\mathcal{A}$. Jetzt können wir vereinfachen: (PP) ist eine Folge der übrigen Axiome. Das war auch zu erwarten, denn diese resümieren, wie schon gesagt, alle in der klassischen Geometrie verwendeten Schlussweisen, also muss aus ihnen auch alles folgen, was diese Geometrie schon erbracht hatte.

Jetzt fehlt uns noch die Vollständigkeit. Auf geometrischer wie algebraischer und topologischer Seite gibt es verschiedene Formulierungen für sie, teils äquivalent, teils aber auch von verschiedener Stärke (das nächste Kapitel wird davon handeln). In der bisher eingeführten Terminologie können wir sie als Schnittvollständigkeit formulieren:

(V) Sei g ein Gerade, U ∪ O eine disjunkte Zerlegung der Menge der Punkte von g, derart dass für A, B ∈ U bzw. O stets auch AB ⊂ U bzw. O gilt. Dann existiert ein P auf g mit Z(A, P, B) für alle A ∈ U und B ∈ O.

P kann in U oder O liegen, ist aber jedenfalls eindeutig bestimmt. Alles in allem haben wir jetzt: eine affine Ebene mit Anordnung, Kongruenz und Vollständigkeit hat die Form $\mathcal{A}(K)$ für einen angeordneten vollständigen Körper. Wir werden im nächsten Kapitel zeigen, dass es bis auf Isomorphie nur einen solchen Körper gibt. Dasselbe gilt folglich für die affinen Ebenen mit diesen Eigenschaften: durch die anschaulich evidenten, in der Geometrie immer schon benutzten Eigenschaften der Ebene ist diese also auch zu charakterisieren.

3.6 Schlussbetrachtung

Wir haben damit aus geometrischer Anschauung ein lineares Kontinuum mit der Struktur eines vollständigen angeordneten Körpers gewonnen, mit dessen Hilfe wir nun Geometrie als analytische Geometrie betreiben können. Das Kontinuum hat sich, so könnte man auch sagen, als „rechenfähig" erwiesen. Wir haben dabei in der Historie einen doppelten Sprung gemacht – die Griechen haben auf dem Kontinuum nicht gerechnet, andererseits operierte die frühe Infinitesimalrechnung mit einem höchstens „halbwissenschaftlichen" Kontinuum, bevor es den eben beschriebenen Aufbau gab. Für die Infinitesimalrechnung und die mathematische Physik ist das Kontinuum in erster Linie Träger und Wertbereich von Funktionen. Funktionen stellen Beziehungen zwischen Punkten dar, und die Analyse dieser Beziehungen vollzieht sich – und das ist das Neue und Charakteristische dieser Theorie – durch Variation der Punkte. In der Folge wird die Vorstellung vom Kontinuum als einer „primären Substanz", die Teilungen, also Auszeichnung von Punkten, gestattet, aber nicht aus Punkten besteht, allmählich abgelöst von einer solchen, in der die Punkte als Konstituenten des Kontinuums erscheinen.

Die Variation der Punkte ist nur als zeitlicher Prozess zu denken. Raum und Zeit sind, wie wir einleitend mit Kant sagten, Anschauungsformen, an denen sich Kontinuität zeigt. Betrachten wir geometrische Figuren und ihre Beziehungen zueinander, an denen sich unsere räumlichen Evidenzen ja erst zeigen, als Spezifikationen der Raumanschauung, so stoßen wir, wenn wir nach einer unmittelbar gegebenen, mathematikfähigen Spezifikation der Zeiterfahrung suchen, auf die Folge der natürlichen Zahlen. Für den Intuitionismus, den wir in Kap. 9 kennenlernen werden, war sie die mathematische Urintuition schlechthin. Auch wenn wir diese etwas monolithische Auffassung nicht teilen, werden wir zugestehen müssen, dass hier eine ebenso fundamentale Erfahrung vorliegt; und wenn es einen Weg vom Raum zur Zahl gibt, vom Kontinuierlichen zum Diskreten, sollte es nicht auch einen umgekehrten geben? Im nächsten Kapitel werden wir ihn beschreiten.

Die Raumanschauung als Quelle mathematischer Grundlehren geriet etwas in Misskredit durch die bekannten Entwicklungen der Physik – Relativitätstheorie und Quantenmechanik weisen darauf hin, dass im sehr Großen und sehr Kleinen andere Geometrien angemessen sind; dort Minkowski-Einsteinsche Raumzeit, hier vielleicht Strings (das ist noch im Fluss). Damit ist die Kantische Auffassung nicht widerlegt, wie manche meinen, denn dieses sehr Große und sehr Kleine ist nicht Gegenstand einer möglichen (unmittelbaren) Erfahrung, und allein auf solche beziehen sich Kants apriorische Gesetze. Die Nicht-Euklidizität des Weltraums können wir nicht „sehen", wir müssen sie erschließen. Ob aber der „Anschauungsraum" in einem *strikten,* also mathematischen Sinn euklidisch ist oder nicht, ist gar keine sinnvolle Frage, denn dieser Raum ist kein Gegenstand von Mathematik. Man kann empirisch feststellen, ob eine Beobachtungsgröße, wie die Winkelsumme eines „realen" Dreiecks, von einer bestimmten reellen, nämlich π, Zahl signifikant abweicht (das hat Gauß in einer großen Messaktion geprüft, natürlich mit negativem Resultat), aber nicht, ob sie mit einer solchen *mathematisch exakt* übereinstimmt.

Literatur zu diesem Kapitel

Das Grundbuch, in das jeder einmal hineinschauen sollte, ist natürlich Hilberts [H]. An der hilbertschen Axiomatik ist freilich weitergearbeitet worden; so zeigte Hessenberg 1905, dass (D) aus (PP) folgt. Eine übersichtliche Zusammenstellung mit einer kleinen Diskussion der weiteren Entwicklung findet man bei Beth [B]. Ich habe den größeren Teil dieses Kapitels aus [Li] genommen, aber vieles findet sich natürlich auch in anderen Lehrbüchern der Geometrie, z. B. [KoK] oder [KV]. Abschnitt 2.1 ist aus [Ba]. Es sollte hier auch bemerkt werden, dass die erwähnte Entwicklung der Geometrie auch zu Algebra ganz anderer Art geführt hat als der, die uns hier interessiert hat. Es hat sich nämlich gezeigt, dass rein geometrische Sachverhalte in affinen Ebenen und verwandten Strukturen sich übersetzen lassen in gruppentheoretische Sachverhalte in den zugehörigen Bewegungsgruppen, so dass man Geometrie auf rein gruppentheoretischer Basis treiben kann; dazu lese man Bachmann [Ba]. Im Gruppenbegriff aber liegt seinem Ursprung nach weder eine Mathematik des Raums noch eine der Zeit, sondern eine des *Handelns.*

Kapitel 4
Die reellen Zahlen

4.1 Mengentheoretische Grundlagen

In diesem Kapitel wollen wir das reelle Zahlensystem, wie es am Anfang einer Analysisvorlesung axiomatisch präsentiert wird (als archimedisch angeordneter vollständiger Körper), von Grund auf konstruieren. Einige Schritte dieses Aufbaus sind den meisten von Ihnen wohl bekannt, ich werde darum hauptsächlich diejenigen Aspekte beleuchten, von denen ich das nicht voraussetzen kann. Der Grund und Boden, auf den wir uns dabei stellen, ist die Standardtheorie der Mengen, d. h. die von Zermelo-Fraenkel. Dies ist im Hinblick auf die Einleitung wie auch unsere bisherigen Entwicklungen ein Bruch. Doch haben wir schon in der letzten Betrachtung festgestellt, wie sich das Interesse vom Kontinuum als solchem auf die Punkte und die Funktionen von solchen verschob. Nun ist es eine natürliche Tendenz, ja geradezu ein Zwang des Denkens, Gegenstände, die in irgendeiner Hinsicht zusammengehören oder von gleicher Art sind, zu Gesamtheiten zusammenzufassen. Dieses Vermögen des Zusammenfassens, das den meisten Begriffsbildungen zugrunde liegt, ist eine irreduzible Funktion des kategorialen Systems; zu diesem Befund kam schon Husserl in seiner „Philosophie der Arithmetik". Zu jedem Begriff gehört seine *Extension,* die Gesamtheit dessen, was unter ihn fällt. Die Mengentheorie ist die Mathematik der Extensionen der Begriffe und als solche von elementarster Natur; das bestätigt sich schon an der Mühelosigkeit, mit der sie erlernt und benutzt wird, lange bevor und meistens ohne dass man die axiomatische Grundlage kennenlernt (die übrigens von unerwarteter Komplexität ist).

In Kantischen Termini hat sich, indem wir den mengentheoretischen Standpunkt einnehmen, der Ausgangspunkt des Mathematisierens von den Anschauungsformen auf die Verstandesbegriffe verlagert. Historisch betrachtet ist die mengentheoretische Fundamentierung der letzte Schritt zur Vollendung der Analysis, wie sie heute Standard ist. Man lese Weyl [WK] für eine Diskussion des „circulus vitiosus" im vor-mengentheoretischen Aufbau der Theorie. (Den Stein des Anstoßes

© Springer-Verlag GmbH Deutschland, ein Teil von Springer Nature 2019
E. Kleinert, *Mathematische Modelle des Kontinuums,*
https://doi.org/10.1007/978-3-662-59679-1_4

bildeten dabei die „imprädikativen" Definitionen, wie sie bei manchen Paradoxa auftreten: ein Objekt wird definiert vermittels einer Gesamtheit von Objekten, zu der es selbst gehört). Da es unsere erklärte Absicht ist, einmal die Gesamtheit aller tatsächlich benutzten Hypothesen in den Blick zu rücken, beginnen wir mit einer Aufzählung der Axiome der Mengentheorie.

Die Sprache der Mengentheorie hat als einzigen undefinierten Grundbegriff die Elementbeziehung $x \in y$, eine zweistellige Relation; hinzu kommen natürlich die logischen Ausdrücke, Junktoren, Quantoren, Variable x, y, ... (die immer für Mengen stehen) sowie Klammern und Satzzeichen.

Die erste Frage, die man an eine Klasse von Objekten zu stellen hat, ist immer die, wann zwei von ihnen als gleich gelten sollen; „no entity without identity", wie Quine prägnant formuliert hat. Wir erinnern uns, dass schon Eudoxos in seiner Proportionenlehre so verfuhr. Die Frage wird beantwortet im.

Axiom der Extensionalität: zwei Mengen sind gleich genau dann, wenn sie dieselben Elemente enthalten, in Zeichen

$$\forall x, y(x = y) \Leftrightarrow \forall z \, (z \in x) \Leftrightarrow (z \in y).$$

Man überzeugt sich sofort, dass die Gleichheit von Mengen wirklich eine Äquivalenzrelation ist (wie es natürlich sein muss); das folgt einfach daraus, dass die logische Äquivalenz von Aussagen eine solche ist. Die rechts stehende Äquivalenz ist die Konjunktion von zwei Implikationen. Definieren wir die Teilmengenbeziehung durch

$$\forall x, y \, (x \subset y) \Leftrightarrow \forall z \, (z \in x) \Rightarrow (z \in y),$$

ergibt sich also $(x = y) \Leftrightarrow (x \subset y) \wedge (y \subset x)$.

Jetzt folgen die wichtigsten Prinzipien der Mengenbildung, an erster Stelle das.

Axiom der Komprehension: sei E eine Eigenschaft, die für Mengen definiert ist. Dann besitzt jede Menge x die Teilmenge y der Elemente mit dieser Eigenschaft, in Zeichen

$$\forall x \, \exists y \, \forall z \, (z \in y) \Leftrightarrow ((z \in x) \wedge E(z)).$$

Zu klären bleibt, was eine Eigenschaft sein soll. Das werden wir in Kap. 7 nachholen: eine Eigenschaft E wird ausgedrückt durch eine Formel $E(x)$ der L1-Sprache der Mengen mit x als einziger freier Variabler, und $E(x)$ ist zu lesen als die Aussage „x hat die Eigenschaft E". Für den Augenblick mögen zwei Beispiele genügen: $E(x) \Leftrightarrow x \neq x$. Da es keine Menge mit dieser Eigenschaft gibt, ergibt sich die leere Menge, geschrieben $\emptyset$, als Teilmenge jeder Menge. Für gegebene x, y bedeute $E(z)$ die Aussage $(z \in x) \wedge (z \in y)$. Das Axiom liefert damit den Durchschnitt von x und y als Teilmenge von beiden.

Das Komprehensionsaxiom ist sozusagen das intentionale Gegenstück zum Axiom der Extensionalität. Zusammen stellen sie die beiden Arten dar, eine Menge zu definieren: durch Aufzählung ihrer Elemente oder Angabe einer sie charakterisierenden Eigenschaft. In der Mathematik wie im Leben wird oft die Überschneidung von derart verschieden definierten Mengen zum Problem, z. B. in der Frage, ob der Gärtner der Mörder ist.

Axiom der Paarmengen: zu je zwei Mengen x, y existiert eine Menge, deren einzige Elemente x und y sind, in Zeichen:

$$\forall x, y \; \exists w \; \forall z \; (z \in w) \Leftrightarrow ((z = x) \lor (z = y)).$$

Man schreibt $w = \{x, y\}$. Insbesondere existiert zu jedem x die Menge $\{x\}$, deren einziges Element x ist.

Axiom der Vereinigung: zu jeder Menge x existiert eine Menge w, deren Elemente die Elemente der Elemente von x sind; man schreibt $w = \text{Un}(x)$.

Beachten Sie: in der Sprache, die wir hier benutzen, sind die Elemente von (nichtleeren) Mengen wieder Mengen. In der Erfahrungswirklichkeit ist das natürlich nicht der Fall, eine Armee etwa besteht aus Einheiten absteigender Größe, aber die Elemente der kleinsten Einheit sind nicht mehr Einheiten, sondern Soldaten. Die Mengentheorie kann dem durch „Urelemente" oder das „Fundierungsaxiom" Rechnung tragen; wir werden das nicht nötig haben (siehe aber Kap. 8).

Axiom der Potenzmenge: zu jeder Menge x existiert eine Menge w, deren einzige Elemente die Teilmengen von x sind.

Man schreibt $w = P(x)$. Stets sind $\emptyset$ und x Elemente von $P(x)$.

Die in den letzten vier Axiomen postulierten Mengen sind nach dem Extensionalitätsprinzip eindeutig bestimmt. Die Formalisierung der beiden letzten überlasse ich Ihnen.

Diese Axiome gestatten die üblichen mengentheoretischen Konstruktionen: beliebige Durchschnitte und Vereinigungen, geordnete Paare, cartesische Produkte, damit die Definition von Relationen und Funktionen, z. B. definiert man geordnete Paare nach Kuratowski durch

$$(x, y) = \{x, \{x, y\}\},$$

eine Menge, deren Existenz durch das Paarmengenaxiom gesichert ist. All das wird im Folgenden ohne weiteres vorausgesetzt und benutzt.

Die bisher genannten Axiome werden auch von der Klasse der endlichen Mengen erfüllt. Folglich braucht man, wenn man unendliche Mengen will (und wer wollte das nicht), ein weiteres Axiom. Wir orientieren uns dafür an den natürlichen Zahlen, die am Anfang des Zahlensystems stehen: es sind unendlich viele, weil sie aus der Eins durch eine Nachfolgerabbildung hervorgehen, deren in den Peanoaxiomen postulierte Eigenschaften diese Unendlichkeit sicherstellen (beachten Sie: wir haben bisher noch keinen strengen Begriff von „endlich" oder „unendlich" entwickelt). Für alle Mengen definierte Nachfolgerabbildungen sind unschwer anzugeben, z. B.

$$s(x) = x \cup \{x\} \text{(v. Neumann) oder } s(x) = \{x\} \text{(Zermelo)}.$$

Die erstere erscheint als die natürlichere, denn mit $\emptyset =: 0$ beginnend erhält man $s(0) = \{0\} =: 1$, $s(1) = 1 \cup \{1\} =: 2$ usw., und man sieht, dass der n-te Nachfolger der Null eine Menge mit n Elementen ist; bei Zermelo ist das die n-mal eingeklammerte Null. Wir wählen aber die Zermelosche, weil sie einfacher zu handhaben ist und es uns hier nur auf die formalen Eigenschaften der Nachfolgerabbildung ankommt. Wir nennen eine Menge *induktiv,* wenn sie $\emptyset$ als *Element* enthält (nicht nur als Teilmenge) und unter s abgeschlossen ist; es ist intuitiv klar, dass eine solche Menge nicht endlich sein kann. Wir können nun formulieren:

Axiom des Unendlichen: es gibt eine induktive Menge.

Schließlich werden wir (aber erst im übernächsten Kapitel) Gebrauch machen vom.

Auswahlaxiom: zu jeder Menge x nichtleerer Mengen gibt es eine Funktion

$$f: x \rightarrow \mathrm{Un}(x) \text{ mit } \forall y \in x \; f(y) \in y.$$

Ein solches f heißt eine *Auswahlfunktion;* sie „wählt" aus jedem y ein Element. Über dieses Axiom, seine wahre Stärke und verschiedene seiner Konsequenzen werden wir noch zu reden haben. Hier nur eine Illustration von Russell: vor die Aufgabe gestellt, aus unendlich vielen Paaren von Schuhen je einen auszuwählen, kann man einfach von jedem Paar den rechten nehmen. Sind die Paare aber nicht solche von Schuhen, sondern von Gegenständen, die man nicht durch ein a priori gegebenes Merkmal voneinander unterscheiden kann, verliert man plötzlich den Boden unter den Füßen und beginnt zu ahnen, wie stark das Postulat einer Auswahlfunktion ist. Unproblematisch ist natürlich der Fall eines endlichen x und auch (wie das Beispiel zeigt) der, in welchem die y irgendwie ausgezeichnete Elemente haben (dann genügt das Axiom der Komprehension).

Die so axiomatisierte Mengentheorie wird nach ihren Urhebern kurz mit ZFC bezeichnet („Zermelo-Fraenkel with Choice"). Die Axiomatik erscheint zunächst wenig strukturiert und nur den Bedürfnissen mathematischer Theoriebildung angepasst, aber wenigstens Letzteres ist eine Täuschung. Auf den fundamentalen Charakter der Komprehension als eines Prinzips der Begriffsbildung habe ich schon hingewiesen. Auch Vereinigungsbildung findet so häufig statt, dass Beispiele sich erübrigen. Überall, wo unter Gegenständen verschiedener Arten eine Auswahl zu treffen ist, stehen Paarmengen- und Potenzmengenaxiom im Hintergrund, so wenn ich überlege, welche Wäschestücke und Bücher ich mit auf die Reise nehmen soll. Ein Auswahlprinzip steht hinter jeder Art Repräsentation von Gesamtheiten durch einzelne Mitglieder, von der Kanzlerwahl bis zur Stichprobe, die der Zollbeamte nimmt. Wenn also die Mengenaxiomatik ein „leitendes Prinzip" vermissen lässt, dann liegt das daran, dass die logischen Substrukturen unseres theoretischen wie praktischen Agierens nicht zureichend verstanden sind (im jetzt anhebenden Roboterzeitalter wird sich das wohl ändern). Nur das Axiom des Unendlichen gehört ganz der Mathematik.

4.2   Die natürlichen Zahlen

Die ganzen Zahlen, sagte Kronecker, hat der liebe Gott erschaffen, alles andere ist Menschenwerk. Man kann einem Kapitel über die Zahlen schwerlich einen passenderen Satz voranstellen (und es wäre fast schon ein Verstoß gegen eine Tradition, es nicht zu tun), aber nicht, weil er fraglos wahr, sondern weil er ein guter Ausgangspunkt zum Nachdenken ist. Fraglos wahr ist seine zweite Hälfte (wie dieses Kapitel lehren wird); fraglich die erste. Wem sollen wir die Urheberschaft an den natürlichen Zahlen zuschreiben? Dedekind teilte nicht die Meinung seines Zeitgenossen Kronecker (falls der zitierte Satz überhaupt ernst gemeint war); für ihn waren alle Zahlen freie Schöpfungen des menschlichen Geistes, mit denen dieser die Mannigfaltigkeit der Dinge in eine Ordnung bringt.

Keine der beiden Auffassung scheint ganz überzeugend (auch wenn man bei Kronecker die theologische Implikation weglässt, die sich einem rationalen Diskurs ohnehin entzieht). Wenn das Weltall endlich ist, wie es der heutigen Auffassung entspricht, welchen Sinn hat es dann, zu sagen, es *gebe* eine Zahl, die größer ist als die Anzahl aller Objekte im Universum? Also hat Gott nur kleine Zahlen geschaffen? Aber charakteristisch für die natürlichen Zahlen ist doch die (wenigstens) potenzielle Unendlichkeit der Zahlenreihe. Gegen Dedekind wäre anzuführen, dass wir schwerlich die Freiheit haben, uns der Zahlen zu bedienen oder nicht. Wahrnehmung und Unterscheidung diskreter Quantität gehört zu unserer kategorialen Ausstattung, mit der wir angetreten sind (besser vielleicht: ausgesetzt wurden), uns in der Welt einzurichten, und wir finden sie an jedem Objekt, in Raum und Zeit. Auch Menschen, deren Sprache keine Zahlwörter über 4 kennt, benutzen Zahlen „implizit"; sie merken auch ohne Kerbholz, wenn von sieben Sachen plötzlich eine fehlt (siehe dazu [Me], S. 5). Menschenwerk ist aber sicherlich jeder *mathematische* Begriff von Zahl.

Wie immer man sich dazu stellen mag, Aufgabe von Mathematik ist hier wie überall, relevante Aspekte ihres Gegenstands begrifflich (axiomatisch) zu fixieren und konstruktiv-deduktiv zu entfalten. Ein charakteristischer Aspekt der Zahlen ist sicherlich ihr bei der Eins beginnendes Aufeinanderfolgen, wie es die Axiome von Peano beschreiben. Mit ihnen beginnen wir diesen Abschnitt und nehmen von vornherein an, dass diese Zahlen eine Menge bilden, die wir N nennen. Neben der mengentheoretischen Symbolik benutzen wir zwei Zeichen für die beiden Charakteristika, „1" für das ausgezeichnete Element und einen Strich für die Nachfolgerabbildung $n \to n'$. Hiermit wird schon vorausgesetzt, dass jede Zahl einen *eindeutig bestimmten* Nachfolger hat. Die Axiomatik von Peano kann nun so formuliert werden:

(i) a. $\forall n \; n' \neq 1$;

     b. $\forall n, m \; n \neq m \Rightarrow n' \neq m' \,(\text{in Worten: } n \to n' \text{ ist injektiv})$;

(ii) $\forall M \subset N \,(1 \in M \wedge (n \in M \Rightarrow n' \in M)) \Rightarrow M = N$.

Jedes Tripel $(N, 1, ')$, in dem N eine Menge, 1 ein Element von N und der Strich eine Funktion $N \to N$ bezeichnen, heißt ein *Modell* der natürlichen Zahlen, wenn diese Axiome erfüllt sind. Man mache sich klar, dass die Axiome nicht redundant sind, indem man Tripel konstruiert, denen jeweils eines fehlt; z. B. erfüllt eine überabzählbare Menge mit einer injektiven Selbstabbildung, die genau ein Element auslässt, alle außer (ii).

Axiom (ii) heißt auch *Induktionsaxiom*, weil es die mengentheoretische („extensionale") Version des Prinzips der vollständigen Induktion darstellt: um eine Eigenschaft E für alle n nachzuweisen, genügt es, E(1) zu beweisen („Induktionsanfang") sowie $E(n) \Rightarrow E(n')$ („Induktionsschritt"); setze dazu in (ii)

M = {n|E(n)}. Eine ebenso wichtige Folgerung ist die Möglichkeit, Funktionen mit Argumentbereich N *rekursiv* zu definieren. Das ist der Inhalt eines prominenten Theorems:

4.2.1 Rekursionssatz von Dedekind: Sei (N, 1, ′) ein Modell der natürlichen Zahlen, S irgendeine Menge, s ∈ S und g: S → S eine Abbildung. Dann gibt es genau eine Abbildung f: N → S mit f(1) = s und f(n′) = g(f(n)), alle n ∈ N

Beweis. Zunächst die Eindeutigkeit: sind f_1 und f_2 zwei Abbildungen mit den verlangten Eigenschaften, setzen wir M = {n|f_1(n) = f_2(n)}. Ein trivialer Induktionsbeweis liefert M = N. Interessanter ist die Existenz, schon die Frage, warum hier überhaupt etwas bewiesen werden muss. Jeder wird zunächst sagen: wenn f(1) gegeben ist und ich weiß, wie ich f(n′) aus f(n) konstruieren kann, dann ist doch f(n) für alle n gegeben – das ist doch klar. Aber können wir diese „Klarheit" als Beweis gelten lassen? Was würden Sie jemandem erwidern, der sagt: „Schön, durch die Vorschrift ist f(n) für ein n nach dem anderen gegeben, aber nicht für alle gleichzeitig"? Ist da ein Unterschied? Allerdings, nämlich der zwischen dem potenziell und dem aktual Unendlichen. Aber darf der Störenfried dieses Aktual-Unendliche verlangen? Ja, das darf er, nachdem wir uns erklärtermaßen auf den Boden der Mengentheorie gestellt haben. In jeder axiomatisch betriebenen Mathematik müssen wir das, was uns vermeintlich klar ist, auch formalisieren können. Unsere Mengensprache kennt aber keinen Ausdruck „eins nach dem anderen"; eine Abbildung ist eine rechtseindeutige binäre Relation, eine Teilmenge einer Produktmenge, von der unsere Sprache nur sagen kann, ob sie existiert oder nicht, aber nicht, dass sie nach und nach erzeugt wird. Und damit ist uns auch der Weg zum Beweis gewiesen: wir haben G ⊂ N × S zu konstruieren mit den Eigenschaften (1) (1, s) ∈ G; (2) (n, x) ∈ G ⇒ (n′, g(x)) ∈ G; (3) G ist Funktionsgraph, d. h. ((n, x) ∈ G ⇒ (n, y) ∈ G) ⇒ x = y.

Sei F die Menge aller H ⊂ N × S, die (1) und (2) erfüllen; F ist nicht leer, denn N × S ist ein solches H. Damit können wir

$$G = \bigcap_{H \in F} H$$

setzen; dies ist das *kleinste* H mit (1) und (2). Wir beweisen (3) durch Induktion: n = 1: wäre (1, y) ∈ G, mit y ≠ s, so hätte G\(1, y) immer noch die Eigenschaften (1) und (2), mit Widerspruch zur Minimalität von G. Für (1) ist das klar, und (2) könnte nur verletzt werden, wenn (1, y) die Form (n′, g(x)) hätte, was dem ersten Peanoaxiom widerspricht. Ein ähnliches Argument trägt den Induktionsschritt: wir können annehmen, dass für n nur das Paar (n, x) in G liegt. Wenn dann neben (n′, g(x)) noch (n′, z), z ≠ g(x) in G läge, könnte man wieder G durch Wegnahme von (n′, z) verkleinern. Wieder ist klar, dass (1) erhalten bleibt, und (2) könnte nur verletzt werden, wenn (n′, z) die Form (m′, g(y)) hätte. Weil die Nachfolgerabbildung injektiv ist, geht das nur für m = n; dann aber ist nach Induktionsannahme g(y) = g(x) = z, mit Widerspruch.

Der Rekursionssatz gestattet eine allgemeinere, „pfeiltheoretische" Formulierung, die seine Rolle konzeptuell durchsichtiger macht. Zunächst beschreiben wir ein Modell durch eine Zeile $* \to N \to N$ von Mengen und Abbildungen; hier bedeutet der zweite Pfeil die Nachfolgerabbildung und $*$ irgendeine einelementige Menge, die auf $\{1\}$ abgebildet wird. Den Rekursionssatz können wir nun so aussprechen: ist $* \to S \to S$ eine weitere Zeile, so existiert genau ein $f: N \to S$, welches das Diagramm

$$
\begin{array}{ccc}
* \to & N & \to N \\
\downarrow & \downarrow \;!f\; \downarrow & \\
* \to & S & \to S
\end{array}
\qquad \text{(D)}
$$

kommutativ macht.

Eine solche Eigenschaft heißt *universell,* ihre Träger u*niverselle Objekte.* Es ist eine universelle Eigenschaft universeller Eigenschaften, dass ihre Träger durch sie bis auf Isomorphie (in der zugehörigen Kategorie, davon später) eindeutig bestimmt sind. (Im obigen Falle würde man sagen: die Zeile $* \to N \to N$ ist ein Anfangsobjekt in der Kategorie solcher Zeilen, siehe Abschn. 4.7 Das sprechen wir als Satz aus:

4.2.2 Durch die im Rekursionssatz angegebene Eigenschaft ist das Modell $(N, 1, ')$ bis auf Isomorphie eindeutig bestimmt

Dabei ist ein Morphismus von Tripeln eine Mengenabbildung, die mit den vorhandenen Strukturen verträglich ist, explizit: die ausgezeichneten Elemente aufeinander abbildet und mit den Nachfolgerabbildungen vertauschbar ist, diagrammatisch: das entstehende Diagramm (D) kommutieren lässt. Ein Isomorphismus ist ein Morphismus, der ein (zweiseitiges) Inverses besitzt.

Beweis: der Kürze halber bezeichnen wir die Modelle nur mit ihren Trägermengen. Sei M ein weiteres Modell. Anwendung des Rekursionssatzes liefert einen Morphismus $f: N \to M$ von Modellen, und ebenso erhalten wir einen Morphismus $f_1: M \to N$. Weil die Komposition von Morphismen wieder ein Morphismus ist, haben wir nun zwei Morphismen $N \to N$, nämlich id_N und $f_1 \circ f$. Die Eindeutigkeitsaussage des Satzes ergibt jetzt $\mathrm{id}_N = f_1 \circ f$. Ebenso zeigt man $\mathrm{id}_M = f \circ f_1$.

Es muss bei diesem Beweis auffallen, dass die zugrundeliegenden Strukturelemente, das ausgezeichnete Element und die Nachfolgerabbildung, gar nicht vorkommen; alles, was benötigt wird, sind Existenz und Eindeutigkeit gewisser Morphismen. In der Tat ist der allgemeine Beweis für die Eindeutigkeit universeller Objekte wörtlich derselbe. Solche sind z. B. direkte Summen oder Produkte, Tensorprodukte, Faktorkommutatorgruppen, Lokalisierungen und Komplettierungen; also ein Gutteil aller „kanonischen" Konstruktionen in Algebra und Topologie (wir werden in diesem Kapitel noch einigen begegnen und universelle Konstruktionen in Termini der Kategorientheorie darstellen). Die größere Allgemeinheit der pfeiltheoretischen Beschreibung liegt darin, dass bei ihr nur Abbildungen zwischen Mengen, aber keine Elemente vorkommen (die ausgezeichnete Eins haben wir durch den Pfeil $* \to N$ ersetzt). Daher können wir ein Analogon des Rekursionssatzes auch in anderen Kategorien formulieren (diesen Begriff werden wir unten einführen); darunter auch solchen, deren Objekte keine Mengen sind (siehe Kap. 7).

Kehren wir nun zurück zu den Zahlen. Bisher haben wir uns nur der Eindeutigkeit, aber noch nicht der Existenz eines Modells versichert. Die Nachfolgerabbildung $s(x) = \{x\}$ haben wir schon festgelegt, die Rolle der Eins übernimmt (nur für einen Augenblick!) die leere Menge. Jetzt rufen wir das Axiom des Unendlichen an, die Existenz einer induktiven Menge M, und setzen, ähnlich wie im Beweis des Rekursionssatzes,

$$\mathbb{N} = \text{Durchschnitt aller induktiven Teilmengen von M.}$$

Es ist klar, dass $\mathbb{N}$ selbst induktiv ist. Die Injektivität von s folgt aus dem Axiom der Extensionalität: $\{x\} = \{y\} \Rightarrow x = y$. Trivial ist, dass $\emptyset$ keinen Vorgänger hat, und auch das Induktionsaxiom ergibt sich auf höchst simple Weise: ist $M \subset \mathbb{N}$ induktiv, so ist M an der Durchschnittsbildung beteiligt, und damit $M = \mathbb{N}$.

4.3   Strukturen auf $\mathbb{N}$

Wir definieren jetzt Addition, Multiplikation und Anordnung natürlicher Zahlen und beweisen ihre Grundeigenschaften. Grundlage ist der Rekursionssatz; die Beweise vollziehen sich, wie nicht anders zu erwarten, durch Induktion. Wir schreiben jetzt wieder 1 für das ausgezeichnete Element und $n \to n'$ für die Nachfolgerabbildung.

Die Addition, an sich eine zweistellige Funktion, erklären wir, indem wir den ersten Summanden beliebig, aber fest denken und definieren $m + n$ rekursiv durch

$$m + 1 := m', \quad m + n' := (m + n)'.$$

Im Rekursionssatz ist also $\mathbb{N} = S = \mathbb{N}$, $s = m'$ und g wieder die Nachfolgerabbildung. Zu beweisen sind jetzt Assoziativität, Kommutativität und die Kürzungsregel. Wir beweisen $(k + m) + n = k + (m + n)$ durch Induktion nach n bei beliebigen, aber festen k, m.

$$n = 1 : (k + m) + 1 = (k + m)' = k + m' = k + (m + 1).$$

$$n \to n' : (k + m) + n' = ((k + m) + n)' = (k + (m + n))' = k + (m + n)' = k + (m + n').$$

Machen Sie sich klar, dass wir in jedem Schritt nur die Definitionen bzw. die Induktionsannahme benutzt haben! Beweis der Kommutativität $m + n = n + m$ durch Induktion nach n:

$n = 1$: hier haben wir $m + 1 = 1 + m$ zu zeigen, natürlich mit einer Sub-Induktion: $1 + 1 = 1 + 1$ ist klar; $1 + m' = (1 + m)' = (m + 1)' = (m')' = m' + 1$.

$n \to n'$: hier werden der Fall $n = 1$ und die Assoziativität benutzt:

$$m + n' = (m + n)' = (n + m)' = n + m' = n + (m + 1)$$
$$= n + (1 + m) = (n + 1) + m = n' + m.$$

Beim Beweis der Kürzungsregel $k + n = m + n \Rightarrow k = m$ kommt die Injektivität der Nachfolgerabbildung, die natürlich schon im Beweis der Rekursionssatzes steckt, noch einmal explizit zur Geltung:

$$n = 1 : k + 1 = m + 1 \text{ bedeutet } k' = m', \text{ woraus } k = m \text{ folgt.}$$

$$n \to n' : k + n' = m + n' \Rightarrow (k + n)' = (m + n)' \Rightarrow k + n = m + n \Rightarrow k = m.$$

Wie die Addition wird die Multiplikation rekursiv erklärt:

$$m1 := m, \quad mn' := mn + m.$$

Wir beweisen erst die Distributivität $(k + m)n = kn + mn$. Der Anfang $n = 1$ ist klar.

$$\begin{aligned}
n \to n' : (k + m)n' &= (k + m)n + (k + m) = (kn + mn) + (k + m) \\
&= (kn + k) + (mn + m) = kn' + mn',
\end{aligned}$$

wobei wir die schon bewiesenen Eigenschaften der Addition benutzt haben. Den Nachweis der Assoziativität, Kommutativität und der Kürzungsregel für die Multiplikation können Sie nun sicherlich selbst führen.

Es bleibt die Anordnung. Wir definieren

$$m < n \Leftrightarrow \text{ es gibt ein } x \text{ mit } n = m + x.$$

Die Transitivität dieser Relation, $(m < n) \wedge (n < p) \Rightarrow m < p$, ist sehr leicht einzusehen. Aus $(m < n) \wedge (n < m)$ würde eine Gleichung $n = n + k$ folgen. Induktion nach n zeigt, dass eine solche nicht bestehen kann, den Anfang macht dabei der Widerspruch $1 = 1 + k = k'$ zum ersten Peanoaxiom. Die Totalität der Anordnung wird durch

$$\forall m, n(m = n) \vee (n < m) \vee (m < n)$$

ausgedrückt, was wir wieder induktiv beweisen. Der Anfang $n = 1$ erfordert wieder eine Subinduktion nach m, nämlich $(m = 1) \vee (m > 1)$. Der Anfang $m = 1$ ist klar. Ist $m \neq 1$, so ist $m = k'$ ein Nachfolger (Beweis durch Induktion!), also $m = k + 1$ und damit $m > 1$. Den Rest sowie die Verträglichkeit der Anordnung mit den Rechenoperationen überlasse ich Ihnen als Aufgabe.

Wir haben uns damit vergewissert, dass die in den Peanoaxiomen kodifizierten charakteristischen Eigenschaften von ℕ auch alles Übrige hergeben, was uns von den natürlichen Zahlen als Grundeigenschaften geläufig war. Die Nachweise waren, wenngleich elementar, doch nicht ganz trivial; das können Sie feststellen, wenn Sie die fraglichen Eigenschaften in irgendeiner anderen Reihenfolge beweisen wollen. Hinter dem alltäglichen Operieren mit Zahlen steht eine logische Substruktur von einiger Komplexität.

4.4   Von ℕ nach ℤ: Grothendieckgruppen

Praktische Rechenbedürfnisse, etwa laufendes Verrechnen von habet und debet, aber auch die mathematische Beschreibung von Bewegungen in entgegengesetzten Richtungen lassen die uneingeschränkte Lösbarkeit von Gleichungen der Form $n + x = m$ wünschbar erscheinen; strukturell bedeutet das den Übergang von einer Halbgruppe und zu einer Gruppe. Dass er nicht ohne Schwierigkeiten vor sich ging, zeigt noch die unangebrachte Bezeichnung „negative Zahlen", in der eine ursprüngliche, in realen Größen verankerte Zahlvorstellung ihren Protest gegen die neuen „virtuellen" Objekte zum Ausdruck brachte. Darüber sind wir hinaus; für uns besitzen alle mathematischen Objekte, die wir in unserem axiomatischen Rahmen konstruieren können, dieselbe ontologische Dignität.

Es kostet nicht viel, in größerer Allgemeinheit zu arbeiten. Wir legen also eine kommutative Halbgruppe H zugrunde, die wir additiv schreiben, und ordnen ihr eine Gruppe G(H) und einen Halbgruppenmorphismus $H \to G(H)$ mit einer gewissen universellen Eigenschaft zu.

Wir wollen zu Elementen h, k aus H ihre Differenz konstruieren. Diese ist eine Funktion von h und k, wird also durch das Paar (h, k) repräsentiert. Zwei Paare (h, k), (l, m) repräsentieren dieselbe Differenz, wenn $h + m = k + l$. Wir schwächen diese Bedingung leicht ab und definieren auf der Menge der Paare eine Relation durch

$$(h, k) \sim (l, m) \Leftrightarrow \exists r \in H \; h + m + r = k + l + r.$$

Wenn in H die Kürzungsregel gilt, ist natürlich r überflüssig. Reflexivität und Symmetrie dieser Relation sind offensichtlich. Für die Transitivität nehmen wir zusätzlich $(l, m) \sim (p, q)$ an, also $l + q + t = p + m + t$. Addieren wir unsere Gleichungen (was sonst sollten wir tun), kommt

$$h + q + (m + r + l + t) = k + p + (l + r + m + t)$$

und damit $(h, k) \sim (p, q)$. Wir bezeichnen die Menge der Äquivalenzklassen mit G(H) und schreiben cl(h, k) für die Klasse von (h, k).

Die einzige in Betracht kommende Möglichkeit, G(H) zu einer Gruppe zu machen, ist

$$cl(h, k) + cl(l, m) = cl(h + l, \; k + m),$$

und wir müssen uns überzeugen, dass dies wohldefiniert ist, was wie oben durch Addition der sich ergebenden Gleichungen folgt. Es ist nun klar, dass diese Addition auf G(H) assoziativ und kommutativ ist. Weiter ist klar, dass $(x, x) \sim (y, y)$ für alle x, y sowie $(h, k) \sim (h + x, k + x)$; also ist cl(x, x) für alle x dasselbe Element aus G(H) und ein neutrales Element für die Addition. Die Inversenbildung werden Sie schon erraten: cl(h, k) + cl(k, h) = cl(h + k, h + k)), also das neutrale Element. Damit ist G(H) als Gruppe erkannt; sie heißt die *Grothendieckgruppe* von H.

Der Zusammenhang mit H besteht in einem Homomorphismus von Halbgruppen

$$f\colon H \to G(H), \quad h \to cl(h + x, \; x),$$

wobei die Wahl von x beliebig ist, wie aus dem oben Gesagten hervorgeht (wenn H ein Nullelement hat, bietet sich natürlich $x = 0$ an). Die Homomorphie verlangt

$$cl(h + k + x, \; x) = cl(h + x, \; x) + cl(k + x, \; x),$$

und der letzte Ausdruck ist $= cl(h + k + 2x, \; 2x)$, woraus die Behauptung folgt. Wenn in H die Kürzungsregel gilt, $h + y = k + y \Rightarrow h = k$, ist f injektiv, denn jetzt sieht man

$$(h + x, \; x) \sim (k + x, \; x) \text{ genau dann, wenn } h = k.$$

Umgekehrt ist klar, dass f nicht injektiv sein kann, wenn die Kürzungsregel nicht gilt, denn in einer Gruppe gilt sie trivialerweise. Die versprochene universelle Eigenschaft besteht nun in dem folgenden.

4.4.1 Satz: sei G eine kommutative Gruppe und g: $H \to G$ ein Homomorphismus von Halbgruppen. Dann gibt es genau einen Gruppenhomomorphismus e: $G(H) \to G$, der das Diagramm

$$H \to G(H)$$
$$g \searrow \; \downarrow e$$
$$G$$

kommutativ macht; in Worten: jeder Morphismus von H in eine Gruppe faktorisiert eindeutig durch f.

Beweis: cl(h, k) steht für die „Differenz" von h und k, wir setzen also e(cl(h, k)) $= g(h) - g(k)$ und müssen uns zunächst überzeugen, dass dies wohldefiniert ist: aus $(h, k) \sim (l, m)$, also $h + m + r = k + l + r$ folgt durch Anwendung von g und Benutzung der Gruppeneigenschaft von G in der Tat $g(h) - g(k) = g(l) - g(m)$ wie verlangt. Die Homomorphie von e ist trivial, ebenso die Faktorisierung e(f(h)) $= e(cl(h + x, \; x)) = g(h + x) - g(x) = g(h)$, und die Eindeutigkeit von e folgt daraus, dass G(H) von f(H) erzeugt wird.

Insbesondere: ist H selbst schon Gruppe, kann man $g = id_H$ nehmen und sieht, dass $H \simeq G(H)$. Der schon in Abschn. 4.2.2 geführte Eindeutigkeitsbeweis zeigt auch hier, dass G(H), oder genauer: der Pfeil f: $H \to G(H)$ durch diese universelle Eigenschaft eindeutig bestimmt ist (wir werden das noch deutlicher machen).

Ein auf den ersten Blick frappierendes Beispiel erhält man, wenn für H die Moduln über einem (festen) Ring nimmt, mit der direkten Summenbildung als Addition. Die Kürzungsregel gilt im Allgemeinen nicht! Die zugehörige Grothendieckgruppe enthält also „negative" Moduln, z. B. Vektorräume negativer Dimension – wahrhaft virtuelle Objekte. Diese Gruppen spielen in der höheren Algebra („algebraische K-Theorie") eine fundamentale Rolle.

Unser Hauptbeispiel ist natürlich $H = (\mathbb{N}, +)$. Da in $\mathbb{N}$ die Kürzungsregel gilt, erhalten wir eine Einbettung $\mathbb{N} \to G(\mathbb{N}) =: \mathbb{Z}$. Natürlich schreiben wir jetzt $1 = cl(2, 1)$,

0=cl(1, 1), −1=cl(1, 2) usw. Was noch zu tun bleibt, ist die Übertragung der Multiplikation und der Anordnung nebst dem Nachweis der einschlägigen Regeln. Wir haben aber von dieser Art Kärrnerarbeit schon genug getan, und ich überlasse Ihnen das als Aufgabe. Noch eine: Was ist G(H) für H=$\mathbb{N}$ mit der Multiplikation?

Interessant ist noch die Bemerkung, dass in der additiven Gruppe ($\mathbb{Z}$, +) positiv und negativ strukturell ununterscheidbar sind, da die Multiplikation mit −1 ein (der einzige nichttriviale) Automorphismus dieser Gruppe ist. Der *Ring* $\mathbb{Z}$ hat aber keinen nichttrivialen Automorphismus mehr, und die Symmetrie verschwindet; z. B. sind alle Quadrate positiv.

Zum Schluss bemerken wir noch, dass wir in unseren Rechnungen, so klein diese auch waren, doch von der vorausgesetzten Kommutativität von H entscheidenden Gebrauch gemacht haben. Für allgemeine Halbgruppen existiert keine analoge Konstruktion; nur unter einer gewissen Voraussetzung („Ore-Bedingung") lässt sich etwas Vergleichbares bilden.

4.5 Von $\mathbb{Z}$ nach $\mathbb{Q}$: Lokalisierung

Ebenfalls aus praktischen, natürlich aber auch theoretischen Gründen möchte man Gleichungen mx=n (m$\neq$0) uneingeschränkt lösen können. Die positiven rationalen Zahlen, die sich bei natürlichen m, n dabei ergeben, sind sogar älter als die negativen ganzen. Schon die Pythagoreer kannten sie ja als Proportionen, wenn sie in ihnen auch nicht Zahlen erblickten, Objekte eines algebraischen Kalküls. Algebraisch handelt es sich, wenn m, n einem Ring angehören, um Quotientenbildung, allgemeiner Lokalisierung.

Ein bisschen Extra-Allgemeinheit kostet auch hier nicht viel. Wir legen zugrunde einen kommutativen Ring R mit Einselement, eine multiplikativ abgeschlossene Teilmenge S$\subset$R und einen R-Modul M. Für jedes s $\in$ S ist die Multiplikation mit s ein (R-Modul-) Endomorphismus von M. Wir möchten M zu einem Modul machen, in dem all diese zu Automorphismen werden, so dass wir „Quotienten" m/s bilden können, und zwar wieder auf „universelle" Weise. Und wie wir eine Halbgruppe, in der die Kürzungsregel nicht gilt, nicht in eine Gruppe einbetten können, ohne sie zu „deformieren", können wir auch dieses Ziel i. A. nicht erreichen, ohne M zu manipulieren. Dies geschieht wieder mittels einer Äquivalenzrelation auf Paaren (m, s) $\in$ M $\times$ S, die ausdrücken soll, wann zwei „Quotienten" gleich sind.

In diesem Abschnitt habe ich zur Kärrnerarbeit noch weniger Lust als im letzten. Ich gebe darum nur die nötigen Definitionen und die Sachverhalte an und überlasse Ihnen die Verifikation, die man sans genie et sans esprit ausführen kann (umso mehr, als sie eine starke Ähnlichkeit mit denen des letzten Abschnitts aufweisen); außerdem dürften etliche unter Ihnen das Material schon kennen.

(1) Wir definieren

$$(m, s) \sim (n, t) :\Leftrightarrow \exists r \in S \ \ rtm = rsn.$$

Man zeigt: dies ist eine Äquivalenzrelation. Wir schreiben m/s für die Klasse von (m, s) und $S^{-1}M$ für die Menge der Äquivalenzklassen. Man sieht, dass alle Klassen zu einer einzigen schrumpfen, wenn S die Null enthält.

(2) Die Addition $m/s + n/t := (tm + sn)/st$ ist wohldefiniert und macht $S^{-1}M$ zu einer abelschen Gruppe. Die Multiplikation $r(m/s) := (rm/s)$ ist wohldefiniert und macht $S^{-1}M$ zu einem R-Modul.

Wir nehmen jetzt der Einfachheit halber an, dass S die Eins enthält.

(3) Die Abbildung $f(m) = m/1$ ist ein Modulhomomorphismus $M \to S^{-1}M$ und injektiv, wenn alle Multiplikationen $m \to sm$ in M injektiv sind.

Unser ursprüngliches Ziel ist jetzt erreicht: in $S^{-1}M$ hat die Multiplikation mit s, $(m/1) \to (sm)/1$, die Inverse $m/1 \to m/s$.

Die versprochene universelle Eigenschaft können wir so ausdrücken: wir sagen, ein Modul N habe S-Division, wenn die Multiplikationen $n \to sn$ mit Elementen von S Automorphismen von M sind; wir schreiben $n \to n/s$ für die Inversen. Damit gilt das Analogon von Abschn. 4.4.1:

4.5.1 Jeder R-Modulhomomorphismus g: $M \to N$ in einen Modul mit S-Division faktorisiert eindeutig durch f, d. h. es existiert genau ein e: $S^{-1}M \to N$ mit $g = e \circ f$

Zum Beweis setzt man $e(m/s) = g(m)/s$ und verifiziert alles Nötige wie in Abschn. 3.4.1.

In dem für uns wichtigen Fall findet natürlich keine „Deformation" statt. Trotzdem eine kleine Illustration für das, was beim Lokalisieren gewöhnlich stattfindet: sei $m = zn$ eine natürliche Zahl und n ihr größter ungerader Teiler, $R = \mathbb{Z}$ und S = Menge der Potenzen von 2, $M = \mathbb{Z}/m\mathbb{Z} \cong \mathbb{Z}/z\mathbb{Z} \times \mathbb{Z}/n\mathbb{Z}$ nach dem Chinesischen Restsatz. Auf dem zweiten Faktor ist Multiplikation mit 2 ein Automorphismus, aber jedes Element des ersten Faktors wird von einer Potenz von 2 annulliert; Lokalisieren nach S bewirkt also das Verschwinden dieses Faktors, während der zweite unverändert bleibt. (Wir haben hier benutzt, dass Lokalisieren mit direkter Summenbildung vertauschbar ist; das haben wir nicht bewiesen, ist aber natürlich „kanonisch").

Wir kehren zu allgemeinen Fall zurück und nehmen $M = R$. Dann wird $S^{-1}R$ durch die Definition $m/s \times n/t = mn/st$ zu einem Ring. Ist R ein Integritätsbereich, sind alle Multiplikationen mit Elementen von S injektiv (wir nehmen natürlich jetzt $0 \notin S$ an), und $m \to m/1$ ist eine Einbettung von Ringen; nehmen wir jetzt noch $S = R\backslash\{0\}$ (diese Menge ist multiplikativ abgeschlossen), wird $S^{-1}R$ ein Körper, der *Quotientenkörper* Quot(R) von R. Jede Einbettung (nicht: jeder Ringhomomorphismus!) von R in einen Körper faktorisiert eindeutig durch $R \to$ Quot(R). Für $R = \mathbb{Z}$ schreiben wir Quot($\mathbb{Z}$) =: $\mathbb{Q}$. Es bleibt noch die Übertragung der Anordnung, die ich wieder Ihnen überlasse; überzeugen Sie sich dabei, dass diese Anordnung von $\mathbb{Q}$ die einzig mögliche ist.

4.6 Von $\mathbb{Q}$ nach $\mathbb{R}$: Komplettierung

In diesem Abschnitt werden wir aus dem angeordneten Körper $\mathbb{Q}$ den vollständigen angeordneten Körper $\mathbb{R}$ konstruieren und damit den Aufbau des (Standard-)Zahlensystems abschließen; auf den komplexen Körper brauchen wir hier nicht mehr einzugehen. Wir beginnen mit einer Diskussion des Begriffs der Vollständigkeit.

Wir haben in Abschn. 3.5 Vollständigkeit definiert als Schnittvollständigkeit; wir formulieren sie jetzt so: sei $K = U \cup O$ eine disjunkte Zerlegung des angeordneten Körpers K, wobei die Untermenge U mit jedem Element alle kleineren, die Obermenge O mit jedem Element alle größeren enthält und beide nicht leer sind. Hat dann U ein Supremum, ist dies gleichzeitig das Infimum von O und umgekehrt. Die Vollständigkeit besteht darin, dass diese *Schnittzahl* stets existiert. Die algebraisch bequemste Formulierung lautet: K heißt vollständig, wenn jede (nichtleere) nach oben beschränkte Teilmenge ein Supremum besitzt (beachte: sup(M) muss nicht zu M gehören). Gleichwertig damit ist: jede nach unten beschränkte Menge besitzt ein Infimum, nämlich das Supremum der Menge der unteren Schranken. Ist dann $K = U \cup O$ ein Schnitt, so ist sup(U) = inf(O) die Schnittzahl. Ist K schnittvollständig und M nach oben beschränkt, definiere man einen Schnitt durch O = Menge der oberen Schranken von M, U = deren Komplement; dann ist die Schnittzahl gleich sup(M). Es sei noch daran erinnert, dass ein angeordneter Körper die Charakteristik Null hat und damit eine Kopie von $\mathbb{Q}$ enthält; wir werden einfach $\mathbb{Q}$ als Teilmenge von K ansehen.

4.6.1 Ist K vollständig, so ist die Anordnung archimedisch

Beweis: ist K nicht archimedisch, so existiert ein $x \in K$ mit $x > n$ für alle natürlichen n; dann ist $y = 1/x$ positiv und $< 1/n$ für alle n. Wir zeigen jetzt: sei

$$I := \{x \in K \mid |x| < 1/n \text{ für alle } n\}$$

die Menge der „Infinitesimalien" von K. Dann gilt: wenn $I \neq \{0\}$, dann hat I kein Supremum. Denn ist S eine obere Schranke, muss $S \neq 0$ sein. Ist $S \in I$, so auch 2S, und $S < 2S$, Widerspruch. Also ist $S \notin I$, dann ist aber auch S/2 eine obere Schranke, und $S/2 < S$.

Wir nehmen also ab jetzt an, dass K archimedisch ist. Die Anordnung liefert wie üblich einen Absolutbetrag, damit eine Metrik und eine Topologie, was wir im Folgenden benutzen. Die gebräuchlichste Charakterisierung der Vollständigkeit, unverzichtbar für die Definition von Funktionen als Funktionenreihen (Potenzreichen, Fourierreihen, dirichletsche Reihen) und damit für den Kernbestand der Analysis, ist die durch Konvergenz von Cauchyfolgen (was ich wohl nicht wiederholen muss). Die Archimedizität geht hier ein, weil die Präsenz echter Infinitesimalien den Grenzwertbegriff destruieren würde (machen Sie sich ein paar Gedanken darüber; siehe auch Kap. 6). Weiter zu nennen sind Intervallschachtelungen, also Folgen von Intervallen I(n), $n \in \mathbb{N}$, mit

$$I(n + 1) \subset I(n) \text{ und } \lim |I(n)| = 0;$$

hier steht |I(n)| für die Länge von I(n). Die Vollständigkeit kann dann charakterisiert werden durch die Eigenschaft, dass für jede Schachtelung der Durchschnitt aller I(n) nicht leer ist. Es ist leicht zu sehen, dass er höchstens ein Element enthalten kann; auch hier geht die Archimedizität ein, denn z. B. ist der Durchschnitt aller Intervalle [−1/n, 1/n] genau die Menge der Infinitesimalien in K (im archimedischen Fall = {0}). Wir beweisen jetzt die Äquivalenz dieser Charakterisierungen.

(a) Sei K schnittvollständig und (x(n)) eine Cauchyfolge. Dann ist die Menge U mit

$$q \in U \Leftrightarrow x(n) \geq q \text{ für fast alle } n$$

die Untermenge eines Schnitts. Dessen Schnittzahl r ist der Grenzwert von (x(n)), denn für jedes natürliche k enthält das Intervall (r − 1/k, r + 1/k) Elemente von U und von O; also fast alle Folgenglieder sind ≥ r − 1/k, und unendlich viele sind < r + 1/k; zusammen mit der Cauchybedingung impliziert das die Behauptung.

(b) Sei nun K Cauchy-vollständig, (I(n)) = ([a(n), b(n)]) eine Intervallschachtelung. Dann ist (a(n)) eine Cauchyfolge, denn für m, n > k sind a(m), a(n) Elemente von I(k), also |a(m) − a(n)| < |I(k)|, und |I(k)| → 0. Ist s = lim (a(n)), ist einerseits a(k) ≤ s, alle k, da (a(n)) monoton wächst, andererseits b(k) ≥ s, alle k, da anderenfalls ein Paar k, l existieren würde mit a(k) > b(l), was unmöglich ist. Also liegt s im Durchschnitt aller I(n).

(c) Schließlich sei K intervallvollständig und K = U ∪ O ein Schnitt. Wir setzen wählen ein a(1) ∈ U, b(1) ∈ O und setzen I(1) = [a(1), b(1)]. Dann definieren wir rekursiv, mit m(k) = (a(k) + b(k))/2,

$$I(k + 1) = [a(k), m(k)], \text{ falls } m(k) \in O, = [m(k), b(k)], \text{ falls } m(k) \in U.$$

Da K archimedisch ist, folgt |I(k)| → 0. Der Durchschnitt der I(k) ist die Schnittzahl des Schnitts.

Diesen Charakterisierungen der Vollständigkeit kann man weitere zu Seite stellen:

(i) Jede monotone beschränkte Folge ist konvergent.

Sie können selbst zeigen, dass dies zur Intervallvollständigkeit äquivalent ist.

(ii) Satz von Bolzano-Weierstraß: jede beschränkte unendliche Punktmenge hat einen Häufungspunkt.

Dies impliziert die Cauchyvollständigkeit, denn eine Cauchyfolge stellt eine beschränkte Menge dar; ist diese endlich, wird die Folge konstant, ist sie unendlich, hat sie einen Häufungspunkt, aber eine Cauchyfolge kann nur *einen* solchen haben, ihren Grenzwert. Umgekehrt folgt der Satz leicht aus der Intervallvollständigkeit, mit der oben in (c) vorgeführten Methode.

(iii) Satz von Heine-Borel: jede beschränkte und abgeschlossene Teilmenge von K ist *kompakt,* d. h. jede Überdeckung durch offene Mengen hat eine endliche Teilüberdeckung.

Das impliziert die Schnittvollständigkeit: angenommen, K = U ∪ O sei ein Schnitt ohne Schnittzahl. Wähle a(1) ∈ U, b(1) ∈ O und bilde eine monoton wachsende Folge (a(n)) in U und eine monoton fallende (b(n)) in O mit b(n) − a(n) → 0. Dann bilden die offenen Mengen (a(1), a(n)) und (b(n), b(1)) eine offene Überdeckung der beschränkten abgeschlossenen Menge [a(2), b(2)], die keine endliche

Teilüberdeckung hat. Wie man Heine-Borel aus der Cauchyvollständigkeit herleitet, haben Sie in der Analysisvorlesung gelernt.

Diese Charakterisierungen der Vollständigkeit implizieren zugleich Modifikationen unserer Intuition vom Kontinuum. Wir erinnern uns, dass die traditionelle philosophische Diskussion des Kontinuums fast nur mit Teilungen operierte und dieser Aspekt durch die Version von Dedekind in eine endgültige Form gebracht wurde. Nun sehen wir, wie eine rein mathematische „Arbeit des Begriffs" (ein Ausdruck von Hegel) neue Aspekte in den Blick gerückt hat, vor allem den der Konvergenz und Approximation. Man könnte sie so paraphrasieren: zu jeder Folge, die „so aussieht", als würde sie etwas approximieren, gehört tatsächlich eine approximierte Größe. Ganz deutlich kommt im Begriff der Folge ein zeitliches Moment ins Spiel, das der naiven Anschauung vom Kontinuum als einer „in sich geschlossenen" Substanz fehlt. Die „Dichtigkeit" der Punkte im Kontinuum, in der Schnittvollständigkeit als eine Art „Unspaltbarkeit" formuliert, zeigt im Satz von Bolzano-Weierstraß einen etwas anderen Aspekt: wenn sich unendlich viele Punkte in einem endlichen Bereich verteilen, ist klar, dass die Abstände zwischen ihnen beliebig klein werden müssen; der Satz sagt, dass an wenigstens einer Stelle die Verdichtung „aktual-unendlich" wird: jede Umgebung dieser Stelle enthält einen und damit unendlich viele Punkte der gegebenen Menge. Die Überdeckungseigenschaft im Satz von Heine-Borel ist nicht ohne weiteres in elementare Anschauung zu übersetzen; sie ist vielmehr der Ausgangspunkt für die Übertragung des Begriffs der Kompaktheit auf allgemeine topologische Räume.

Diese Entwicklung zeigt exemplarisch, wie unsinnig die Forderung wäre, die mathematische Begrifflichkeit an eine bestimmte Intuition zu binden. Im mathematischen Prozess stützen und befördern sich Intuition und begriffliche Konstruktion wechselseitig; wir leiten nicht nur Begriffe aus Anschauungen ab, sondern jedes begriffliche System modifiziert seinerseits die Anschauung, verschafft sich immer irgendeine, wenn auch nur symbolische Visualisierung und lehrt uns eine neue Weise des „Sehens". Begriffe ohne Anschauung, sagt Kant, sind leer; Anschauung ohne Begriffe aber ist blind.

Jetzt kommen wir endlich zur Konstruktion des reellen Zahlkörpers und bleiben beim allgemeinen archimedischen Körper K; die Allgemeinheit kostet uns nichts, führt aber auch, wie wir sehen werden, zu keinem allgemeineren Resultat. Wir lassen uns leiten vom Gesichtspunkt der „erfolgreichen Approximation": jede Cauchyfolge soll einen Grenzwert bekommen, kann also gedacht werden als Repräsentant dieses Grenzwerts. Zwei Folgen repräsentieren denselben Grenzwert, wenn sie sich um eine Nullfolge unterscheiden. Dies ergibt eine Äquivalenzrelation, der wir eine zweckmäßige algebraische Fassung geben: wir bezeichnen mit CF die Menge der Cauchyfolgen in K und mit NF die der Nullfolgen darin. CF ist mit gliedweiser Addition und Multiplikation ein Ring, und NF ist ein Ideal in CF; das bestätigt man durch elementares Rechnen mit Folgen. Entscheidend für unsere Konstruktion ist.

4.6.2 NF ist ein maximales Ideal in CF

Denn ist $(x(n))$ eine Cauchy-, aber keine Nullfolge, so existieren ein natürliches N sowie $0<A<B$ in K mit $A<|x(n)|<B$ für $n>N$. Definiert man nun die Nullfolge $(y(n))$ durch

$$y(n) = 1-x(n), \ n \leq N, \ y(n) = 0, \ n > N,$$

so ist $(x(n))+(y(n))$ eine Einheit von CF, d. h. eine Folge, deren gliedweise gebildete Inverse wieder zu CF gehört. Das beweist die Maximalität von NF.

Es folgt, dass der Restklassenring CF/NF ein Körper ist; wir bezeichnen ihn mit K* und schreiben cl(x) für die Klasse der Folge $x=(x(n))$. Durch die konstanten Folgen ist K in K* eingebettet. Als erstes setzen wir die Anordnung fort und definieren einen Positivitätsbereich P durch

$$cl(x) \in P \Leftrightarrow \exists k, N \in \mathbb{N} \ \forall n > N \ x(n) > 1/k,$$

in Worten: eine Folge x soll ein positives Element von K* repräsentieren, wenn die Folgenglieder von irgendeinem Index an positiv und von 0 weg beschränkt sind. (Dass wir uns bei der „Epsilontik" auf Größen der Form 1/k beschränken können, folgt aus der Archimedizität). Offensichtlich ist diese Bedingung unempfindlich gegen Addition einer Nullfolge; weiter ist klar, dass P, {0} und $-P$ paarweise disjunkt sind. Ist x eine Cauchyfolge und cl(x) weder in P noch in $-P$ enthalten, dann gibt es zu jedem natürlichen k Folgenglieder mit $-1/k<x(n)<1/k$; eine Cauchyfolge mit dieser Eigenschaft muss eine Nullfolge sein. $PP \subset P$ sowie $P+P \subset P$ gelten trivialerweise. Damit hat P alle Eigenschaften eines Positivitätsbereichs, und K* ist als angeordneter Körper nachgewiesen.

Die Anordnung ist archimedisch, denn für jede Cauchyfolge x kann man ein natürliches N finden mit $x(n)<N$ für genügend große n, und daraus folgt $cl(x)<N+1$. Daraus folgt weiter, dass K in K* dicht liegt, denn jedes $a \in$ K* ist in einem Intervall [N, M] mit ganzen N, M enthalten, und in diesem liegt ja schon der rationale Grundkörper $\mathbb{Q}$ dicht.

Jetzt kommt die Schlüsselstelle der ganzen Konstruktion: eine Cauchyfolge $(x(n))$ in K repräsentiert einerseits das Element $x^*=cl(x) \in$ K*, kann aber vermöge der Einbettung von K in K* auch als Cauchyfolge in K* aufgefasst werden. Dann ist x* der Limes dieser Folge! Dazu muss ja gezeigt werden:

$$\forall k \ \exists N \ \forall n > N \ |x^* - x(n)| < 1/k.$$

Nach Definition der Anordnung in K* folgt das aber aus

$$\forall k \ \exists N \ \forall n, m > N \ |x(m) - x(n)| < 1/k,$$

und das ist einfach die Cauchybedingung für x. Dass jedes Element von K* Grenzwert einer Folge aus K ist, zeigt übrigens erneut die Dichtigkeit von K in K*.

Das mathematische Denken zieht sich hier gewissermaßen am eigenen Zopf empor, auf den ersten Blick so verblüffend, dass man einen Taschenspielertrick argwöhnen könnte. Aber ganz ähnlich sind wir schon in den Konstruktionen der

letzten beiden Abschnitte verfahren: das Paar (h, k) repräsentiert die in der Halbgruppe H nicht immer vorhandene Differenz h−k, kann also zu dessen Konstruktion mathematisch dienstverpflichtet werden, und nicht viel anders verhält es
sich mit den Quotienten von (m, s) bei der Lokalisierung. Es ist auch nicht schwer
zu sehen, wie das möglich war: ob zwei Paare (h, k), (l, m) dieselbe Differenz
repräsentieren, kann man durch Addition über Kreuz feststellen, ähnlich bei der
Quotientenbildung; und wenn man Nullfolgen erkennen kann, kann man sagen, ob
zwei Cauchyfolgen denselben Grenzwert repräsentieren, ohne ihn zu kennen. Das
„richtig gesehene" Problem lässt schon seine Lösung erkennen, wie man etwas
zugespitzt sagen könnte (das ist freilich nicht überall in der Mathematik so). Was
die universellen Eigenschaften betrifft, so werden wir am Ende dieses Kapitels die
abstrakten Strukturen kennenlernen, denen sie sich unterordnen. Hervorzuheben
ist noch: unsere Konstruktion hat nichts zu tun mit einer *Berechnung* von Grenzwerten in konkreten Fällen; sie stellt nur sicher, dass diese in einem größeren
Bereich existieren, oder etwas abstrakter: dass unser Sprachspiel von Grenzwerten
konsistent ist.

Noch sind wir aber nicht zufrieden, denn wir wollen ja, dass *alle* Cauchyfolgen in K* einen Grenzwert haben, nicht nur die aus K. Das ergibt sich leicht aus
der Dichtigkeit: sei $(x(n))$ eine Cauchyfolge in K*. Zu jedem n wählen wir ein
$q(n) \in K$ mit $|x(n)−q(n)| < 1/n$. Dann ist auch $(q(n))$ eine Cauchyfolge, wie die
Ungleichung

$$|q(n)−q(m)| \leq |q(n)−x(n)| + |x(n)−x(m)| + |x(m)−q(m)|$$

zeigt. Damit ist $q^* = cl(q(n)) = \lim(x(n))$ wegen

$$|q^* − x(n)| \leq |q^* − q(n)| + |q(n) − x(n)|;$$

die rechte Seite wird ja beliebig klein für große n, nach Wahl von q und weil
$q^* = \lim(q(n))$.

Wir resümieren:

4.6.3 Durch die Konstruktion $K \to K^*$ wird jeder archimedisch angeordnete Körper in einen vollständigen angeordneten Körper eingebettet, die *Komplettierung*
von K

Für $K = \mathbb{Q}$ schreiben wir $K^* = \mathbb{R}$. Wie in $\mathbb{Q}$ ist auch die Anordnung in $\mathbb{R}$ die
einzig mögliche, weil $\mathbb{Q}$ in $\mathbb{R}$ dicht ist, oder weil in einem angeordneten Körper
alle Quadrate positiv sind und in $\mathbb{R}$ die positiven Elemente mit den Quadraten $\neq 0$
zusammenfallen. Man kann daraus auch schließen, dass $\mathbb{R}$ keine nichttrivialen
Automorphismen hat: ein Automorphismus muss Quadrate in Quadrate über-
führen, also P in P, also stetig sein, also trivial, weil $\mathbb{Q}$ in $\mathbb{R}$ dicht ist und keinen
nichttrivialen Automorphismus hat. Hingegen können endlichdimensionale reelle
Erweiterungen von $\mathbb{Q}$ solche haben, und damit auch verschiedene Anordnungen.
Wir beweisen jetzt:

4.6.4 Jeder angeordnete vollständige Körper ist isomorph zu $\mathbb{R}$

Dabei bezieht sich die Isomorphie auf die Körperstrukturen wie auf die Anordnung. Die Logiker sagen: die Theorie dieser Körper ist *kategorisch,* d. h. alle Modelle sind isomorph.

Beweis: sei K ein solcher Körper. K enthält $\mathbb{Q}$ und damit auch $\mathbb{R}$, weil K vollständig ist. Sei $x > 0$ ein Element von K. Weil K archimedisch ist, ist $x < N$ für eine natürliche Zahl N. Wir bilden eine Intervallschachtelung mit $I(1) = [0, N]$ und $I(n+1) =$ die Hälfte von I(n), die x enthält. Wegen der Vollständigkeit bestimmt diese einen Punkt, der in $\mathbb{R}$ liegt, aber natürlich kein anderer sein kann als x.

Eine Folgerung ist:

4.6.5 Jeder archimedisch angeordnete Körper kann in $\mathbb{R}$ eingebettet werden

Damit haben wir ein Hauptziel dieser Vorlesung erreicht, die Errichtung des reellen Zahlgebäudes, des seit mehr als hundert Jahren maßgeblichen mathematischen Modell des Kontinuums, aus den Grundlagen der Mengenlehre. Wir haben dazu die Cauchyfolgen benutzt und damit den im Hinblick auf technische Brauchbarkeit und Verallgemeinerungsfähigkeit vorzuziehenden Zugang gewählt. Entsprechend den verschiedenen Charakterisierungen der Vollständigkeit gibt es aber noch wenigstens zwei weitere Zugänge, und einem von ihnen wollen wir ein paar Schritte folgen, weil er im Hinblick auf Natürlichkeit und konzeptuelle Durchsichtigkeit den Vorrang beanspruchen kann, nämlich dem durch dedekindsche Schnitte (mit dem anderen meine ich die Intervallschachtelungen, aber darauf werden wir nicht mehr eingehen).

Wie in der Einleitung dargelegt, ist der dedekindsche Begriff der Vollständigkeit derjenige, der als Ertrag einer ehrwürdigen philosophischen Diskussion gelten kann, und wie dort schon versprochen, zeigt sich seine Fruchtbarkeit darin, dass er nicht nur zur Charakterisierung der Vollständigkeit, sondern auch zur Konstruktion des reellen Kontinuums dienen kann, wie wir jetzt skizzieren wollen. Um das Technische auf ein Minimum zu beschränken, betrachten wir von jedem Schnitt nur die Obermenge (die Untermenge ist ja einfach ihr Komplement) und legen uns darauf fest, dass diese offen ist, also die Schnittzahl, falls existent, zur Untermenge gehört. Ein Schnitt ist demnach eine nichtleere und von K verschiedene Teilmenge, die kein kleinstes Element und mit jedem Element alle größeren enthält. Die Elemente k von K werden durch den Schnitt $\{x | k < x\}$ vertreten. Die Konstruktion beginnt mit demselben Denkansatz wie die vorhergegangenen: ein Schnitt soll ein Element der Komplettierung repräsentieren, also sehen wir ihn selbst als solches an. Eine Äquivalenz von Schnitten einzuführen, ist nicht nötig, denn verschiedene Schnitte repräsentieren offenbar verschiedene Elemente. Es bleibt also die Aufgabe, Addition, Multiplikation und Anordnung von Schnitten zu definieren.

Die Anordnung ist am einfachsten: $O_1 < O_2 \Leftrightarrow O_2 \subset O_1$. Die Axiome für eine totale Ordnung sind mühelos nachzuweisen, und die Vollständigkeit ergibt sich auf die zweifellos durchsichtigste Art und Weise: ist M eine nach unten beschränkte Menge von Schnitten, so ist einfach inf M = Vereinigung aller $O \in M$. Die Vollständigkeit von K* ergibt sich so als Folge der Vollständigkeit (im booleschen Sinn) einer Mengenalgebra, der Potenzmenge P(K).

Die Addition können wir auf natürliche Weise als Komplexsumme

$$O_1 + O_2 = \{x + y | x \in O_1, y \in O_2\}$$

definieren. Assoziativität und Kommutativität sind klar, als neutrales Element dient der Nullschnitt, der Positivitätsbereich von K, und Inverse sind gegeben durch

$$-O = \{x | p + x > 0, \text{ alle } p \in O\},$$

wenn die Schnittzahl von O nicht zu K gehört; gehört sie zu K, ist ihr Negatives das Minimum der rechts stehenden Menge und muss fortgelassen werden (das erfordert eine kleine Überlegung).

Bei der Multiplikation gibt es Probleme; ist ein Faktor negativ, kann man das Produkt nicht mehr einfach als multiplikatives Komplexprodukt definieren, z. B. wäre dann

$$\{x > -1\} \times \text{Nullschnitt} = K,$$

also kein Schnitt. Man kann sich behelfen, indem man negative Größen als Differenz von positiven schreibt; die erforderlichen Verifikationen erweisen sich aber als recht umständlich, und ich verweise auf die Literatur. Nach einem Vorschlag von Conway besteht die einfachste Konstruktion von $\mathbb{R}$ durch Schnitte darin, dass man von $\mathbb{N}$ ausgehend erst die positiven rationalen Zahlen durch Quotientenbildung erzeugt, dann die positiven reellen durch Schnitte und zuletzt die negativen reellen durch die Grothendieckgruppe.

Unsere Konstruktion von $\mathbb{R}$ kann verallgemeinert werden auf die folgende Situation: Sei K ein *bewerteter* Körper, d. h. ein Körper mit einer Funktion $|.|: K \to \mathbb{R}$, welche die formalen Eigenschaften des Absolutbetrags hat (siehe Abschn. 3.5). Die Definitionen von Cauchyfolgen und Konvergenz und die Beweise der elementaren Aussagen darüber rekurrieren nur auf diese Eigenschaften und die Anordnung im Wertbereich von $|.|$, aber nicht auf eine Anordnung von K; man kann sie also auch in dieser allgemeinen Situation bilden und nach Vollständigkeit fragen. Wir setzen wieder $K^* = (K\text{-Cauchyfolgen})/(K\text{-Nullfolgen})$; dies ist wieder ein Körper (Beweis wie oben). Die Schlüsselbeobachtung ist nun: ist $(x(n))$ eine K-Cauchyfolge, dann ist $(|x(n)|)$ eine *reelle* Cauchyfolge, hat also einen reellen Grenzwert. Das folgt sofort aus der Ungleichung

$$||x(n)| - |x(m)|| \leq |x(n) - x(m)|,$$

die man wie gewöhnlich aus der Dreiecksungleichung ableitet, aber beachten Sie: die äußeren Betragszeichen links bezeichnen den Absolutbetrag in $\mathbb{R}$, die anderen den in K! Das erlaubt die Fortsetzung der Betragsfunktion $|.|$ von K auf K^* durch

$$|cl(x(n))| := \lim(|x(n)|);$$

die noch erforderlichen Verifikationen überlasse ich Ihnen. Der Beweis der (Cauchy-)Vollständigkeit von K^* geht nun wörtlich wie oben. Hier ist ein Beispiel von fundamentaler Wichtigkeit für die Zahlentheorie: wir nehmen $K = \mathbb{Q}$ und fixieren eine Primzahl p. Für ganzes $n \neq 0$ bezeichne $v_p(n)$ den Exponenten von p in der Primzerlegung von n. Diese Funktion hat die Eigenschaften

$$v_p(nm) = v_p(n) + v_p(m), \quad v_p(n + m) \geq \min(v_p(n) + v_p(m)),$$

die sich auf rationale $r \neq 0$ fortsetzen. Wählen wir nun ein $0 < c < 1$ und setzen

$$|r|_p = c^{v_p(n)} \text{ für } r \neq 0, \quad |0|_p = 0,$$

erhalten wir einen Absolutbetrag von $\mathbb{Q}$, der die schärfere *ultrametrische* Dreiecks-ungleichung

$$|r + s|_p \leq \max\{|r|_p, |s|_p\}$$

erfüllt. Die Komplettierung heißt der *p-adische Zahlkörper* und wird mit $\mathbb{Q}_p$ bezeichnet. Man kann zeigen, dass diese Absolutbeträge zusammen mit dem gewöhnlichen alle Absolutbeträge von $\mathbb{R}$ sind (bis auf einen Äquivalenzbegriff, den wir uns hier schenken).

4.7 Schlussbetrachtung: universelle Konstruktionen

Die universellen Eigenschaften, denen wir begegnet sind (und auch alle anderen), bestehen in Aussagen über Existenz und Eindeutigkeit gewisser Abbildungen, sind also, wie man etwas salopp sagt, rein pfeiltheoretischer Natur. Die Wissenschaft davon ist die mathematische *Kategorientheorie;* „mathematisch" ist hier hervor-zuheben, weil es andere und sehr viel ältere Kategorienlehren gibt, nämlich die philosophischen. Diese Theorie ist vergleichsweise neu (sie entstand erst in den 40er Jahren des letzten Jahrhunderts) und wurde lange Zeit von manchen, die sich älteren Traditionen verpflichtet fühlten, scheel angesehen (ich habe in meiner Studienzeit noch einen Dozenten abschätzig von „Leerformeln" reden hören). Das hat sich geändert; trotzdem will ich nähere Kenntnis davon nicht voraussetzen und entwickle in aller Kürze, was wir brauchen.

Die Kategorientheorie ist unabhängig von der Mengentheorie und hat eine deutlich einfachere Axiomatik; nur aus Bequemlichkeit benutzen wir im folgen-den mengentheoretische Sprechweisen. Eine Kategorie **C** besteht aus *Objekten* A, B, C, ... und *Morphismen* **C**(A, B) für jedes Paar von Objekten. Die Objekte bil-den in aller Regel keine Menge, sondern nur eine Klasse, während man meist for-dert (und den uns begegnenden Fällen wird es der Fall sein), dass die **C**(A, B) für jedes Paar (A, B) eine Menge bilden. (Der Klassenbegriff ist eine Abschwächung des Mengenbegriffs. Sie haben sicher davon gehört, dass der Begriff „Menge aller Mengen" zu Widersprüchen führt (Russellsches Paradoxon); diese werden ver-mieden hauptsächlich dadurch, dass man für Klassen das Axiom der Kompre-hension abschwächt; man kann dann konsistent von der „Klasse der Mengen" sprechen. Wir brauchen das nicht weiter zu vertiefen.) Die Morphismen denken und schreiben wir als Abbildungen oder „Pfeile" f: A → B. Gefordert werden:

1. Verknüpfbarkeit von Pfeilen f: A → B und g: B → C zu einem Pfeil g ∘ f: A → C;
2. Assoziativität dieser Verknüpfung: (h ∘ g) ∘ f = h ∘ (g ∘ f), wann immer diese Verknüpfungen definiert sind;
3. Existenz von Identitäten id_A: A → A mit f ∘ id_A = id_B ∘ f für f: A → B.

Ein *Isomorphismus* ist ein Pfeil f: A → B, zu dem es ein g: B → A gibt, so dass f ∘ g = id$_B$ und g ∘ f = id$_A$ ist. Es ist die *raison d'être* der Kategorientheorie, dass in ihr die „interne Struktur" der Objekte nicht explizit Ausdruck findet, sondern nur insofern sie „pfeiltheoretisch" beschrieben werden kann; sie ist die Mathematik „reiner Beziehungen"; einzelne Objekte können nur bis auf Isomorphie charakterisiert werden. Axiomatisch spiegelt sich das in der Tatsache, dass die Axiome nur von Morphismen reden und die Objekte eher als Indices auftreten; man kann sie tatsächlich eliminieren und durch „Einheitsmorphismen" ersetzen (siehe [M], S. 9). Und wie im „wirklichen" Leben zeigt sich auch in der Mathematik häufig, dass man Objekte am besten durch ihre Beziehungen zu anderen Objekten versteht (die Philosophie hat schon lange gewusst, dass alles Erkennen ein Beziehen ist). Eine Präzisierung dieses Prinzips ist das Lemma von Yoneda, dem wir in Kap. 7 begegnen werden.

Wo eine Klasse mathematischer Objekte in Form irgendwie strukturierter Mengen eingeführt wird, sind mehr oder weniger automatisch auch die „strukturerhaltenden" Abbildungen und damit eine Kategorie definiert; die Axiome (ii) und (iii) sind trivial, man muss nur zeigen, dass die Verknüpfung von Morphismen wieder ein Morphismus ist. So „gehören" zu den Gruppen die Homomorphismen, zu den topologischen Räumen die stetigen Abbildungen und zu den Mengen selbst (ohne Struktur) die Mengenabbildungen. Es ist ein fundamentaler Glaubensartikel der neueren Mathematik, dass mit jeder Art von Objekten auch die „zugehörigen" Morphismen zu betrachten sind; ja man kann, wie schon deutlich wurde, geradezu von einem Vorrang der Morphismen über die Objekte sprechen (siehe meinen so betitelten Aufsatz in [KB]).

Wendet man ihn auf die Kategorien selbst an, gelangt man zu einem Begriff von Morphismen zwischen Kategorien, die man *Funktoren* nennt. Ein Funktor F: **A** → **B** ordnet jedem Objekt A von **A** ein Objekt F(A) von **B** und jedem Morphismus f: A → B in **A** einen Morphismus F(f): F(A) → F(B) in **B** zu, derart, dass Verknüpfungen von Morphismen sowie Identitäten erhalten bleiben: F(f ∘ g) = F(f) ∘ F(g) und F(id$_A$) = id$_{F(A)}$. Die Beziehung zwischen A und F(A) nennt man dann „funktoriell", oft auch „kanonisch" oder „natürlich". Der Nachdruck liegt auf der Erhaltung aller Gleichungen zwischen Pfeilen, erst sie macht die Funktoren zu einem brauchbaren Instrument mathematischen Denkens. Ebenso wie ein Objekt ohne Beziehung zu anderen Objekten ein unzugängliches „Ding an sich" wäre, wäre auch eine Zuordnung von Objekten zu anderen Objekten, die nicht in irgendeiner Weise „kompatibel" ist mit den Beziehungen zwischen den Objekten der beiden Klassen untereinander, etwas Nutzloses, bloße Nomenklatur.

Unsere universellen Konstruktionen sind Beispiele dafür; ich habe den funktoriellen Aspekt nur darum nicht gleich erwähnt, weil wir ihn für unsere Zwecke nicht explizit benötigten. Es ist nicht schwer, ihn nachzutragen.

Ein Homomorphismus f: H → L von Halbgruppen liefert einen Homomorphismus G(f): G(H) → G(L) von Gruppen durch G(f)(cl(h, k)) = cl(f(h), f(k)); man verifiziert trivial, dass dies wohldefiniert ist, sowie die Funktoreigenschaften. Die Konstruktion G: H → G(H) ist also ein Funktor von der Kategorie der Halbgruppen in die der Gruppen. Ganz analog die Lokalisierungen: die Zuordnung M → S^{-1}M ist ein Funktor von der Kategorie der R-Moduln in die Kategorie der Moduln mit S-Division, oder, was dasselbe ist, der S^{-1}R-Moduln.

Unsere Komplettierung von $\mathbb{Q}$ schließlich ist der Prototyp einer allgemeinen Konstruktion, der Komplettierung metrischer Räume (ich sage Prototyp und nicht Spezialfall, denn der allgemeine Fall setzt den reellen Körper als vollständigen Wertebereich der Metrik voraus). Ein (archimedisch) angeordneter Körper wird mit der Metrik $d(x, y) = |x - y|$ zu einem metrischen Raum, und in die Definitionen von Cauchyfolgen und Konvergenz geht nur diese Metrik ein, nicht die Körperstruktur. Wir betrachten also die Kategorie, deren Objekte metrische Räume (V, d) sind; ein Morphismus $f: (V, d) \to (V', d')$ soll eine Abbildung $V \to V'$ sein, die einer *Lipschitzbedingung* genügt: es gibt eine reelle Konstante $C > 0$ mit $d'(f(x), f(y)) \leq C\, d(x, y)$. Beachten Sie: diese Bedingung sichert eine Art gleichmäßiger Stetigkeit von f; bloße Stetigkeit zu verlangen, hieße die Metrik zu ignorieren, was nicht sachgemäß wäre, während Erhalt der Metrik unter f nur Einbettungen metrischer Räume ineinander zuließe, was eine zu große Einschränkung darstellen würde. (Sie ist bei den angeordneten Körpern automatisch, weil ein Morphismus zwischen solchen nur eine anordnungserhaltende Einbettung sein kann). Damit ist klar, dass ein solcher Morphismus Cauchyfolgen und konvergente Folgen in ebensolche überführt sowie Grenzwerte (soweit vorhanden) in Grenzwerte. Sind nun $x = (x(n))$, $y = (y(n))$ Cauchyfolgen, so ist $(d(x(n), y(n)))$ eine *reelle* Cauchyfolge (Aufgabe!), und $d(x, y)$ wird als deren Grenzwert definiert. Das ist noch keine Metrik (warum?), aber wie wir im Körperfall Cauchyfolgen identifiziert haben, wenn sie sich additiv um eine Nullfolge unterscheiden, so identifizieren wir jetzt Cauchyfolgen, wenn $d(x, y) = 0$ ist; die Funktion d steigt dann ab zu einer Metrik auf der Menge der Äquivalenzklassen, die wir mit V^* bezeichnen. Der Rest geht nach dem Muster der Körperkomplettierung: durch die konstanten Folgen wird V als dichter Teilraum in V^* eingebettet, und V^* ist vollständig. Die universelle Eigenschaft spricht sich so aus: jeder Morphismus f von V in einen vollständigen metrischen Raum W faktorisiert eindeutig durch die Einbettung $V \to V^*$ (oder: lässt sich fortsetzen auf V^*), indem man der Cauchyfolge $x = (x(n))$ den Grenzwert von $(f(x(n)))$ in W zuordnet. Klar ist auch, wie in den beiden vorigen Fällen: Komplettierung, also die Zuordnung von V^* zu V, definiert einen Funktor von der Kategorie der metrischen in die der vollständigen Räume.

Damit haben wir die funktorielle Natur unserer Konstruktionen ins Licht gesetzt. Jetzt erwarten wir von der Kategorientheorie, als der Wissenschaft von den Gesetzen der Pfeile, einen allgemeinen Rahmen für die universellen Eigenschaften.

Eine sehr allgemeine Form eines universellen Objekts, der sich alle unsere Beispiele unterordnen, ist im Begriff des *Anfangsobjekts* gegeben: ein Objekt O einer Kategorie $\mathbf{C}$ heißt ein Anfangsobjekt, wenn es zu jedem Objekt C genau einen Pfeil $O \to C$ gibt. Dual dazu werden *Endobjekte* definiert. Der Beweis von Abschn. 4.2.2 zeigt (mit wörtlicher Übertragung), dass Anfangsobjekte stets bis auf Isomorphie eindeutig bestimmt sind; dasselbe gilt für Endobjekte. In der Mengenkategorie ist die leere Menge das einzige Anfangsobjekt, jede einelementige Menge ist ein Endobjekt; in der Kategorie der Gruppen ist die triviale Gruppe Anfangs- und Endobjekt. In Abschn. 4.2 haben wir die natürlichen Zahlen, genauer das Tripel $(n \in \mathbb{N}, 1, \text{Nach-}$ folgerabbildung), als Anfangsobjekt einer Kategorie charakterisiert, deren Objekte

Diagramme der Form $* \to M \to M$ mit einer einelementigen Menge $*$ und deren Morphismen kommutative Diagramme der Form (D) sind. In analoger Weise kann man die anderen uns begegneten universellen Objekte deuten als Anfangsobjekte einer geeigneten Kategorie von Diagrammen.

Damit haben wir einen allgemeinen Begriff von „universell" gewonnen, der freilich nicht viel mehr ist als eine Umformulierung. Wir fragen nach einem kategorientheoretischen Konzept, welches solche Objekte liefert, und zwar im Zusammenhang mit Funktoren. Ein solches Konzept ist der Begriff der *adjungierten Funktoren*.

Seien F: $\mathbf{A} \to \mathbf{B}$ und G: $\mathbf{B} \to \mathbf{A}$ zwei „gegenläufige" Funktoren. Dann heißt F *linksadjungiert* zu G, und G *rechtsadjungiert* zu F, wenn für beliebige Objekte A, B eine Bijektion

$$\mathbf{B}(F(A),\ B) \cong \mathbf{A}(A,\ G(B)) \tag{1}$$

besteht, die in folgendem Sinn funktoriell sein soll: sind f: $A' \to A$ bzw. g: $B \to B'$ Pfeile in $\mathbf{A}$ bzw.

$\mathbf{B}$, so soll das Diagramm

$$
\begin{array}{ccc}
\mathbf{B}(F(A),B) & \cong & \mathbf{A}(A,G(B)) \\
\downarrow & & \downarrow \\
\mathbf{B}\big(F(A'),B'\big) & \cong & \mathbf{A}\big(A',G(B')\big)
\end{array}
\tag{2}
$$

kommutieren; hierbei sind die senkrechten Pfeile durch (h: $F(A) \to B)) \to F(f) \circ h \circ g$ und (k: $A \to G(B)) \to f \circ k \circ G(g)$ gegeben.

Diese Definition wirkt beim ersten Anblick recht künstlich, und es hat einige Zeit gedauert, bis die Kategorientheorie auf diese Begriffsbildung gestoßen ist. Jedoch zeigt sich, dass die Adjunktionsbeziehung zwischen Funktoren, die man als „lokale Wechselanpassung" paraphrasieren könnte, ein Strukturprinzip ist, von dem das ganze mathematische Begriffsgebäude durchdrungen wird, von den elementarsten bis zu den höchststufigen Kontexten. Ich kann diese kühne Behauptung hier nicht adäquat belegen (dafür verweise ich auf meine diesbezügliche Arbeit in [KB]), sondern nur anhand unserer universellen Situationen illustrieren. Die Benennung „adjungiert" führt sich übrigens auf die zu (1) formal ähnliche Gleichung $(F(x), y) = (x, G(y))$ für adjungierte lineare Abbildungen und Skalarprodukte zurück, die Sie aus der linearen Algebra kennen (die aber kein Spezialfall ist).

Universelle Eigenschaften sind nun im Adjunktionsbegriff enthalten, ja mit ihm gleichwertig. Setzt man in (1) $B = F(A)$, enthält die linke Seite die Identität von $F(A)$; dieser entspricht also rechts ein Pfeil $A \to GF(A)$. Dieser hat genau die universelle Eigenschaft, die uns in unseren drei Beispielen begegnet ist: zu jedem Pfeil $A \to G(B)$ gibt es genau einen Pfeil $F(A) \to B$, der, mit G in $\mathbf{A}$ transportiert, das Dreieck in dem Diagramm.

$$
\begin{array}{ccccc}
A & \to & GF(A) & & F(A) \\
 & \searrow & \downarrow & \leftarrow & \downarrow \\
 & & G(B) & & B
\end{array}
$$

kommutieren lässt. Das Objekt A schafft sich also gleichsam sein eigenes universelles Objekt GF(A) mit der genannten Eigenschaft, umgekehrt kann die

Adjunktionsbeziehung hierdurch charakterisiert werden. Die Beweise hierfür sind (wie kann es anders sein) elementar, aber doch nicht trivial, die „Logik der Pfeile" wird hier schon etwas subtiler als bisher; ich verweise Sie auf die ausführliche Diskussion in [M]. In unseren drei Beispielen: F = Grothendieckgruppe, Lokalisierung und Komplettierung, ist G jeweils ein Inklusionsfunktor: der Gruppen in die Halbgruppen, der Moduln mit S-Division in die allgemeinen Moduln, der vollständigen metrischen Räume in die metrischen; solche Funktoren nennt man auch „Vergissfunktoren", weil sie von einem Teil der Struktur absehen. Die Kommutativität der Diagramme (2) ist ohne weiteres nachzurechnen.

Die Kategorientheorie leistet also etwas: sie gibt uns einen allgemeinen Begriff von universellen Objekten im Zusammenhang mit Funktoren. Schön wäre es nun, wenn sie noch mehr leisten würde, nämlich erklären, warum unsere Inklusionsfunktoren (Links-)Adjungierte haben, m. a. W. hinreichende Bedingungen für die Existenz von Adjungierten angeben. Auch das leistet sie in der Tat, aber wieder muss ich es bei der Behauptung bewenden lassen. Nur so viel: die allgemeinsten Aussagen über die Existenz von Adjungierten liefert ein Komplex von Sätzen, der auf P. Freyd zurückgeht. Die Halbgruppen und Moduln sind Beispiele „algebraischer" Theorien (das kann man formalisieren), und unsere Inklusionsfunktoren sind „algebraische" Funktoren; diese Begriffe stammen von W. F. Lawvere, der in seiner Dissertation unter anderem bewiesen hat, dass solche Funktoren stets Adjungierte haben. Zur Übung können Sie sich überlegen, dass die Inklusion der endlichen Mengen in die Mengen keine Adjungierte hat.

Ich hoffe, Ihnen hier einen Eindruck davon verschafft zu haben, dass und wie die Kategorientheorie die „höheren" Prinzipien mathematischer Strukturbildung zum Gegenstand hat, ja man kann sagen: sie verhält sich zur „subkategorialen" Mathematik wie diese zum vormathematischen Umgang mit Zahlen und Figuren, sie ist gewissermaßen eine Mathematik der Mathematik. Sie gewinnt damit für eine philosophische Betrachtung der Mathematik grundlegende Bedeutung.

Literatur zu diesem Kapitel

An erster Stelle zu nennen ist der Band „Zahlen" [Z] mit den Beiträgen von K. Mainzer und H. Hermes; dort auch viele weitere Literaturangaben. In die Schrift von Dedekind: „Was sind und was sollen die Zahlen?" [DZ] sollte jeder einmal hineinschauen, ebenso in Freges „Grundlagen der Arithmetik" [FG]. Zwar ist die dort entwickelte Theorie durch das Russellsche Paradoxon gefährdet; das ändert aber nichts daran, dass diese kleine Schrift an Klarheit und Präzision sowohl der Gedankenführung wie des sprachlichen Ausdrucks ein selten erreichtes Muster darstellt. Ein Klassiker ist auch Landaus „Grundlagen der Analysis" [LaG]. 37 Charakterisierungen der Vollständigkeit bietet Riemenschneider [Rie].

Meine Darstellung von ZFC ist an dem Artikel von Shoenfield in [HL] orientiert; man lese in demselben Band auch den Artikel von Jech über das Auswahlaxiom.

Das Grundbuch der Kategorientheorie ist immer noch Mac Lane [M]. Empfehlenswert und nicht ganz so anspruchsvoll ist Herrlich-Strecker [HS].

Kapitel 5
Die Konstruktion von A'Campo

Wir schließen eine Konstruktion an, die Norbert A'Campo im Jahr 2003 vorgelegt hat; wir bringen sie hier, weil sie methodisch nicht über das Vorangegangene hinausgeht (das wird sich in der Folge ändern). Sie verblüfft insofern, als ihr Grundbegriff auf den ersten Blick mit Kontinuität gar nichts zu tun zu haben scheint, anders als Cauchyfolgen, Schnitte oder Intervallschachtelungen. Vollständige Beweise werde ich nicht geben, aber ich hoffe, Ihnen einen Eindruck von der Art der Argumente zu vermitteln, die hier verwendet werden.

Wir gehen aus von der additiven Gruppe $\mathbb{Z}$, ersetzen aber Quotientenbildung und Komplettierung durch ein ganz anderes Verfahren und brauchen dazu nur einen einzigen, sehr einfachen Grundbegriff:

Definition: eine *fast additive Funktion* ist eine Abbildung $\lambda: \mathbb{Z} \to \mathbb{Z}$, für welche der Ausdruck

$$\lambda(n + m) - \lambda(n) - \lambda(m) \qquad (1)$$

beschränkt bleibt.

Triviale Beispiele sind alle beschränkten Funktionen, paradigmatisch alle linearen $\lambda(n) = An + B$. Keine polynomiale Funktion von höherem als erstem Grad ist fast additiv. Eine strikt additives λ ist natürlich eine Multiplikation, nämlich mit $\lambda(1)$. Eine fast additive Funktion ist in der Regel nicht auch *fast linear,* was heißen würde, dass auch der Ausdruck $\lambda(tn) - t\,\lambda(n)$ beschränkt bleibt; das zeigen (etwas paradox) schon die linearen λ. Doch zeigt man leicht eine wichtige Ungleichung: ist $s \in \mathbb{N}$ eine obere Schranke für den Betrag des Ausdrucks (Gl. 1), dann gilt für natürliche t und ganze n

$$-s(t - 1) \leq \lambda(tn) - t\,\lambda(n) \leq s\,(t - 1). \qquad (2)$$

In der Induktion nach t ist für $t = 1$ nichts zu beweisen, und der Induktionsschritt ist automatisch. Dasselbe gilt für die für $n > 0$ gültige Ungleichung

$$n(\lambda(1) - s) + s \leq \lambda(n) \leq n(\lambda(1) + s) - s \qquad (3)$$

© Springer-Verlag GmbH Deutschland, ein Teil von Springer Nature 2019
E. Kleinert, *Mathematische Modelle des Kontinuums*,
https://doi.org/10.1007/978-3-662-59679-1_5

(Induktion nach n), welche zeigt, dass jede fast additive Funktion zwischen zwei linearen liegt. (Vielleicht hat dies den Ausdruck „slope", also „Steigung" oder „Hang", veranlasst, den A'Campo für die fast additiven Funktionen verwendet).

Definition: Funktionen f und f' heißen *äquivalent,* f~f', wenn ihre Differenz beschränkt bleibt.

Ist dann eine fast additiv, so auch die andere. Jetzt kann man schon definieren: eine reelle Zahl ist eine Äquivalenzklasse fast additiver Funktionen; die Klasse von λ bezeichnen wir mit cl(λ) und die Menge der Klassen mit $\mathbb{R}$(AC). Wir könnten nun sogleich eine Bijektion zwischen $\mathbb{R}$(AC) und dem (Standard-) $\mathbb{R}$ herstellen; doch die eigentliche Substanz der Arbeit von A'Campo liegt darin, dass sich $\mathbb{R}$(AC) ohne Rückgriff auf $\mathbb{R}$ als archimedisch angeordneter vollständiger Körper erweisen lässt. Da es, wie wir schon gesehen haben, bis auf Isomorphie nur einen solchen gibt, ist die Existenz eines Isomorphismus a priori klar (ich werde unten einen angeben).

Zunächst überzeugen wir uns, dass die rationalen Zahlen in $\mathbb{R}$(AC) eingebettet sind: für positives rationales r setzen wir i(r)(n)=kleinste natürliche Zahl$\geq$rn, wenn n>0, sodann i(r)(0)=0 und i(r)(−n)=−i(r)(n), schließlich i(−r)=−i(r). Dies ist eine Einbettung von $\mathbb{Q}$ in die fast additiven Funktionen und bleibt auch nach dem Übergang zu den~-Klassen injektiv (man braucht nur zu beachten, dass sich i(r) von einer additiven Funktion (mit rationalen Werten), nämlich der Multiplikation mit r, um höchstens 1 unterscheidet). Für ganze r ist i(r) einfach die Multiplikation mit r.

Jetzt kommen wir zu den algebraischen Strukturen. Die Addition definieren wir wertweise, für fast additive α, β also $(\alpha+\beta)(n)=\alpha(n)+\beta(n)$; diese Funktion ist wieder fast additiv, und ihre Äquivalenzklasse hängt nur von cl(α) und cl(β) ab. Damit wird $\mathbb{R}$(AC) zu einer abelschen Gruppe. Das war simpel, aber die Multiplikation bringt mehr Komplexität mit sich (das ist nicht nur hier so). Falsch wäre jetzt die wertweise Definition: wenn man eine Zahl mit der Abbildung „Multiplikation mit dieser Zahl" identifiziert, dann wird die Multiplikation zur Hintereinanderausführung. Wir haben also als erstes zu zeigen: sind α, β fast additiv, so auch $\alpha \circ \beta$. Dazu bezeichne E(α) die endliche Menge $\{\alpha(m+n)-\alpha(n)-\alpha(m)\}$, welche die Abweichung von der Additivität enthält, analog E(β). Für ganze n, m existieren dann u, u' $\in$ E(α) und v $\in$ E(β) mit

$$\alpha \circ \beta(n) + \alpha \circ \beta(m) - \alpha \circ \beta(m+n) = \alpha(\beta(n) + \beta(m)) + u - \alpha(\beta(n) + \beta(m) - v)$$
$$= \alpha((n) + \beta(m)) + u - (\alpha(\beta(n) + \beta(m))) + \alpha(-v)) - u'$$
$$= u - \alpha(-v) - u',$$

und diese Zahl gehört einer endlichen Menge an, wie verlangt. Sei nun $\alpha \sim \alpha'$ und $\beta \sim \beta'$, und es bezeichne E(α, α') die endliche Menge $\{\alpha(n)-\alpha'(n)\}$, analog E(β, β'). Für ganzes n existieren dann r $\in$ E(α, α'), s $\in$ E(α, α') und u $\in$ E(α) mit

$$\alpha \circ \beta(n) - \alpha' \circ \beta'(n) = \alpha(\beta'(n) - s) - (\alpha(\beta'(n)) + r)$$
$$= \alpha(\beta'(n) + \alpha(-s) - u - (\alpha(\beta'(n))) + r)$$
$$= \alpha(-s) - u - r,$$

wieder aus einer endlichen Menge. Die Multiplikation steigt also nach $\mathbb{R}(AC)$ ab, und diese Menge wird damit zu einem kommutativen Ring (die restlichen Argumente sind ähnlich); Einselement ist die Klasse der Identität von $\mathbb{Z}$.

Als nächstes definieren wir die Anordnung: α heiße *positiv*, wenn α unendlich viele Werte annimmt (also nicht beschränkt ist, oder $\mathrm{cl}(\alpha) \neq 0$), aber die Menge der nicht-positiven Werte endlich ist. Dass diese Definition nur von $\mathrm{cl}(\alpha)$ abhängt, ist klar. Es ist nicht schwer, zu folgern, dass dann für große n stets $\alpha(n) > 0$ ist, wie wir das auch erwarten müssen. Für $x, y \in \mathbb{R}(AC)$ sei dann $x < y$, wenn ein positives t existiert mit $y = x + t$. Dass dies wirklich eine Anordnung und mit den algebraischen Strukturen verträglich ist, ist nicht ganz so einfach.

Bevor wir weitergehen, wollen wir an zwei Beispielen illustrieren, wie reelle Zahlen durch fast additive Funktionen repräsentiert werden. Dazu eine Vorbemerkung: eine fast additive Funktion λ soll *ungerade* heißen, wenn stets $\lambda(-n) = -\lambda(n)$ ist. Ist s eine Schranke wie oben in (Gl. 2), gilt

$$|-\lambda(0) + \lambda(n) + \lambda(-n)| \leq s, \text{ also } -s + \lambda(0) \leq \lambda(n) - (-\lambda(-n)) \leq s + \lambda(0),$$

d. h. λ ist von selbst „fast ungerade". Eine zu λ äquivalente ungerade additive Funktion ist nun definiert durch $\kappa(n) = \lambda(n)$, $n < 0$, $\kappa(0) = 0$, $\kappa(n) = -\lambda(-n)$, $n < 0$; die Verifikation ist leicht.

Für das erste Beispiel sei nun ρ die ungerade Abbildung, die für $n > 0$ durch

$$\rho(n) = \min \{k \in \mathbb{N} | 2n^2 \leq k^2\}$$

definiert ist. Unmittelbar aus der Definition sehen wir die Ungleichungen

$$n \leq \rho(n) \leq 2n, \quad 2n^2 \leq \rho(n)^2, \quad (\rho(n) - 1)^2 \leq 2n^2$$

und daraus

$$2n^2 \leq \rho(n)^2 \leq 2n^2 + 2\rho(n) - 1 \leq 2(n + 1)^2$$

sowie

$$2nm \leq \rho(n)\rho(m) \leq 2(n + 1)(m + 1).$$

Mit etwas Geduld leitet man hieraus ab, dass stets

$$|\rho(n + m) - \rho(n) - \rho(m)| \leq 8,$$

also ρ fast additiv ist. Für $a = \mathrm{cl}(\rho)$ gilt $a^2 = \mathrm{cl}(i(2))$, denn für $n > 0$ ist

$$4n^2 \leq 2\rho(n)^2 \leq \rho(\rho(n))^2 \leq 2(\rho(n) + 1)^2 \leq 4n^2 + 8n + 2 \leq 4(n + 1)^2,$$

damit $2n \leq \rho(\rho(n)) \leq 2n + 2$, woraus die Behauptung folgt. Also entspricht a in $\mathbb{R}(AC)$ der Zahl $\sqrt{2}$, und das war vorauszusehen: die Definition von $\rho(n)$ lässt sich ja auch durch

$$\rho(n)/n = \text{ kleinste rationale Zahl} \geq \sqrt{2} \text{ mit Nenner höchstens n}$$

paraphrasieren, und das ist eine Folge, die gegen $\sqrt{2}$ konvergiert.

Für das zweite Beispiel definieren wir eine ungerade Abbildung β durch

$$\beta(n) = \# \{(p, q) \in \mathbb{Z}^2 | p^2 + q^2 \leq n\} \ (n > 0),$$

die Anzahl der Punkte im Standardgitter, die im Kreis um Null mit dem Radius $\sqrt{n}$ liegen. Wir denken uns diese Punkte als Mittelpunkte von Einheitsquadraten und nennen deren Vereinigung F. Dann gilt (mit etwas Elementarmathematik)

$$\text{Kreis mit Radius}\sqrt{n}-1/\sqrt{2} \subset F \subset \text{Kreis mit Radius}\sqrt{n}+1/\sqrt{2},$$

und beachtet man, dass $\beta(n)$ nichts anderes ist als der Flächeninhalt von F, kann man daraus die Ungleichungen

$$|\beta(n) - n\pi| \leq 4\sqrt{2}\sqrt{n} \text{ oder } |\beta(n)/\sqrt{n} - \sqrt{n}\pi| \leq 4\sqrt{2} \text{ oder}$$

$$|\beta(m^2)/m - m\pi| \leq 4\sqrt{2}$$

herleiten. Aus der letzten Ungleichung folgt, dass die Abbildung $\beta'(m) = [\beta(m^2)/m]$ fast additiv ist; sie repräsentiert (siehe unten) in $\mathbb{R}(AC)$ die Zahl π. In Analogie zum ersten Beispiel sieht man auch, dass die rationale Folge $\beta'(m/m$ gegen π konvergiert.

Für den Beweis der restlichen Axiome für $\mathbb{R}(AC)$ ist ein Hilfssatz wichtig, den A'Campo „concentration lemma" nennt und der auch für sich interessant ist, denn er beantwortet eine naheliegende Frage: zu jedem λ gehört ein *minimales* $s = s(\lambda)$, für welches die Ungleichung (Gl. 2) erfüllt ist; was ist das minimale s, das sich für eine zu λ äquivalente fast additive Funktion finden lässt? Die Antwort überrascht: man kann immer $s \leq 1$ erreichen ($s < 1$ bedeutet natürlich $s = 0$, also strikte Additivität).

Zum Beweis führen wir zunächst für rationale r die Funktion $[r]'$ ein, die zu r *nächst benachbarte* ganze Zahl, mit der Konvention $[r]' = r - 1/2$, wenn der Nenner von r genau 2 ist, also etwa $[5/11]' = [5/10]' = 0$, aber $[6/11]' = 1$. (A'Campo nennt das „optimal euclidean division"; aber man könnte dergleichen mit Bezug auf jede diskrete Teilmenge definieren, ohne Rückgriff auf einen euklidischen Algorithmus). Zunächst beweisen wir die folgende Hilfsaussage:

Seien $q > 0$, a, b, c ganz mit $-q \leq a - b - c \leq q$. Dann ist

$$-1 \leq [a/3q]' - [b/3q]' - [c/3q]' \leq 1.$$

Man dividiere die vorausgesetzte Ungleichung durch 3q, beachte $|r - [r]'| \leq 1/2$ und erhält

$$-11/6 \leq [a/3q]' - [b/3q]' - [c/3q]' \leq 11/6.$$

Daraus folgt die Behauptung, weil in der Mitte eine ganze Zahl steht und $11/6 < 2$ ist. Jetzt beweisen wir das „concentration lemma": sei λ beliebig fast additiv, s wie früher. Wir setzen $\lambda'(n) = \lambda([(3sn)/3s]')$. Ungleichung (Gl. 2) mit $t = 3s$ ergibt nach Division durch 3s

$$-s + 1/3 - 1/2 \leq \lambda'(n) - \lambda(n) \leq s - 1/3 + 1/2.$$

Daraus folgt $\lambda' \sim \lambda$, und damit ist auch λ' fast additiv. Weiter ist

$$-s \leq \lambda(3sn + 3sm) - \lambda(3sn) - \lambda(3sm) \leq s$$

und daraus folgt mit der vorigen Hilfsaussage

$$-1 \leq \lambda'(n+m) - \lambda'(n) - \lambda'(m) \leq 1,$$

wie zu beweisen war.

Ein λ mit $s \leq 1$ kann man *optimal* nennen (A'Campo spricht von „well adjusted"). Es sollte bemerkt werden, dass für gegebenes λ ein äquivalentes optimales nicht eindeutig bestimmt ist, zum Beispiel sind die konstanten Funktionen 0, 1 und -1 optimal und äquivalent zueinander. Der wichtigste Effekt der „Optimierung" ist eine Art von Gleichmäßigkeit: Ist M eine unendliche Teilmenge von $\mathbb{R}(AC)$ und wird jedes Element von M durch ein λ repräsentiert, könnten die zugehörigen Schranken $s(\lambda)$ ins Unendliche wachsen; jetzt sehen wir, dass man durchweg $s(\lambda) \leq 1$ annehmen kann. Das ist entscheidend beim Beweis der Vollständigkeit in der Form, dass jede nichtleere beschränkte Teilmenge von $\mathbb{R}(AC)$ eine kleinste obere Schranke hat. Ich will auf die nächsten ausstehenden Nachweise – Existenz von Inversen, Eigenschaften der Anordnung, Archimedizität – nicht weiter eingehen, da sie methodisch über das bisher Vorgeführte nicht hinausgehen, nur auf die Vollständigkeit, die uns natürlich besonders interessiert: sei D eine beschränkte Teilmenge von $\mathbb{R}(AC)$, deren Elemente d wir durch optimale fast additive δ repräsentiert denken, sowie $t = cl(\tau)$ eine obere Schranke, ebenfalls optimal repräsentiert, mit $d < t$, alle d. Die Eigenschaften optimaler Repräsentanten zeigen dann, dass $\delta(n) < \tau(n) + 2$ ist, für alle δ und alle n; wir können also definieren

$$\sigma(n) = \max\{\delta(n) \,|\, cl(\delta) \in D\}.$$

Es ist intuitiv klar, dass $cl(\sigma)$ die kleinste obere Schranke von D ist; die Schwierigkeit ist der Beweis, dass σ fast additiv ist. Die Vollständigkeit ergibt sich also hier als eine elementare Aussage über Folgen ganzer Zahlen.

Ein Isomorphismus von $\mathbb{R}(AC)$ mit $\mathbb{R}$ wird schon durch die beiden Beispiele suggeriert: ist λ fast additiv, so definiert $r(n) := \lambda(n)/n$ eine Cauchyfolge. Zum Beweis dividieren wir Ungleichung (Gl. 2) durch n und erhalten

$$-s(t-1)/n \leq tr(tn) - tr(n) \leq s(t-1)/tn.$$

Wir dividieren noch durch t, setzen $t = m$, vertauschen die Rollen von n und m und erhalten die beiden Ungleichungen

$$-s(n-1)/nm \leq r(mn) - r(n) \leq s(m-1)/nm \text{ und}$$

$$-s(n-1)/nm \leq r(m) - r(mn) \leq s(m-1)/nm.$$

Addieren wir diese, kommt

$$-2s(n-1)/nm \leq r(m) - r(n) \leq 2s(m-1)/nm,$$

und das genügt zum Beweis. Die Zuordnung $\lambda \to (\lambda(n)/n)$ ist additiv, aber nicht multiplikativ, wie man an den linearen Funktionen $An + B$ sehen kann; jedoch unterscheiden sich $(\lambda \circ \mu(n)/n)$ und $(\lambda(n)\mu(n)/n^2)$ nur um eine Nullfolge. Für die linearen rechnet man das ohne weiteres nach, und der allgemeine Fall folgt mittels der Einschachtelung durch lineare, die wir eingangs erwähnt haben. Die Erhaltung der Anordnung ist klar, ebenso, dass beschränkte λ auf Nullfolgen abgebildet werden. Damit erhalten wir eine Einbettung von $\mathbb{R}(AC)$ in $\mathbb{R}$, und diese muss surjektiv sein, denn ein echter Teilkörper von $\mathbb{R}$ ist nicht vollständig. Die Umkehrabbildung ist noch einfacher: man ordne der reellen Zahl s die Funktion $n \to [sn]$ zu. Als Nebenresultat bekommen wir, dass jede rationale Cauchyfolge $(r(n))$ sich von einer Folge der Form $(\lambda(n)/n)$ nur um eine Nullfolge unterscheidet, wobei λ noch als optimal angenommen werden kann. Das lässt sich natürlich auch direkt zeigen: für $m > 0$ wähle $N(m)$ derart, dass $|r(k + 1) - r(l)| < 1/m^2$, wenn $l \geq N(m)$, setze $r'(m) = r(N(m))$ und dann $\lambda(n) = [nr'(n)]$; die Details überlasse ich Ihnen. Übrigens trifft nicht zu, dass, wenn $(\lambda(n)/n)$ eine Cauchyfolge ist, dann λ fast additiv sein muss; ein Gegenbeispiel ist $\lambda(n) = \left[\sqrt{n}\right]$.

So betrachtet, gibt die Konstruktion eine Möglichkeit, in einer Äquivalenzklasse von Cauchyfolgen Elemente auszuzeichnen; das sollte auch andernorts nutzbar zu machen sein, etwa in der Theorie der diophantischen Approximationen. Ihre eigentliche Leistung aber, wie ich eingangs schon angedeutet habe und auch vom Autor hervorgehoben wird, liegt darin, aus der *additiven* Struktur von $\mathbb{Z}$ *allein* und *unmittelbar,* ohne die Zwischenstufen des klassischen Aufbaus, zum reellen Körper zu führen. Man sollte ergänzen, dass die Multiplikation durch die Endomorphismen von $(\mathbb{Z}, +)$ definiert werden kann: das Produkt von n und m ist das Bild von m unter der additiven Funktion, die 1 auf n abbildet. Die rationalen Zahlen entsprechen denjenigen fast additiven Funktionen λ, für welche ein ganzes q existiert, derart dass die Abbildung $n \to \lambda(qn)$ additiv ist, also eine Multiplikation. Das Konzept der fast additiven Funktionen enthält also implizit, in Form sehr einfacher Definitionen, die Multiplikation, die Quotientenbildung und die Komplettierung. Der Autor weist noch auf eine kohomologische Interpretation hin: die zweistellige Abbildung $(n, m) \to f(m+n) - f(n) - f(m)$ ist der *Korand* der einstelligen Abbildung f; die reellen Zahlen erscheinen damit als eine modifizierte 1-Kohomologie des regulären $\mathbb{Z}$-Moduls $\mathbb{Z}$, was wir aber hier nicht weiter betrachten wollen. Jedenfalls ist erstaunlich, was für Überraschungen auch eine Mathematik bieten kann, die wir gewohnt sind, für elementar zu halten.

Kapitel 6
Nicht-Standardanalysis nach Robinson

Im vorletzten Kapitel haben wir ein Hauptziel dieser Vorlesung erreicht, die Konstruktion eines Größenbereichs, der die Qualitäten der Zahlen und des Kontinuums in sich vereinigt: er gestattet einen Kalkül, algebraisch: ist ein Körper, und er ist vollständig im ausführlich erörterten Sinne. Als die Analysis entstand, gab es nichts dergleichen, dafür wurde mit etwasanderem operiert, das aus der modernen (Standard-)Theorie verschwunden ist, dem Unendlichkleinen. Nun haben Sie in der Analysisvorlesung dazu bestimmt ein paar Bemerkungen gehört, wie ich selbst in der Einleitung eine gemacht habe: die Väter der Analysis seien auf schwankendem Boden gewandelt, dafür mit genialer Intuition, und erst das 19. Jahrhundert habe strenge Begründungen nachgeliefert, mit der Epsilontik alles ins Finite geholt und sozusagen das Aktual-Unendlichkleine durch das Potenziell-Unendlichkleine ersetzt. Das ist auch ganz richtig, nur in einem Punkt ungenau: nicht der Boden war schwankend, man besaß nur nicht das ihm angemessene Fortbewegungsmittel. Das Gefühl für die Solidität des infinitesimalen Bodens ging aber nie ganz verloren, bis ins letzte Jahrhundert hinein haben Analytiker mit Infinitesimalien gearbeitet, und die „standardmäßig" verpönte Praxis hat sich bei Physikern bis heute erhalten. Und liegt nicht nahe, sich zu sagen: die Mathematik hat seit Cantor mit dem Aktual-Unendlichvielen, das von Philosophen und Mathematikern lange gemieden worden war, schließlich doch ernst gemacht (zu Anfang gab es ein paar Störungen, aber sie konnten behoben werden und haben die einmal in Gang gesetzte Entwicklung sowieso nie ernsthaft aufgehalten), auch das Unendlichgroße ist für die Ordinalzahltheorie kein Problem, warum soll es sich mit dem Unendlichkleinen anders verhalten?

Nun, ganz so einfach ist die Sache nicht. Weyl schreibt noch 1947, dass es zwar keineswegs unmöglich sei, eine nichtarchimedische Größenlehre aufzubauen, fährt jedoch fort: „... aber man sieht sofort, dass sie für die Analysis nichts leistet" ([WP], S. 65). Es zeigt sich: will man die infinitesimalen mit den gewöhnlichen finiten Größen zu einem sauberen Kalkül vereinigen, der es gestattet, die Analysis nach dem Vorbild der Urheber mit infinitesimalen Schlussweisen aufzubauen,

© Springer-Verlag GmbH Deutschland, ein Teil von Springer Nature 2019
E. Kleinert, *Mathematische Modelle des Kontinuums*,
https://doi.org/10.1007/978-3-662-59679-1_6

dann muss man mehr leisten, als nur das Zahlensystem zu erweitern. Vielmehr wird erforderlich (und Sie werden schnell sehen, warum und wie), der Sprache, in der man die Standardtheorie spricht, eine neue Sprache zuzuordnen, in der die neuen Größen auftreten, und das Entscheidende dabei ist, dass gewisse Aussagen genau dann gelten, wenn ihre „Gegenstücke" in der neuen Sprache gelten. Will man derlei beweisen, muss man offenbar die Aussagen der Theorie selbst zum Gegenstand mathematischer Betrachtung machen, und das heißt: man treibt mathematische Logik (oder wie man auch sagen könnte: logische Mathematik). Das ist, wenn man so will, die schlechte Nachricht. Die gute ist, dass wir keine entwickelte Logik mit schlagkräftigen Resultaten dafür voraussetzen müssen, sondern alles am Leitfaden des vorliegenden Problems selbst entwickeln können, um das einzige nichttriviale logische Resultat beweisen zu können, das wir brauchen, den Satz von Łos. Jetzt sehen wir, warum es so lange dauerte, bis den Infinitesimalien „offiziell" das mathematische Bürgerrecht verliehen wurde: erst musste die mathematische Selbstreflexion genügend entwickelt sein, und das geschah erst im 20. Jahrhundert.

Wir werden beginnen, indem wir die nächstliegenden Eigenschaften entwickeln, die wir von dem zu konstruierenden, mit Infinitesimalien ausgestatteten Größenbereich fordern müssen. Die Konstruktion eines solchen Bereichs erfolgt in den zentralen Abschnitten dieses Kapitels. Anschließend bringen wir einige typische Anwendungen und skizzieren eine Verallgemeinerung.

6.1   Heuristische Betrachtungen

Zu dem, was wir hier erreichen wollen, gehört sicherlich, dass wir Differentialquotienten dx/dy nicht mehr als nur symbolische, sondern als „reale" Quotienten auffassen können; die Infinitesimalien sollten also invertierbar sein, am einfachsten als Elemente eines Körpers, den wir $^{*}\mathbb{R}$ nennen wollen. Wir eröffnen also unseren Wunschzettel mit.

(WZ 1): $\mathbb{R} \subset {}^{*}\mathbb{R}$ ist eine echte Erweiterung angeordneter Körper.

Diese bescheidene Forderung, in der von Infinitesimalien gar keine Rede ist, hat schon eine Reihe von Konsequenzen.

Zunächst folgt, dass $^{*}\mathbb{R}$ nicht archimedisch ist. Denn im letzten Kapitel haben wir gezeigt, dass jeder archimedisch angeordnete Körper in einen vollständigen archimedischen Körper eingebettet werden kann, ein solcher aber isomorph zu $\mathbb{R}$ ist. Wäre $^{*}\mathbb{R}$ archimedisch, erhielten wir damit eine Einbettung von $^{*}\mathbb{R}$ in $\mathbb{R}$, was absurd ist.

$^{*}\mathbb{R}$ enthält also „unendlich große" und damit auch „unendlich kleine" Elemente, die Menge

$$I := \{x \,|\, |x| < 1/n, \text{ für alle natürlichen } n\}$$

der Infinitesimalien besteht nicht nur aus der Null (der Absolutbetrag wird natürlich wie üblich definiert und genügt den üblichen Regeln). I ist eine Teilmenge von

$$B := \{x \mid \text{es gibt ein n mit } |x| < n\},$$

der Menge der beschränkten (oder finiten) Elemente von $^*\mathbb{R}$. Klar ist $\mathbb{R} \cap I = \{0\}$. Wir behaupten:

B ist ein Unterring von $^*\mathbb{R}$, und I ist ein maximales Ideal von B.

Die erste Behauptung ist trivial, die zweite folgt daraus, dass B\I die Einheitengruppe von B ist; denn aus $1/n < x < m$ folgt, dass auch $1/x$ in B\I liegt. B ist also ein lokaler Ring (aber das werden wir nicht weiter brauchen).

Die Elemente aus $^*\mathbb{R}$\B kann man auch „unendliche" nennen (positiv oder negativ); es gelten die gewöhnlichen aus der Analysis bekannten Regeln wie

unendlich $\times$ beschränkt, aber nicht infinitesimal = unendlich $\times$ endlich = unendlich;

beachten Sie aber, dass dies hier keine Grenzwertaussagen mehr sind, sondern sich auf „wirkliche" Produkte beziehen, nämlich in $^*\mathbb{R}$. Insbesondere: I ist ein reeller Vektorraum.

Für $x \in B$ setzen wir nun

$$x_0 = \sup\{y \in \mathbb{R} \mid y < x\}.$$

Dann ist $x - x_0 \geq 0$, aber $0 \leq x - x_0 < 1/n$, alle n, da anderenfalls x_0 nicht das sup der obigen Menge wäre. Also ist $x - x_0 \in I$, und x_0 ist die einzige reelle Größe mit dieser Eigenschaft. Denn aus $x - x_0 \in I$, $x - x_1 \in I$ folgte $x_1 - x_0 \in I$ und damit $x_1 = x_0$.

Damit gilt $B = \mathbb{R} \oplus I$, zunächst als additive direkte Summe, und die Abbildung

$$\text{st: } B \to \mathbb{R}, \ x \to x_0,$$

ist ein wohldefinierter, additiver, surjektiver Homomorphismus (eine Retraktion, wie man auch sagen könnte). Da I ein Ideal von B ist, ist st auch multiplikativ. Wir nennen st die *Standardabbildung* und st(x) den *Standardteil* von x (hier wäre freilich „Realteil" die angemessene Bezeichnung, aber sie ist nun einmal vergeben). Manche Autoren schreiben sh statt st und sprechen vom „shadow". Es ist leicht zu sehen, dass st die Anordnung erhält, genauer: aus $x > 0$ folgt $st(x) \geq 0$. Wir schreiben $x \sim y$ für $x - y \in I$; dies ist eine Äquivalenzrelation. Damit kann man auch sagen: für $x \in B$ ist st(x) die eindeutig bestimmte reelle Zahl r mit $x \sim r$.

Damit haben wir schon einen kleinen Überblick über das zu erwartende Rechenmaterial gewonnen und gehen an die erste Aufgabe einer Infinitesimalrechnung, das Differenzieren. Als erstes Beispiel nehmen wir die Funktion $y = x^2$. Dem infinitesimalen Zuwachs dx der Abszisse entspricht der Zuwachs

$$dy = (x + dx)^2 - x^2 = 2x\,dx + (dx)^2$$

der Ordinate, also, wenn $dx \neq 0$, $dy/dx = 2x + dx$. Natürlich soll die Ableitung gerade 2x werden, wir wollen also die infinitesimale Größe dx nach der Division weglassen dürfen. Das ist natürlich nicht ohne weiteres angängig und hat in der Frühzeit der Analysis Kritik an dem neuen Kalkül hervorgerufen. Die begriffliche

Klärung, die wir schon erreicht haben, macht uns die Antwort leicht: wir wenden einfach st an. Damit kommen wir zu der

Definition: sei f: $\mathbb{R} \to \mathbb{R}$ eine Funktion, x und a reelle Zahlen. Wenn für alle dx $\in$ I, dx $\neq 0$,

$$st((f(x + dx) - f(x))/dx) = a$$

ist, dann heißt f bei x differenzierbar und $a = f'(x)$ die Ableitung von f an der Stelle x. Beachten wir die Definition von st, so sehen wir nach Multiplikation mit $i \doteq dx$, dass für infinitesimales i eine Gleichung

$$f(x + i) = f(x) + f'(x)i + ij$$

mit einem infinitesimalen j besteht – die „Fundamentalformel der Differential-rechnung" in der Nichtstandardfassung.

Es gehört zu Definition der Ableitung, dass der Differentialquotient $(f(x+dx) - f(x))/dx$ in B liegt. Dazu muss der Zähler des Bruchs in I liegen, und das bedeutet.

$$f(x + dx) \sim f(x) \text{ für dx } \sim 0 \text{ oder } f(x) \sim f(y), \text{ wenn } x \sim y.$$

In dieser Form hat noch Cauchy die Stetigkeit von f an der Stelle x ausgesprochen.

Wir betrachten zwei Beispiele für den Umgang mit diesen Definitionen. Seien g bei x und f bei g(x) stetig. Für $x \sim y$ ist also $g(x) \sim g(y)$ und daher auch $f(g(x)) \sim f(g(y))$; d. h. Zusammensetzung stetiger Funktionen ist stetig.

Seien nun g bei x und f bei g(x) differenzierbar, $h = f \circ g$. Aus der Differenzier-barkeit folgt die Stetigkeit, also liegen

$$dg = g(x + dx) - g(x) \text{ und } dh = f(g(x) + dg) - f(g(x)) = f(g(x + dx)) - f(g(x))$$

in I. In $*\mathbb{R}$ gilt nun die Gleichung

$$dh/dx = (dh/dg)(dg/dx)$$

trivialerweise, weil man hier durch Infinitesimalien kürzen darf (den Fall g = const., in welchem dg = 0 ist, brauchen wir nicht zu betrachten). Anwendung von st liefert die Kettenregel $h'(x) = f'(g(x)) \, g'(x)$.

Bei diesen Überlegungen haben wir nun stillschweigend vorausgesetzt, dass die gegebenen reellen Funktionen auf „infinitesimale Umgebungen" der Punkte ihres Definitionsbereichs fortsetzbar sind. Für Polynome und rationale Funktionen ist das kein Problem, weil $*\mathbb{R}$ ein Körper ist. Bei Potenzreihen kommen wir schon in Schwierigkeiten: Grenzprozesse in einem nichtarchimedischen Körper sind etwas Missliches (Grenzwerte von Folgen wären nur mod I eindeutig), außerdem haben wir ja die Infinitesimalien gerade zu dem Zweck aufgesucht, Grenzprozesse zu vermeiden. Wir kommen nicht herum um ein allgemeines Fortsetzungsprinzip und formulieren, schon weniger bescheiden, gleich die Maximalforderung

(WZ 2): Jede Funktion f: $\mathbb{R} \to \mathbb{R}$ besitzt eine „kanonische" Fortsetzung $*f$: $*\mathbb{R} \to *\mathbb{R}$.

Wollen wir nun etwa $f(x) = \exp(x)$ differenzieren, werden wir rechnen (aus Bequemlichkeit lassen wir den Stern weg)

$$(\exp(x + dx) - \exp(x))/dx = \exp(x)(\exp(dx) - 1)/dx;$$

nun ist aber exp(y) = 1 + y + $y^2/2!$ + $y^3/3!$ + ... und daher

$$(\exp(dx) - 1)/dx = 1 + dx/2! + (dx)^2/3! \ldots$$

mit dem Standardteil 1, also exp′(x) = exp(x). Wieder haben wir etwas benutzt, das sich nicht von selbst versteht, nämlich die Erhaltung der Funktionalgleichung von exp beim Übergang zur Fortsetzung. Das Bestehen einer solchen Gleichung, allgemeiner einer Relation zwischen reellen Funktionen, ist eine „elementare" oder „atomare" Aussage der Theorie dieser Funktionen, und die „Standardaussagen" der Theorie werden durch Iteration von solchen und logische Prozesse gewonnen. Mit gesteigerter Dreistigkeit formulieren wir

(WZ 3): Alle Standardaussagen über ℝ sollen auf *ℝ übertragbar sein.

Aber selbst das kann uns nicht genügen: wir sind „letzten Endes" interessiert an Aussagen über reellen Zahlen und Funktionen, müssen also von Aussagen über *ℝ zurückschließen können auf solche über ℝ. Mit größter Dreistigkeit formulieren wir

(WZ 4): Eine Standardaussage a soll wahr in ℝ sein genau dann, wenn ihre Übertragung wahr ist in *ℝ.

Natürlich müssen wir präzisieren, und das heißt in der Mathematik: formalisieren, was eine Standardaussage und ihre Übertragung sein sollen. Zum Beispiel soll ja die Aussage, dass ℝ archimedisch ist, nicht übertragbar sein. Zunächst aber konstruieren wir *ℝ.

6.2   Konstruktion von *ℝ

Unser erster Wunsch wäre, für sich genommen, ziemlich leicht zu erfüllen. Man könnte etwa den Polynomring ℝ[x] anordnen, indem man ein Polynom für positiv erklärt, wenn sein niedrigster nichtverschwindender Koeffizient es ist, und diese Anordnung auf den Quotientenkörper ℝ(x) ausdehnen. Dann wäre z. B. 0 < x < r für alle reellen r > 0, also x infinitesimal. Es ist aber nicht zu sehen, wie unsere weiteren Wünsche erfüllt werden könnten. Wir müssen darum einen anderen Weg gehen.

Bei der Konstruktion von ℝ aus ℚ haben wir die reellen Größen aufgefasst als Entitäten, die aus rationalen Zahlen durch Approximation hervorgehen. Nun kann die Qualität der Approximation, etwa der Null durch eine Nullfolge, sehr verschieden sein; bei Anwendungen möchte man möglichst schnelle Konvergenz, für theoretische Zwecke, etwa bei p-adischen Entwicklungen, kommt es auf anderes an. Der gewöhnliche Grenzwertbegriff ignoriert diese Unterschiede; aber sollte es nicht möglich sein, durch eine geeignete Äquivalenzrelation für Folgen echte Infinitesimalien ins Spiel zu bringen? Sehen wir zu.

Da wir ℝ schon haben, brauchen wir reelle Zahlen nicht mehr durch rationale zu approximieren und arbeiten gleich im Ring F(ℝ) aller reellen Folgen, mit gliedweiser Addition und Multiplikation. Die gesuchte Äquivalenzrelation sollte kompatibel mit diesen Operationen sein, muss also im Austeilen eines maximalen Ideals J bestehen. Wir wollen sicherlich:

$$(a(n)), \; b(n)) \text{ sind äquivalent, wenn } a(n) = b(n) \text{ für fast alle n;}$$

d. h. unser Ideal J muss

$$J_0 := \left\{ (x(n)) \mid x(n) = 0 \text{ fast überall} \right\}$$

enthalten. Dieses ist nicht maximal, wie man sehr leicht sieht. Um ein maximales J_0 enthaltendes J zu erhalten, könnten wir nun einfach das zornsche Lemma anrufen und werden das nachher auch tun. Im Hinblick auf später zu führende Beweise sowie eine noch zu beschreibende Verallgemeinerung ist es aber notwendig, die Frage umzuformulieren und die Ideale von $F(\mathbb{R})$ mit *Filtern* auf $\mathbb{N}$ in Verbindung zu bringen. Die Idee ist: jede Folge unterscheidet sich multiplikativ von einer Folge, deren Glieder nur 0 oder 1 sind, nur um eine Einheit von $F(\mathbb{R})$; jedes Folgenideal ist also durch die in ihm enthaltenen 0–1-Folgen bestimmt.

Ein *Filter* auf $\mathbb{N}$ ist eine Familie F von Teilmengen von N mit den Eigenschaften

(i) $\mathbb{N} \in F, \emptyset \notin F$; (ii) $M, N \in F \Rightarrow M \cap N \in F$; (iii) $M \in F, M \subset N \Rightarrow N \in F$.

Z. B. ist $F_0 =$ Familie aller coendlichen Mengen ($=$ Mengen, die fast alle n enthalten), ein Filter. Die Filter bilden selbst eine angeordnete Menge (eine Teilmenge von $P(P(\mathbb{N}))$). Die Benennung ist leicht zweideutig: bei einem Filter kann es auf das ankommen, was er „herausfiltert", oder auf das, was er „durchlässt". Die beiden ersten Bedingungen implizieren, dass kein endlicher Durchschnitt solcher M leer ist. Für F_0 und alle für uns relevanten F ist dieser Durchschnitt *aller* M leer.

Für eine Folge $x = (x(n))$ setzen wir nun

$$Z(x) = \{n \mid x(n) = 0\},$$

und für ein echtes Ideal J von $F(\mathbb{R})$ sei

$$F(J) = Z(x) \mid x \in J\}.$$

Dies ist ein Filter, denn i): $\mathbb{N} = Z(0)$ und $0 \in J$; $Z(x) = \emptyset$ würde bedeuten, dass x eine Einheit von $F(\mathbb{R})$, also $J = F(\mathbb{R})$ ist; ii): ist $M = Z(x)$, $N = Z(y)$, für $x, y \in J$, so ist $M \cap N = Z(x^2 + y^2)$, und $x^2 + y^2 \in J$; iii): ist $M = Z(x)$ und $M \subset N$, so sei y die Folge mit Null an den Indices aus N und 1 sonst; dann ist $N = Z(xy)$, und $xy \in J$.

Ist umgekehrt F ein Filter, so sei

$$J(F) = \{x \in F(\mathbb{R}) \mid Z(x) \in F\}.$$

Dies ist ein Ideal, denn aus $Z(x), Z(y) \in F$ folgt $Z(x) \cap Z(y) \in F$, und wegen $Z(x) \cap Z(y) \subset Z(x - y)$ ist auch $Z(x - y) \in F$ und damit $x - y \in J(F)$; ferner ist $Z(x) \subset Z(xz)$ für beliebiges z und damit auch $xz \in J(F)$. Wir konstatieren:

6.2.1 Die Zuordnungen $J \rightarrow J(F)$ und $F \rightarrow F(J)$ sind zueinander invers und inklusionserhaltend, stiften also eine Bijektion zwischen dem Verband der echten Ideale von $F(\mathbb{R})$ und dem Verband der Filter auf $\mathbb{N}$

Die noch ausstehenden Verifikationen sollten klar sein. Unsere Bijektionen überführen insbesondere maximale Ideale in maximale Filter und umgekehrt. Maximale Filter heißen auch *Ultrafilter* (obwohl für diese Extra-Nomenklatur kein rechter Sinn zu erkennen ist). Offenbar ist $F(J_0) = F_0$. Ultrafilter, die F_0 enthalten, heißen auch *freie Ultrafilter*. Wir wollen also „nichts weiter" als einen freien Ultrafilter. Es zeigt sich nun, dass ein solcher nicht explizit (in einem präzisierbaren Sinn) angegeben werden kann; hier bleibt nur der Rekurs auf das zornsche Lemma. Diesem wenden wir uns jetzt zu.

Lemma von Zorn: Sei M eine angeordnete Menge, in der jede wohlgeordnete Teilmenge ein Supremum hat. Dann liegt über jedem Element von M ein maximales Element.

Ich will den Beweis nicht zur Gänze vorführen (dafür siehe [WA], Bd. I), sondern nur zeigen, wie das Auswahlaxiom in ihn eingeht. Die Hauptlast des Beweises trägt der folgende Hilfssatz, für den das Auswahlaxiom nicht gebraucht wird:

Eine Abbildung mit f: $M \rightarrow M$ mit $f(x) \geq x$, alle x, hat einen Fixpunkt.

Wir benutzen nun das Auswahlaxiom, um jedem nicht maximalen x ein $f(x) > x$ zuzuordnen; für maximale x setzen wir $f(x) = x$. Aus dem Hilfssatz folgt dann sofort die Existenz eines maximalen x. Das Lemma von Zorn erhält man, indem man diese Aussage auf die Menge der Elemente anwendet, die über dem gegebenen liegen.

Die Menge der Ideale in einem (kommutativen) Ring ist durch Inklusion partiell geordnet. Ist J eine aufsteigende Familie echter Ideale, so ist die Vereinigung der Mitglieder von J wieder ein solches und offenbar das Supremum von J. Also ist jedes Ideal in einem maximalen enthalten.

Damit ist auch die Existenz freier Ultrafilter gesichert, wenn auch um den Preis eines irreduzibel nicht-konstruktiven Arguments. Man kann beweisen: jeder Ultrafilter auf N ist frei oder hat die „triviale" Form

$$F = F(n) = \{N \subset \mathbb{N} | n \in N\}$$

für ein festes n. Das zugehörige Ideal $J(F(n))$ enthält die 0–1-Folge mit einer Null nur beim Index n, und damit sieht man leicht, dass $F(\mathbb{R})/F(n)) = \mathbb{R}$ ist; solche Filter sind für uns uninteressant.

Für späteren Gebrauch notieren wir eine wichtige Eigenschaft der Ultrafilter.

6.2.2 Ist F ein Ultrafilter, so gilt $N \in F$ oder $\mathbb{N} \backslash N \in F$ für jede Teilmenge $N \subset \mathbb{N}$

Zum Beweis eine Vorbemerkung: wie wir schon bemerkt haben, ist kein endlicher Durchschnitt von Mitgliedern von F leer. Ist umgekehrt G eine Familie mit dieser Eigenschaft, so ist

$$F = \{N | N \text{ enthält einen Durchschnitt von endlich vielen Mitgliedern von G}\}$$

ein Filter. Der Beweis ist sehr einfach.

Jetzt zum Beweis unserer Behauptung. Sei F maximal und $N \notin F$. Dann hat die Familie $F \cup (\mathbb{N} \backslash N)$ die Durchschnittseigenschaft. Dazu genügt es, $M \cap (\mathbb{N} \backslash N) \neq \emptyset$ für $M \in F$ zu beweisen. Wäre dieser Durchschnitt leer, folgte $M \subset N$ und damit $N \in F$. Also liegt $F \cup (\mathbb{N} \backslash N)$ in einem maximalen Filter (Vorbemerkung plus zornsches Lemma). Da aber F schon maximal ist, folgt $(\mathbb{N} \backslash N) \in F$.

Wir können Abschn. 6.2.2 leicht verallgemeinern zu einer Art Primeigenschaft der Ultrafilter:

6.2.3 Ist F ein Ultrafilter und $(M \cup N) \in F$, so ist $M \in F$ oder $N \in F$

Denn aus $M \notin F$ folgt $(\mathbb{N} \backslash M) \in F$ und dann $(M \cup N) \cap (\mathbb{N} \backslash M) \in F$; diese Menge ist aber in N enthalten, und das beweist $N \in F$.

Wir kommen jetzt zur Konstruktion von $^*\mathbb{R}$ und „wählen" mittels des zornschen Lemmas einen freien Ultrafilter F. Ihm entspricht das maximale Ideal $J = J(F)$ von $F(\mathbb{R})$. Es gilt also die für alles folgende grundlegende Beziehung

$$(x(n)) \equiv (y(n)) \bmod J \Leftrightarrow \{n | x(n) = y(n)\} \in F.$$

In freier Paraphrase: zwei Folgen definieren dieselbe „hyperreelle" Zahl, wenn sie „F-übereinstimmen".

Wir setzen $^*\mathbb{R} = F(\mathbb{R})/J$. Da J maximal ist, ist dies ein Körper. Wieder ist $\mathbb{R}$ über die konstanten Folgen in $^*\mathbb{R}$ eingebettet. Jeder Filter, der F_0 enthält, enthält nur unendliche Mengen (!), also repräsentiert eine Folge mit paarweise verschiedenen Gliedern sicherlich keine reelle Zahl: die Erweiterung ist also echt. Sie ist rein transzendent, denn der einzige algebraische Erweiterungskörper von $\mathbb{R}$ ist $\mathbb{C}$, und aus der Konstruktion ist klar, dass $^*\mathbb{R}$ kein Element x mit $x^2 = -1$ enthält.

6.3   Übertragung von Relationen

Als erstes übertragen wir die Anordnung. Zwar ist das ein Spezialfall des Kommenden, aber wir wollen nicht bis zum Beweis des vollen Übertragungsprinzips warten, bis wir $^*\mathbb{R}$ als angeordneten Körper erkennen; außerdem kann ein wenig Übung nicht schaden. Mit cl(x) bezeichnen wir die Klasse der Folge x in $^*\mathbb{R}$ und definieren einen Positivitätsbereich P durch

$$cl(x) \in P \; :\Leftrightarrow \{n | x(n) > 0\} \in F.$$

Dies ist wohldefiniert, denn aus

$$\{n | x(n) > 0\} \in F \text{ und } \{n | x(n) = y(n)\} \in F$$

folgt, dass der Durchschnitt dieser Mengen in F liegt, und dieser ist enthalten in $\{n | y(n) > 0\}$; also liegt auch diese Menge in F.

Aus $\{n | x(n) > 0\} \notin F$ folgt mit Abschn. 6.2.2, dass F auch $\{n | x(n) \leq 0\} = \{n | x(n) < 0\} \cup \{n | x(n) = 0\}$ enthält, und mit Abschn. 6.2.3, dass eine der beiden letzteren Mengen in F liegt, aber nicht beide, da ihr Durchschnitt leer ist. Dies beweist das erste Anordnungsaxiom, die disjunkte Zerlegung

$$^*\mathbb{R} = P \cup \{0\} \cup (-P).$$

Sind x,y > 0, so ist

$$\{n|x(n) + x(n) > 0\} \supset (\{n|x(n) > 0\} \cap \{n|x(n) > 0\}) \in F,$$

und das zeigt x + y > 0. Ebenso geht xy > 0; damit ist $^*\mathbb{R}$ als angeordneter Körper nachgewiesen. Wir haben, genauer besehen, zweierlei übertragen: erstens die Anordnung als Relation, zweitens ihre charakteristischen Eigenschaften. Das zweite ist bereits ein Spezialfall des allgemeinen Übertragungsprinzips.

Die gewünschten Infinitesimalien, deren Existenz wir schon aus abstrakten Gründen wissen, können wir jetzt in concreto „sehen": für i = cl(1/n) gilt 0 < i < 1/m, alle m, weil für festes m nur endlich oft 1/n ≥ 1/m ist und F alle coendlichen Mengen enthält.

Jetzt übertragen wir beliebige Relationen R ⊂ $\mathbb{R}^k$ und schreiben R(x_1, ..., x_k) für die Aussage (x_1, ..., x_k) ∈ R. Für x_1, ..., x_k aus $^*\mathbb{R}$ mit repräsentierenden Folgen x_1(n), ..., x_k(n) definieren wir

$$^*R(x_1, \ldots, x_k) :\Leftrightarrow \{n|R(x_1(n), \ldots, x_k(n))\} \in F.$$

Der Beweis der Wohldefiniertheit folgt dem obigen Muster: aus $^*R(x_1, \ldots, x_k)$ und

$$\{n|R(x_1(n), \ldots, x_k(n))\} \in F \text{ und } \{n|x_i(n) = y_i(n)\} \in F, i = 1, \ldots, k,$$

folgt, dass der Durchschnitt dieser k + 1 Mengen in F liegt, dieser aber ist enthalten in $\{n|R(y_1(n), \ldots, y_k(n))\}$, also liegt auch diese Menge in F. Ist R eine Standardrelation wie die Anordnung oder eine algebraische Beziehung wie x + y = z, lässt man den Stern gerne fort. Ein Spezialfall des allgemeinen Übertragungsprinzips ist

6.3.1 Für reelle x_1, ..., x_k ist R(x_1, ..., x_k) ⇔ $^*R(x_1, ..., x_k)$

Wir können uns die x_i durch die zugehörigen konstanten Folgen repräsentiert denken; die Behauptung folgt dann einfach daraus, dass F nicht aus der leeren Menge besteht.

Zwei Spezialfälle heben wir hervor, zunächst den von k = 1. Eine einstellige Relation ist nichts anderes als ein Prädikat oder eine Eigenschaft, die reelle Zahlen haben können (oder nicht), und hier schreiben wir natürlich wieder x ∈ R statt R(x). Wir haben also jeder Teilmenge A von $\mathbb{R}$ eine Teilmenge $^*A$ von $^*\mathbb{R}$ zugeordnet, derart dass

$$cl(x(n)) \in ^* A \Leftrightarrow \{n|x(n) \in A\} \in F,$$

und Abschn. 6.3.1 sagt einfach aus, dass $^*A \cap \mathbb{R} = A$ ist.

Wir verschaffen uns einen ersten Einblick in diese Mengenübertragung und beweisen:

6.3.2 Ist A endlich, so ist $^*A = A$; anderenfalls ist $^*A$ echte Obermenge von A

Beweis: sei $A = \{a_1, \ldots, a_k\}$ endlich und $x = cl(x(n)) \in {}^*A$, also

$$\{n|x(n) \in A\} = \{n|x(n) = a_1\} \cup \{n|x(n) \in \{a_2, \ldots, a_k\}\} \in F.$$

Nach Abschn. 6.2.3 liegt eine der beiden Mengen rechts in F; ist es die erste, folgt $x = a_1$, im anderen Fall schließt man ebenso weiter. Ist hingegen A unendlich, so gibt es eine Folge $(x(n))$ paarweise verschiedener Elemente von A, und wie schon bemerkt, liegt dann $x = cl((x(n)))$ in $^*\mathbb{R}\backslash\mathbb{R}$ und (natürlich) in $^*A$.

Zum Beispiel ist $1/i = cl((n))$ ein prominentes Element von $^*\mathbb{N}$, eine „hypernatürliche", unendlich große Zahl.

Man überlegt sich unschwer, dass die Zuordnung $A \rightarrow {}^*A$ mit endlicher Durchschnitts- und Vereinigungsbildung sowie mit Komplementen verträglich ist. Unendliche Vereinigungen und Durchschnitte werden aber i. A. nicht erhalten. Für Vereinigungen folgt das sofort aus Abschn. 6.3.2, ein Beispiel für Durchschnitte ist

$$\{0\} = {}^*\{0\} = {}^*\cap(-1/n, 1/n) \subset \cap^* -1/n, 1/n) = I \ (!)$$

Unser zweiter Spezialfall ist die Fortsetzung von Funktionen. Wir fassen f: $A \rightarrow \mathbb{R}$, $A \subset \mathbb{R}$, als Relation $R \subset \mathbb{R}^2$ auf, also $f(x) = y \Leftrightarrow R(x,y)$. Nach unserer Übertragung der Relationen gilt also für $x = cl(x(n))$, $y = cl(y(n)) \in {}^*R$, dass $^*R(x,y) \Leftrightarrow \{n|R(x(n), y(n))\} \in F$. Da die $y(n)$ durch die $x(n)$ eindeutig bestimmt sind, ist nach der Definition von $^*\mathbb{R}$ auch y durch x eindeutig bestimmt, d. h. auch $^*R$ stellt eine Funktion $^*f$ dar, die durch

$$^*f(x) = cl(f(x(n)))$$

gegeben ist. Analog für Funktionen mehrerer Veränderlicher.

Mengen, Relationen und Funktionen der Form $^*A$, $^*R$, $^*f$ sind die einfachsten Beispiele sogenannter „interner" Objekte in der Theorie von $^*\mathbb{R}$. Die Unterscheidung von „intern" und „extern" ist von großer Bedeutung in der Nichtstandardtheorie, doch werden wir sie nicht weiter studieren; einiges darüber finden Sie in dem Buch von Goldblatt.

Wir haben uns nun schon einige der Desiderata aus Abschn. 6.1 erfüllt und könnten uns leicht weitere erfüllen, wie das Fortbestehen der Funktionalgleichung für exp. Wie aber schon in Abschn. 6.1 dargelegt, können wir uns mit der Übertragung von Spezialaussagen nicht zufriedengeben, sondern benötigen eine präzise Definition von „Standardaussagen" sowie deren Übertragbarkeit. Das ist der Inhalt des nächsten Abschnitts.

6.4   Das allgemeine Übertragungsprinzip

Unsere Aufgaben in diesem Abschnitt sind:

(1) Konstruktion von L1-Sprachen für $\mathbb{R}$ und $^*\mathbb{R}$;
(2) Definition der Wahrheit von Aussagen;

(3) Definition der Übertragung a → *a von Aussagen a;
(4) Beweis des Satzes: a ist wahr in $\mathbb{R}$ genau dann, wenn *a wahr ist in *$\mathbb{R}$.

Ad (1). (i) Als Grundzeichen unserer Sprache, d. h. Symbole, die wir nicht mehr hinterfragen, benutzen wir natürlich wieder (wie in Abschn. 4.1) die logischen Symbole, Junktoren, Quantoren, Variable, Klammern und Satzzeichen. Um Beweise zu sparen, werden wir einen Teil der Junktoren und Quantoren durch die anderen definieren (s. u.).

Ferner enthält unsere Sprache für jede reelle Zahl c, jede Funktion f : $\mathbb{R}^k \to \mathbb{R}$ und jede Relation R $\subset \mathbb{R}^k$ einen Namen. Natürlich ist der Name zu unterscheiden von dem, was er benennt, wir müssten also etwa n(c), n(f) und n(R) schreiben. Um des notationellen Überblicks willen erlauben wir uns, diese Unterscheidung wegzulassen. Wer mitdenkt, wird nie im Zweifel sein, ob der Name oder das Objekt gemeint ist. Die Zahlen in der Sprache heißen auch *Konstante.*

(ii) Aus den Grundzeichen bilden wir „Rechenausdrücke", *Terme* genannt, durch Rekursion:

Alle Variablen und alle Konstanten sind Terme;

sind $t_1, \ldots, t_k$ Terme und f eine k-stellige Funktion (genauer: der Name einer solchen), so ist f($t_1, \ldots, t_k$) ein Term.

Beispiele von Termen sind 2, x + 2, $\sin(x^2 + z)$ usf. Ein Term ist etwas, das ausgewertet oder eingesetzt werden kann.

(iii) Aus den Termen bilden wir *Formeln,* ebenfalls durch Rekursion:

sind $t_1, \ldots, t_k$ Terme und R eine k-stellige Relation, so ist R($t_1, \ldots, t_k$) eine Formel; solche Formeln heißen *atomar.*

Sind u, v Formeln, so auch ¬u, u ∧ v und ∃x u. Hier bezeichnet x eine Variable; es ist nicht nötig, dass x in u wirklich vorkommt.

Die noch fehlenden Junktoren und den Allquantor definieren wir jetzt durch

$$(u \lor v) \Leftrightarrow \neg(\neg(u) \land \neg(v)), (u \Rightarrow v) \Leftrightarrow v \lor (\neg u), \forall x\, u \Leftrightarrow \neg(\exists x \neg u).$$

Beispiele für Formeln: (x < 5) ∧ (sin(y − 1) = 0), ∃x (1 = 2). Eine Formel ist etwas, das bei passenden Einsetzungen wahr oder falsch werden kann.

(iv) Eine *Aussage* ist eine Formel, in der es „nichts mehr einzusetzen gibt". Das heißt nicht, dass sie keine Variable enthält; es müssen aber alle vorkommenden Variablen durch Quantoren „gebunden" sein. Wir definieren rekursiv die Menge F(u) der *freien Variablen* einer Formel u:

Ist u = R($t_1, \ldots, t_k$) eine atomare Formel, deren Terme die Variablen $x_1, \ldots, x_m$ enthalten, so ist F(u) = $\{x_1, \ldots, x_m\}$;

$$F(\neg u) = F(u), F(u \land v) = F(u) \cup F(v), F(\exists x\, u) = F(u) \backslash \{x\}.$$

Die letzte Klausel illustriert die Bindung einer freien Variablen durch einen Quantor. Beispiele:

$$F(x + y = 1) = \{x, y\}, F(\exists x\, x + y = 1) = \{y\}, F(\forall y\, \exists x\, x + y = 1) = \emptyset.$$

Eine Aussage ist nun eine Formel u mit F(u) = ∅. Eine Aussage ist etwas, das wahr oder falsch sein kann.

Wir haben damit eine L1-Sprache für die Theorie reeller Zahlen und Funktionen konstruiert, deren Aussagen unsere „Standardaussagen" sein sollen; wir nennen sie kurz $\mathbb{R}$-Aussagen. Die 1 in dieser Bezeichnung weist darauf hin, dass die Variablen nur für Elemente des Grundbereichs $\mathbb{R}$ stehen, anders gesagt: quantifiziert wird nur über Zahlen, nicht über Relationen oder Mengen von Zahlen. Die L1-Sprache für $*\mathbb{R}$ wird ebenso konstruiert; wir werden hier aber nur Funktionen und Relationen der Form $*f$ und $*R$ (also „interne Objekte") verwenden.

Bei diesem Aufbau der Sprache haben wir, außer in den Beispielen, keinen Gebrauch davon gemacht, dass der Grundbereich die Menge der reellen Zahlen ist; man kann also über jeder Menge eine solche Sprache konstruieren.

Ad (2). Sei a eine $\mathbb{R}$-Aussage. Wir definieren rekursiv den Ausdruck „a gilt in $\mathbb{R}$", oder „a ist wahr in $\mathbb{R}$", mit dem Symbol $\mathbb{R} \mid= a$, durch die folgenden Festsetzungen:

Ist $a = R(t_1, \ldots, t_k)$ eine atomare Formel, so gelte $\mathbb{R} \mid= a$ genau dann, wenn $R(t_1, \ldots, t_k)$ wahr ist;

$\mathbb{R} \mid= \neg a$ gelte genau dann, wenn nicht $\mathbb{R} \mid= a$; $\mathbb{R} \mid= a \wedge b$ genau dann, wenn $\mathbb{R} \mid= a$ und $\mathbb{R} \mid= b$; $\mathbb{R} \mid= \exists(x) \, a(x)$ genau dann, wenn es ein x gibt, so dass $\mathbb{R} \mid= a(x)$. Hier muss a eine Formel mit $F(a) = \{x\}$ sein, was durch die Notation $a = a(x)$ ausgedrückt wird.

Ein paar Kommentare sind angebracht.

(i) Sie werden sich fragen, warum wir die Ausdrücke $R \mid= a$ überhaupt einführen, statt einfach „a ist wahr" zu sagen. Der Grund ist derselbe, aus dem wir für die Summe zweier Zahlen m, n den Ausdruck $m + n$ einführen: weil wir für das Symbol „$\mid=$" einen *Kalkül* benutzen werden, d. h. eine Regel zur *rein formalen* Umwandlung von Symbolen. Wir werden aber von diesem Kalkül (anders als von der Summenbildung) nur minimalen Gebrauch machen, nämlich beim Satz von Łos und im Übertragungsprinzip (würden wir tiefer in die Logik einsteigen, würde auch der Gebrauch zunehmen).

(ii) Die Aussage „a ist wahr" gehört nicht zu unserer L1-Sprache von $\mathbb{R}$, sondern zur *Metasprache*. (Wenn wir *über* eine Sprache sprechen, ist diese die *Objektsprache* und muss unterschieden werden von der Sprache, *in* der über sie gesprochen wird, eben der Metasprache.) Sie wird in der formalen Sprache durch die Formel $\mathbb{R} \mid= a$ *repräsentiert*. Um die Unterscheidung sichtbar zu halten, habe ich in den Definitionen keine logischen Symbole verwendet. (Im Augenblick sprechen wir *über* die Metasprache, bewegen uns also auf einer dritten Ebene.)

(iii) In einem mehr lebensweltlichen Kontext würde unsere Wahrheitsdefinition etwa bedeuten: der Satz „Schnee ist weiß" ist wahr genau dann, wenn Schnee weiß ist. Das ist ein berühmtes Beispiel von Tarski, der die oben gegebene Definition in die formalen Sprachen eingeführt und sich dabei auf Aristoteles berufen hat, der feststellte: „Zu sagen nämlich, das Seiende sei nicht oder das Nicht-Seiende sei, ist falsch, dagegen zu sagen, das Seiende sei und das Nicht-Seiende sei nicht, ist wahr" (Met. IV, 7). Zu meinen, das sei doch selbstverständlich, und die Frage, was Wahrheit sei, also trivial, wäre ein großer Irrtum; man kann sich davon in [SW] überzeugen, wo man auch die grundlegende Arbeit von Tarski findet.

(iv) Man darf die Aussage „a ist $\mathbb{R}$ – wahr" nicht verwechseln mit „a ist beweisbar". Diese Unterscheidung wird virulent, wenn man für dieselbe Theorie verschiedene Modelle oder Realisierungen betrachtet. Wir legen hier das oben konstruierte „Standardmodell" der reellen Zahlen zugrunde, von dem wir bewiesen haben, dass es (bis auf Isomorphie) nur *eine* Realisierung hat, und benutzen im Sinne der klassischen Logik das Prinzip des Tertium non datur: jede Aussage ist wahr oder nicht wahr, unabhängig davon, ob wir zwischen den beiden Alternativen entscheiden können. In den letzten Kap. 77 und 9 werden wir Theorien begegnen, die uns das nicht mehr gestatten

Für $^*\mathbb{R}$ treffen wir analoge Festsetzungen (man ersetze einfach in allen Klauseln $\mathbb{R}$ durch $^*\mathbb{R}$) und kommen jetzt zum fundamentalen Wahrheitskriterium für $^*\mathbb{R}$-Aussagen, das wir in Einzelfällen schon bestätigt haben:

6.4.1 (Satz von Łos): Sei a eine $^*\mathbb{R}$-Aussage, in der nur interne Relationen (insbesondere also nur interne Funktionen und Teilmengen) vorkommen, sowie Konstanten c_1, ..., c_k mit definierenden Folgen $(c_i(n))$, $i = 1$, ..., k. Wir schreiben $a = a(c_1, ..., c_k)$. Dann gilt

$$^*\mathbb{R} \models a(c_1, \ldots, c_k) \Leftrightarrow \{n | \mathbb{R} \models a(c_1(n), \ldots, c_k(n))\} \in F.$$

Man beachte, dass man in den Aussagen $\mathbb{R} \models a(c_1(n), \ldots, c_k(n))$ bei allen besternten Objekten den Stern weglassen kann; siehe Abschn. 6.3.1. Weiter ist die Aussage rechts von der Wahl der definierenden Folgen $(c_i(n))$ unabhängig: sind auch $(d_1(n))$, ..., $(d_k(n))$ definierend, so liegt für jeden Index i die Menge $\{n | c_i(n) = d_i(n)\}$ in F, also auch der Durchschnitt dieser Mengen, also auch die Menge $\{n | \mathbb{R} \models a(d_1(n), \ldots, d_k(n))\}$.

Beweis: dieser vollzieht sich durch Rekursion entsprechend dem rekursiven Aufbau der Formeln und Aussagen. Den Anfang machen die atomaren Formeln, für welche die Aussage gerade die Definition der Übertragung von Relationen ist. Gilt der Satz für a, dann auch für $\neg a$, denn

$^*\mathbb{R} \models \neg a(c_1, \ldots, c_k) \Leftrightarrow$ es ist nicht der Fall, dass $^*\mathbb{R} \models a(c_1, \ldots, c_k)$ (Definition der Negation)

$\Leftrightarrow \{n | \mathbb{R} \models a(c_1(n), \ldots, c_k(n))\} \notin F$ (Induktionsannahme)

$\Leftrightarrow \{n | \text{nicht } \mathbb{R} \models a(c_1(n), \ldots, c_k(n))\} \in F$ (da F Ultrafilter, siehe Abschn. 6.2.2)

$\Leftrightarrow \{n | \mathbb{R} \models \neg a(c_1(n), \ldots, c_k(n))\} \in F$ (Definition der Negation).

Ähnlich läuft der Fall von $a \wedge b$. Wir bringen noch $a = \exists x\, b(x)$:

$^*\mathbb{R} \models \exists x\, b(x) \Leftrightarrow$ es gibt ein $c = cl(c(n)) \in {}^*\mathbb{R}$ mit $^*\mathbb{R} \models b(c, c_1, \ldots, c_k)$ (Definition der Wahrheit der Existenzaussage)

$\Leftrightarrow$ es gibt ein $c \in {}^*\mathbb{R}$ mit $\{n | \mathbb{R} \models b(c(n), c_1(n), \ldots, c_k(n))\} \in F$ (Induktionsannahme)

$\Leftrightarrow \{n | \mathbb{R} \models \exists x\, b(x, c_1(n), \ldots, c_k(n))\} \in F$.

Diese letzte Äquivalenz ist noch zu beweisen: „$\Rightarrow$" ist klar, denn man kann $x = c(n)$ nehmen, und

$$\{n | \mathbb{R} \models b(c(n), c_1(n), \ldots, c_k(n))\} \subset \{n | \mathbb{R} \models \exists x\, b(x, c_1(n), \ldots, c_k(n))\};$$

mit der linken Seite liegt auch die rechte in F. „$\Leftarrow$": für die n aus der in F liegenden gegebenen Menge wähle man ein x mit $\mathbb{R} \models b(x, c_1(n), \ldots, c_k(n))$ und setze $c(n) = x$; für die übrigen n sei $c(n)$ beliebig. Dann ist $c = cl(c(n))$ ein Element von $^*\mathbb{R}$ mit der verlangten Eigenschaft.

Man wird zugeben müssen, dass der Beweis kaum mehr verlangte, als mit Geduld und Umsicht auf die Definitionen zu rekurrieren.

Ad (3) und (4): wie man $\mathbb{R}$-Aussagen zu $^*\mathbb{R}$-Aussagen macht, ist implizit schon klargeworden: man ersetze alle vorkommenden Relationen R durch *R (insbesondere Teilmengen A durch *A und Funktionen f durch *f). Nur für so entstehende Aussagen gilt der Satz von Łos. Wir können ihn jetzt auch so formulieren: in der $\mathbb{R}$-Aussage $a = a(c_1, \ldots, c_k)$ variieren wir die Konstanten und erhalten eine durch $\mathbb{R}^k$ parametrisierte Familie von $\mathbb{R}$-Aussagen. In $^*a$ können wir nun ebenfalls die Konstanten (in $^*\mathbb{R}$) variieren. Dann gilt

$$^*\mathbb{R} \models {}^*a(c_1, \ldots, c_k) \Leftrightarrow \{n | \mathbb{R} \models a(c_1(n), \ldots, c_k(n))\} \in F.$$

Das gesuchte Übertragungsprinzip ist jetzt eine fast triviale Folge dieser Äquivalenz.

6.4.2 Folgerung: Sei a eine $\mathbb{R}$-Aussage. Dann gilt $\mathbb{R} \models a$ genau dann, wenn $^*\mathbb{R} \models {}^*a$

Beweis. In einer $\mathbb{R}$-Aussage sind alle Konstanten reell; wir setzen $c_i(n) = c_i$ für alle n und haben

$$\{n | \mathbb{R} \models a(c_1(n), \ldots, c_k(n))\} = \mathbb{N} \text{ oder } = \emptyset, \text{ je nachdem ob a gilt oder nicht.}$$

Aus $\mathbb{R} \models a$ folgt mit Łos $^*\mathbb{R} \models {}^*a$, da $\mathbb{N} \in F$. Gilt umgekehrt $^*\mathbb{R} \models {}^*a$, so liegt die fragliche Indexmenge in F, muss also $= \mathbb{N}$ sein, da $\emptyset \notin F$.

Als erstes Beispiel betrachten wir die archimedische Eigenschaft

$$\forall x \in \mathbb{R} \, \exists \in \mathbb{N} \, x < n.$$

Seine Übertragung ist

$$\forall x \in {}^* \mathbb{R} \, \exists \in {}^*\mathbb{N} \, x < n,$$

also nicht mehr das archimedische, sondern ein „hyperarchimedisches" Prinzip, von dessen Richtigkeit man sich leicht auch direkt überzeugen kann.

6.5 Einige Illustrationen

Es kann nicht Aufgabe dieses Kapitels sein, eine systematische Entwicklung der Analysis zu geben. Wir wollen uns vielmehr an einigen elementaren und charakteristischen Beispielen anschauen, wie sich das infinitesimale bzw. transfinite Argumentieren in der Praxis macht.

Als erstes überzeugen wir uns davon, dass die in 6.1 formulierten Definitionen von Stetigkeit und Differenzierbarkeit mit den üblichen übereinstimmen. Das folgt aus.

6.5.1 Satz: sei f: $\mathbb{R} \to \mathbb{R}$ eine Funktion, r, b $\in \mathbb{R}$. Dann gilt

$\lim_{h \to 0} f(r + h) = b$ genau dann, wenn $f(r + i) \sim b$ für infinitesimales i.

Beweis: „$\Rightarrow$": für alle natürlichen k existiert ein natürliches n mit

$$\forall h \ 0 \ < \ |h| \ < \ 1/n \Rightarrow |f(r \ + \ h) - b| \ < \ 1/k.$$

Nach Übertragung dieser Aussage in $*\mathbb{R}$ können wir insbesondere jedes $h \sim 0$ einsetzen, und zwar „gleichmäßig" für *alle* k. Daraus folgt $|f(r+h) - b| \sim 0$, also $f(r+h) \sim b$.

„$\Leftarrow$": Sei k gegeben. Wähle ein positives $h \sim 0$, so dass also $f(r+h) \sim b$ ist. In $*\mathbb{R}$ gilt dann die Aussage

$$\exists \in h \ > \ 0 \ \forall i \ (|i| \ < \ h \Rightarrow |f(r \ + \ i) - b| \ < \ 1/k).$$

denn aus $|i| < h$ folgt $i \sim 0$. Übertragung nach R liefert die Behauptung, da k beliebig war.

Ein ganz analoger Beweis zeigt: ist g eine Funktion mit $g(h) > 0$ für $h \sim 0$, so ist $g(r) > 0$ in einer *reellen* Umgebung von 0. Oder noch allgemeiner:

6.5.2 Cauchysches Prinzip. Sei $a = a(r)$ eine Standardaussage mit einem reellen Parameter r. Dann gilt

$*a(r + h)$ für alle $h \sim 0 \Leftrightarrow a(s)$ für alle s in einer reellen Umgebung von r.

Eine Richtung dieser Äquivalenz ist eine Präzisierung eines schon von Leibniz ausgesprochenen „Prinzips der Kontinuität", wonach die Regeln des Endlichen im Unendlichen Gültigkeit behalten (Brief an Varignon, [LH], S. 100). In dieser „informellen" Form ist das Prinzip natürlich falsch (und fraglos war auch Leibniz klar, dass zum Beispiel das archimedische Prinzip auf Infinitesimalien nicht anwendbar ist). Unsere Formalisierung von Standardaussagen und der Zuordnung a$\to$ *a präzisiert seine Gültigkeit.

Unser nächstes Thema ist die Konvergenz von Folgen und Reihen, vom transfiniten Standpunkt aus betrachtet. Das ist *straight forward*: eine Folge ist eine Funktion s: $\mathbb{N} \to \mathbb{R}$; Fortsetzung liefert eine „Hyperfolge" $*s: *\mathbb{N} \to *\mathbb{R}$. Jede reelle Folge bekommt damit „unendlich ferne" Glieder (was natürlich mit Konvergenz nichts zu tun hat). Der folgende Satz wird nicht überraschen:

6.5.3 Es ist lim $s(n) = r$ genau dann, wenn $s(N) \sim r$ für alle unendlich großen N, d. h. $N \in *\mathbb{N} \backslash \mathbb{N}$

Beweis: „$\Rightarrow$": wir haben die $\mathbb{R}$-Aussage

$$\forall k \ \exists n_0 \ \forall n \ > \ n_0 |s(n) - r| \ < \ 1/k.$$

Ist nun N unendlich groß, so ist $N > n_0$ für *alle* n_0. Daraus folgt nach Übertragung $s(N) \sim r$.

„⇐": sei N unendlich groß. Die Voraussetzung liefert die *$\mathbb{R}$-Aussage

$$\exists N_0 \in {}^*\mathbb{N} \, \forall N \, > \, N_0 s(N) \, \sim \, r, \text{ a fortiori } \exists N_0 \in {}^*\mathbb{N} \, \forall N \, > \, N_0 |s(n) - r| \, < \, 1/k$$

für beliebiges k. Übertragung, d. h. Weglassen des Sterns, liefert die Behauptung.

Im Konvergenzfall ist also r = st(s(N)) für alle unendlich großen N; insbesondere: alle solchen s(N) sind infinitesimal benachbart. Zum Beispiel können wir jetzt mit Euler schreiben

$$\exp(r) \, = \, \text{st}(1 + r/N)^N, \text{ N unendlich groß.}$$

Hieraus gewann Euler die Reihenentwicklung von exp(r) einfach durch Anwendung der binomischen Formel (mit Übertragung, wie wir hinzufügen); als Koeffizient von r^k erhält man

$$(N(N-1) \ldots (N - k + 1))/N^k \cdot 1/k!$$

und braucht nur noch zu beachten, dass für n ∈ $\mathbb{N}$ stets (N − n)/N ∼ 1 ist. Ein atemberaubendes Argument! Man sieht, wie auch in der Mathematik vorkommt, was in vielen hochentwickelten Organisationen der Fall ist: was „unten" verboten ist, kann „oben" erlaubt sein (mehr dazu bei Laugwitz [LaZ], S. 55 ff.).

Jetzt bringen wir einen infinitesimalen Beweis des Zwischenwertsatzes:

6.5.4 Sei: f: [a, b] → $\mathbb{R}$ eine stetige Funktion und f(a) < d < f(b). Dann existiert ein a < x < b mit f(x) = d

Beweis: durch Äquipartition des Intervalls und Wahl des ersten Teilungspunktes s(n) mit d < f(s(n) + (b − a)/n) erhalten wir eine Folge (s(n)) mit

$$a \, \leq \, s(n) \, \leq \, b, \, f(s(n)) \, \leq \, d \, < \, f(s(n) + (b - a)/n).$$

Wir setzen die Folge auf *$\mathbb{N}$ fort und erhalten mit dem Übertragungsprinzip dieselben Aussagen für alle n ∈ *$\mathbb{N}$. Sei N unendlich groß und x = st(s(N)), also x ∼ s(N). Wenden wir dann st auf die zweite Ungleichungskette an, erhalten wir unter Benutzung der Stetigkeit von f

$$f(x) \, = \, \text{st}(f(x)) \, = \, \text{st}(f(s(N))) \, \leq \, d \, \leq \, \text{st}(f(s(N) + (b - a)/N) \, = \, f(x),$$

weil (b − a)/N ∼ 0. Daraus folgt die Behauptung.

Ganz ähnlich verläuft der Beweis von

6.5.5 Ist f: [a, b] → $\mathbb{R}$ stetig, so nimmt f auf dem Intervall Maximum und Minimum an

Beweis: wir wählen die Folge die Partitionierungen so, dass sie sukzessive Verfeinerungen voneinander bilden; s(n) sei jeweils ein Teilungspunkt mit maximalem Funktionswert. Das ergibt eine Folge (s(n)) in [a,b] mit f(s(k)) ≤ f(s(n)) für k < n. Wir setzen die Folge auf *$\mathbb{N}$ fort, übertragen die letztere Aussage, wählen ein unendlich großes N und setzen x = st(s(N)). Die Stetigkeit von f impliziert f(x) = st(f(s(N))). Für jedes endliche k gilt f(s(k)) ≤ f(s(N)). Nun ist jedes y ∈ [a, b]

durch die Teilungspunkte beliebig approximierbar, und aus der Stetigkeit von f folgt daraus weiter, dass f(y) nicht größer sein kann als f(x). Das beweist die Aussage für das Maximum.

6.5.6 Es nimmt nicht wunder, dass das (Riemannsche) Integral als unendliche Summe geschrieben werden kann. Sei wieder f: [a, b] → ℝ; für natürliches n bilden wir mit a(i) = a + i(b − a)/n die Riemannsche Summe

$$S(n) = (b - a)/n \cdot (f(a(0) + \ldots + f(a(n-1)))).$$

Wir setzen die Folge S auf *ℕ fort und definieren das Integral durch st(S(N)), N unendlich, wenn diese Zahl für alle solchen N gleich ausfällt. Es ist nicht schwer, zu zeigen, dass das so definierte Integral für stetige f mit dem Riemannschen übereinstimmt.

Ebenfalls nicht überraschend kommt die Tatsache, dass die Präsenz von Infinitesimalien eine direkte Definition (einer Art) von Deltafunktionen gestattet, ohne den Umweg über die Distributionen: für infinitesimales i ≠ 0 ist

$$f(x) = i/\left(i^2 + x^2\right)$$

eine auf ganz *ℝ definierte Funktion mit f(x)~0 für x ∉ I und f(x) ∈ *ℝ\B, also „unendlich groß" für |x| < i². Weitere Ausführungen dazu findet man bei Laugwitz.

Betrachten wir nun kurz die topologischen Aspekte, die ja vom Gesichtspunkt dieser Vorlesung her interessanter sind als der Kalkül. Es ist möglich, *ℝ mit einer Topologie auszustatten, doch liegt das nicht auf der Hand. Arbeitet man mit ε-Umgebungen für beliebige positive ε ∈ *ℝ, ergibt sich die unerwünschte Konsequenz, dass die auf ℝ induzierte Topologie die diskrete wird, denn für ε ~ 0 gilt

$$x - \varepsilon < y < x + \varepsilon \Rightarrow st(y) = st(x).$$

lässt man nur reelle ε zu, wird $U_\varepsilon(0) = U_\varepsilon(i)$ für alle Infinitesimalien i, allgemeiner: infinitesimal benachbarte Größen können topologisch nicht getrennt werden.

Interessanter als die Topologisierung von *ℝ (man findet sie in [Go], 10.5) ist die Beschreibung der reellen Topologie in infinitesimalen Termini. Wir definieren die infinitesimale Umgebung eines x ∈ *ℝ als

$$hal(x) = x + I = \{y | y \sim x\};$$

„hal" steht für halo = Heiligenschein, auch der Hof um den Mond (manche Autoren nennen hal(x) auch die „Monade" von x). Für reelle x besteht hal(x) aus allen cl(r(n)) mit (r(n)) → x; das folgt daraus, dass in jeder Umgebung von x fast alle r(n) liegen und F alle coendlichen Mengen enthält. Damit können wir formulieren:

6.5.7 Sei A eine Teilmenge von ℝ, r ∈ ℝ. Dann gilt

(i) r liegt im Innern von A ⇔ hal(r) ⊂ *A;
(ii) r liegt im Abschluss von A ⇔ hal(r) ∩ *A ≠ ∅.

Beweis von (i): „$\Rightarrow$": liegt r im Innern, so gibt es ein $\varepsilon > 0$ so dass

$$\forall x \in \mathbb{R} \, |x - r| < \varepsilon \Rightarrow x \in A.$$

Wir übertragen die Aussage nach $^*\mathbb{R}$ und sehen, dass die Bedingung für $x \sim r$ erfüllt ist; also liegen solche x in $^*A$.

„$\Leftarrow$": ist $\varepsilon \sim 0$, so folgt aus $|x - r| < \varepsilon$, dass $x \sim r$. Die Voraussetzung liefert also die Aussage

$$\exists \varepsilon \in {}^*\mathbb{R} \, \forall x \in {}^*\mathbb{R} |x - r| < \varepsilon \Rightarrow x \in {}^*A.$$

Deren Übertragung nach $\mathbb{R}$ ist gerade die Behauptung. Den Beweis von (ii) überlasse ich Ihnen.

Damit ergibt sich

6.5.8 Folgerung: (i) $A \subset \mathbb{R}$ ist offen $\Leftrightarrow$ hal(r) $\subset {}^*A$ für alle $r \in A$

(ii) A ist abgeschlossen $\Leftrightarrow$ hal(r) $\cap {}^*A \neq \emptyset$ impliziert $r \in A$ (für reelle r).

Schließlich noch ohne Beweis eine überraschende Kennzeichnung der Kompaktheit:

6.5.9 Satz (Robinson): $A \subset \mathbb{R}$ ist kompakt genau dann, wenn $^*A \subset \bigcap_{a \in A}$ hal(a)

Den Beweis findet man in [Go], 10.3. Zum Beispiel ist $(0,1)$ nicht kompakt, denn $^*(0,1)$ enthält positive Infinitesimalien, aber für $x \in$ hal(a), $a \in (0,1)$, ist st(x) > 0. Hingegen ist $[0,1]$ kompakt, denn für $x \in {}^*[0,1]$ gilt $0 \leq x \leq 1$ (Übertragungsprinzip) und daher auch $0 \leq$ st(x) ≤ 1, und stets ist $x \in$ hal(st(x)).

Zum Schluss beweisen wir eine schwache Version eines sehr allgemeinen Prinzips (siehe Abschn. 6.6b):

6.5.10 Seien $A(1) \supset A(2) \supset \ldots$ nichtleere Teilmengen von $\mathbb{R}$. Dann ist $\bigcap {}^*A(k) \neq \emptyset$

Beweis: wir brauchen eine reelle Folge (x(n)) mit $\{n \mid x(n) \in A(k)\} \in F$ für alle k. Hierfür braucht man nur $x(n) \in A(n)$ zu wählen, denn dann ist

$$\{n | x(n) \in A(k)\} \supset \{n | n \geq k\} \in F_0 \subset F.$$

6.5.11 Folgerung: seien $B(1)$, $B(2)$, ... Teilmengen von $\mathbb{R}$ mit der Eigenschaft, dass je endlich viele von ihnen nichtleeren Durchschnitt haben. Dann ist $\bigcap$ $^*B(k) \neq \emptyset$

Beweis: in Abschn. 6.5.10 setze $A(k) = B(1) \cap \ldots \cap B(k)$.

6.5.12 Konkurrenzsatz, abzählbare Version: Sei $R \subset \mathbb{R}^2$ eine Relation mit der Eigenschaft: zu je endlich vielen $x_1, \ldots, x_n$ aus dem Vorbereich von R existiert ein y mit $R(x_i, y)$, $i = 1, \ldots, n$ (R ist „konkurrent"). Dann existiert zu jeder Folge $(x(n))$ aus dem Vorbereich ein $y \in {}^*\mathbb{R}$ mit $^*R(x(n), y)$ für *alle* n

Beweis: in Abschn. „6.5.10" setze $A(k) = \{y \mid R(x(i)), y), i = 1, \ldots, k\}$.

Der Konkurrenzsatz hat zahlreiche Anwendungen und ist eins der stärksten Mittel zur Erzeugung „idealer" Elemente. Ein paar einfache Beispiele: die Relation „$x > y$" auf den natürlichen Zahlen ergibt die Existenz unendlich großer Elemente von $^*\mathbb{R}$, die Relation „$x < y$" auf den positiven rationalen Zahlen die Existenz von Infinitesimalien. Ist $A \subset \mathbb{R}$ abzählbar unendlich, ist die Relation „$x \neq y$" auf A konkurrent, und aus dem Satz folgt, dass $^*A$ eine echte Obermenge von A ist. Der elementare Charakter dieser Beispiele wie auch des Beweises lässt vermuten, dass der Konkurrenzsatz in einer axiomatischen Präsentation der Nichtstandardmathematik figurieren kann. Das ist in der Tat der Fall; siehe das Buch von Richter.

6.6 Ergänzungen

(a) In unsere Konstruktion von $^*\mathbb{R}$ ging die „Wahl" eines freien Ultrafilters F ein (was wir in der Notation unterschlagen haben). Wenn man die Mengenaxiomatik um die Kontinuumshypothese erweitert, kann man beweisen, dass alle so entstehenden Nichtstandardkörper isomorph sind; siehe den Beitrag von Prestel in [Z] und die dort zitierte Literatur. (Die Kontinuumshypothese ist die – lange Zeit unentschieden gebliebene – Aussage, dass jede unendliche Teilmenge von $\mathbb{R}$ entweder abzählbar oder mit $\mathbb{R}$ gleichmächtig ist. P. Cohen zeigte 1963, dass sich die Frage im Rahmen der üblichen Zermelo-Fraenkelschen Mengentheorie nicht entscheiden lässt, indem er Modelle dieser Theorie konstruierte, in denen sie wahr, und solche, in denen sie falsch ist.)

(b) Unsere Sprache ist eine L1-Sprache: nur über Zahlen kann quantifiziert werden. In der höheren Analysis wird es aber nötig, auch z. B. über Funktionen zu quantifizieren. Eine entsprechende Erweiterung der Sprache ist möglich, indem man die „Grundmenge", hier also $\mathbb{R}$ bzw. $^*\mathbb{R}$ zu einem „Universum" vergrößert. In aller Kürze: zu einer beliebigen Menge S definiere man rekursiv

$$U(0) = S, \quad U(n + 1) = U(n) \cup P(U(n)),$$

so dass also gleichzeitig $U(n) \subset U(n+1)$ und $U(n) \in U(n+1)$ gelten, und schließlich

$$U(S) = \cup U(n).$$

$U(S)$ heißt das „Universum von S". Eine Teilmenge von $U(S)$ heiße *beschränkt*, wenn sie in einem $U(n)$ enthalten ist. Es ist nicht schwer, zu beweisen: alle Relationen zwischen beschränkten Teilmengen von $U(S)$ sind *Elemente* von $U(S)$, insbesondere also Teilmengen und Funktionen unter solchen. Einfachstes

Bespiel: binäre Relationen auf S sind Teilmengen von $S \times S$, der Menge der geordneten Paare; diese sind, wenn man mit Kuratowski $(x, y) = \{x, \{x,y\}\}$ setzt, Elemente von U(2), eine binäre Relation auf S also ein Element von U(3). Auf diese Weise kann man allen in Betracht kommenden analytischen Entitäten wie Integralen, Distributionen oder Maßen eine *Stufe* zuordnen und kommt dabei mit endlich vielen faktisch aus. Jetzt nimmt man U(S) als Grundmenge und gewinnt eine „Nichtstandardmenge" *U(S), indem man beschränkte Funktionen $\mathbb{N} \to U(S)$ modulo eines freien Ultrafilters auf $\mathbb{N}$ identifiziert. Hierbei kann man noch $\mathbb{N}$ durch andere partiell geordnete Mengen ersetzen. Solche *U(S) werden auch *Ultraprodukte* genannt.

(c) Nicht nur über einer festen Grundmenge kann man das Spiel treiben; dass die Konstanten einer Menge entstammen und die Variablen über diese Menge laufen, war für den Aufbau der Sprache nicht wirklich wichtig. So kommt man zu einer Nichtstandard-Mengenlehre und damit zu einer Nichtstandard-Version zu praktisch jeder mathematischen Theorie wie Zahlentheorie, Kombinatorik, Topologie, aber auch „angewandten" Disziplinen. Die Bücher von Goldblatt und Richter enthalten dafür viele Beispiele und noch mehr Literatur. Die beiden Säulen der allgemeinen Nichtstandard-Mathematik sind das Übertragungsprinzip und der Konkurrenzsatz. Jenes schafft die Möglichkeit, Standardprobleme durch Ausweichen in den Nichtstandardhimmel zu lösen, und dieser sagt, welche zusätzlichen „idealen Objekte" dort zur Verfügung stehen.

6.7   Schlussbetrachtungen

6.7.1 Formalismus

Seit den Griechen gilt mathematisches Wissen als das sicherste, das wir haben, und Kant hat die Behauptung gewagt, dass in jeder Sache nur so viel eigentliche Wissenschaft sei, als man Mathematik in ihr antreffen könne. In diesem Kapitel haben wir gesehen, wie uns die mathematische Sache dazu geführt hat, die Theorie selbst zum Gegenstand einer höherstufigen mathematischen Betrachtung zu machen, so dass wir nicht nur eine Mathematik von Zahlen und Funktionen haben, sondern „über dieser" eine Mathematik von dieser Mathematik. Die der Mathematik eigentümliche Präzision und Gewissheit überträgt sich damit von den Aussagen über die „konkreten" mathematischen Gegenstände auf Aussagen über diese Aussagen. Wir haben die „primären" Aussagen mathematisiert, indem wir sie durch Folgen von Symbolen dargestellt haben, die nach genauen Regeln aufzubauen sind (Syntax); unsere Definition von Wahrheit gehört zur Semantik, in der die Frage beantwortet wird, was eine solche Folge bedeuten soll. Diese Übersetzung des mathematischen Gehalts in eine Symbolfolge ermöglichte uns erst den sicheren Übergang von den Standard- zu den Nichtstandard-Aussagen, den wir suchten. Die Logik benutzt solche Übersetzungen auch zu anderen

Zwecken, etwa: den Prozess der Deduktion zu formalisieren, Aussagen über Konsistenz oder Inkonsistenz einer Axiomatik zu beweisen, Aussagen über Beweisbarkeit und Unbeweisbarkeit herzuleiten; derlei war für unsere Zwecke nicht erforderlich (siehe aber das folgende Kapitel). Diese Übersetzung ist nichts anderes als das, was man Formalisierung nennt. Die Formalisierung einer Aussage und ihrer Herleitung bewirkt, dass ihre Korrektheit im Prinzip durch eine mechanische Abfrage geprüft werden kann, dass man nicht angewiesen ist auf individuelle Intuitionen, bei denen man nie sicher sein kann, ob sie nicht durch (möglicherweise sogar kollektive) optische Täuschungen kontaminiert sind; die vom Formalismus noch vorauszusetzende Verständigung über Richtig und Falsch einer Symbolumwandlung ist sicherlich das Minimum, das bei jedem Versuch von Verständigung erfordert wird. Der Formalismus, als mathematisch-philosophische These verstanden, ist nichts anderes als die Auffassung, dass wir uns die größtmögliche Klarheit über das, was wir mathematisch tun, und ob wir es richtig tun, durch Formalisierung verschaffen können. Er verlangt keineswegs, dass wir dauernd formalisieren sollen, sondern nur, dass wir uns im Stande halten sollen, es nötigenfalls zu tun. Noch viel weniger behauptet er, dass der gesamte mathematische Denkprozess auf Formalisierungen und mechanische Symbolumwandlungen reduziert werden könne. Von einer solchen Meinung war sicherlich niemand weiter entfernt als Hilbert, der nicht nur der Begründer des Formalismus war, sondern einer der kreativsten Mathematiker überhaupt. Wo etwas bewiesen werden soll, muss zuvor etwas definiert worden sein; in einer formalisierten Theorie gibt es Regeln für das Definieren, insofern es Regeln für die Bildung von Aussagen gibt, aber es gibt keine Regeln für die Anwendung dieser Regeln. Die formalisierte Mathematik steht unter Regeln, aber sie wird nicht von den Regeln gemacht, ebenso wenig wie der Schiedsrichter das Fußballspiel bestreitet. Das, nicht mehr und nicht weniger, ist die *raison d'être* des Formalismus: Sicherung der mathematischen Kreativität, nicht etwa Ersatz für sie.

Indessen gibt es immer wieder Leute, die das nicht verstanden haben, Beifall heischen mit der Feststellung, dass man Mathematik doch nicht auf Formalismen reduzieren könne, und über dem allseitigen zustimmenden Nicken nicht merken, dass sie nur eine offene Tür einrennen. Ich denke, nach diesem Kapitel (spätestens) sind Sie imstande, über solches Gerede selbst zu urteilen. Wem es an Fantasie und Kreativität fehlt, wird es in der Mathematik ebenso schwer haben wie anderswo; aber wer nicht willens ist, die „Arbeit des Begriffs" auch in ihren letzten Konsequenzen durchzuhalten, hat in der Mathematik nichts zu suchen.

6.7.2 Diskussion

Werfen wir zum Schluss die Frage auf, warum wir uns diese Mühe überhaupt gemacht haben – doch wohl nicht nur aus Pietät gegen den Genius eines Newton, Leibniz oder Euler, nicht nur, um ihren Gedankengängen nachträgliche Rechtfertigung zu verschaffen und den Verdacht von ihnen zu nehmen, sie hätten sich prinzipiell unzulässiger Methoden bedient. Nun kann man mit akademischer Beflissenheit auflisten (siehe [Go] S. viii/xii), was die Nichtstandardtheorie leistet:

einfachere Definitionen für bekannte Objekte, einfachere Beweise bekannter Tatsachen, neue Objekte von mathematischem Interesse. Dagegen ist auch nichts zu sagen. Aber es gibt doch noch andere Gesichtspunkte; versuchen wir uns ein wenig in pro und contra.

Die klassische Analysis ist (und nicht nur in meinen Augen) ein Gedankenbau von wunderbarer Einfachheit, Klarheit, Geschlossenheit und Folgerichtigkeit, der jedem Versuch der Vereinfachung spottet. C.F. v. Weizsäcker nennt einmal die moderne Naturwissenschaft den „harten Kern der Neuzeit"; man könnte hinzufügen, dass die Infinitesimalrechnung den „harten Kern" dieser Wissenschaft bildet. Wir haben durch infinitesimale bzw. transfinite Konstruktionen einen *direkteren* Zugang zu den Begriffen Grenzwert, Stetigkeit, Differenzierbarkeit und Integral gewonnen, aber keineswegs einen *natürlicheren*. Die traditionelle Grenzwertrechnung ist mehr als ein Notbehelf zur Vermeidung der Infinitesimalien, sondern in ihr spiegelt sich der Prozesscharakter, der in der physikalischen Wurzel der Infinitesimalrechnung (wenn auch nicht in der geometrischen) vorhanden ist, aber beim Gebrauch des Unendlichkleinen gleichsam übersprungen wird. Hier sollte auch vermerkt werden, dass die infinitesimalen Definitionen von Stetigkeit und Differenzierbarkeit für allgemeine Funktionen kaum brauchbar sind. Schließlich würde ich jemanden verstehen, der es einfach geistreicher findet, das Transfinite durch das Finite zu beherrschen, statt mit dem Kopf durch die Wand zu rennen. Freilich: der Kopf, den man dazu braucht, ist nicht zu verachten.

Nicht zu übersehen war schon in unserer kurzen Übersicht eine gewisse Redundanz von $^*\mathbb{R}$. Würde es nicht doch genügen, ein einziges Infinitesimal und sein Inverses zu adjungieren? In der Tat kann man damit schon einiges erreichen, wie man bei Laugwitz nachlesen kann; jedoch geht das volle Übertragungsprinzip verloren. Andererseits liegt viel Redundanz schon im reellen Zahlkörper. Denn von allen reellen Zahlen werden höchstens abzählbar viele durch „explizite" Definitionen vom menschlichen Denken jemals erfasst werden, aber im Abzählbaren gibt es keine Vollständigkeit, wie Cantors Diagonalargument zeigt. Von einer ganzen überabzählbaren Zahlenmasse bleiben die Elemente also auf ewig im Dunkeln, sie ermöglicht gleichsam durch ihre schweigende Existenz unser Sprachspiel von Kontinuität in Termini von Grenzwerten. Analog dazu sollte die Möglichkeit, das Unendlichkleine und -große einem exakten Kalkül zu unterwerfen, ebenfalls eine gewisse Beifracht rechtfertigen.

Von unserem ursprünglichen Ziel, das anschauliche lineare Kontinuum mathematisch zu strukturieren, haben wir uns hier sehr weit entfernt. Ein unendlichdimensionaler reeller Vektorraum kann schwerlich als Modell der Geraden gelten. Allenfalls könnte man den Ring B als (triviales) Vektorbündel über $\mathbb{R}$ mit Fasern I auffassen. Das liegt nun wieder auf der Linie von Leibniz, für den die Infinitesimalien keine „realen", sondern „fiktive" Größen waren. Freilich nicht ganz, denn $^*\mathbb{R}$ vereint reelle und hyperreelle Zahlen, als Entitäten derselben ontologischen Dignität, in einer Menge.

Aus dem Blick verloren haben wir auch den sicheren Boden mancher vertrauten Anschauung: die Sekanten, die gegen die Tangente streben, die Riemannschen Summen, die den Flächeninhalt besser und besser approximieren. Zwar zeigt mir die Zeichnung, als etwas Statisches, nicht den Grenzprozess selbst, aber sie lässt mich seine Richtung erkennen und hilft mir, ihn zu verstehen. Demgegenüber bleiben die Infinitesimalien etwas Hochspekulatives, von dem eine lebendige Anschauung erst zu entwickeln ist. Hier kann natürlich entgegnet werden, dass das eine Frage von Gewohnheiten ist. In der Tat ist versucht worden, den Unterricht im elementaren Infinitesimalkalkül von Anfang an auf den Nichtstandardboden zu stellen (siehe Laugwitz [LaZ] für eine Diskussion und Literatur). Vielleicht lässt sich sagen: die geometrische Intuition wird zurückgedrängt zugunsten einer algebraischen, einer „Rechenintuition", die es zweifellos auch gibt. Ganz so einfach und natürlich, möchte man einwenden, kann deren Erwerb kaum sein, wie die Notwendigkeit zeigt, das Übertragungsprinzip anzuwenden und damit immer zwei Ebenen des mathematischen Diskurses im Auge zu behalten. Aber in einem Zeitalter, in dem schon die Zehnjährigen in virtuellen Welten zu Hause sind, sollte das kein unüberwindliches Hindernis sein.

Wir haben die Nichtstandardtheorie eingeführt als ein Mittel, Begriffe und Aussagen der klassischen Theorie auf einfachere Weise zu erhalten. So erscheint sie nicht, wie der Name suggeriert, als Alternative, sondern in reiner Hilfsfunktion, als ein An- oder Überbau, in den man zweckmäßig umzieht, wenn es um bestimmte Aspekte des Infinitesimalkalküls geht, weil es in ihm eine neue Art von Argumenten gibt, aus dem man mit erhaltenem Resultat auch wieder zurückkehrt in die „reale" Welt. Überdeutlich zeigen das unsere Definitionen von Ableitung und Integral. Andererseits können Mittel leicht zu Zwecken werden. Noch Leibniz sah die „imaginären" wie die infinitesimalen Größen als nützliche Fiktionen an, die man benutzen kann, um auf einem Umweg zu Aussagen über das Reale zu kommen, an dem man in letzter Instanz interessiert ist. Aber jeder klassisch geschulte Mathematiker wird die (komplexe) Funktionentheorie als einen mathematischen Endzweck betrachten, dessen Interesse jedenfalls nicht ausschließlich in Anwendungen auf die reelle Analysis liegt: der komplexe Körper ist der kleinste, der algebraisch und topologisch abgeschlossen ist. Ganz ähnlich offenbart auch die Nichtstandard-Mathematik einen ihr eigentümlichen Bestand von Phänomenen, auf den wir hier nur einen kurzen Blick geworfen haben, und der durchaus von eigenem Wert und Reiz ist. Der Umschwung in der Sicht des Imaginären erfolgte, als es eine strenge Theorie davon gab; warum sollte das der Nichtstandard-Mathematik verwehrt bleiben? Schließlich kann heute jeder Oberschüler lernen, was eine komplexe Zahl ist. Und ist es nicht denkbar, ja zu erwarten, dass neue Argumentationsmöglichkeiten im Zusammenhang mit dem Kontinuum auch unsere Intuition von ihm verändern können, und dass ein neues Sprachspiel vom Kontinuum auch zu neuen Fragen führt? Auch die klassische Analysis hat uns ja gelehrt, das Kontinuum mit anderen Augen zu sehen als Aristoteles; so sehen wir Approximationsqualitäten, wo er nur Zusammenhangsqualitäten sah. Kein Geringerer als Gödel hat der Nichtstandard-Mathematik ein Heimatrecht prophezeit, das sie wohl noch nicht errungen hat. Wer will sagen, von wannen der Geist wehen wird?

Zu allerletzt wollen wir noch darauf hinweisen, dass alle Erweiterungen des Zahlensystems, die wir bisher vollzogen haben, „konservativ" sind: jeder Satz des alten Systems, der im neuen System beweisbar wird, ist dies prinzipiell auch im alten. Denn wir haben z. B. die ganzen Zahlen eingeführt als Paare von natürlichen; also muss sich jeder Satz über ganze Zahlen als Satz über natürliche aussprechen lassen usw. Aber im neuen System gibt es Sätze über alte Objekte, die im alten System gar nicht „erkennbar", aber doch von größter Bedeutung sind. Man denke z. B. an den Primzahlsatz, der sich nur um den Preis völliger Unverständlichkeit in eine Aussage über natürliche Zahlen „herunterstufen" ließe; die in ihm auftretende Logarithmusfunktion ist ein wohlvertrautes Objekt der reellen Analysis, und es ist unsere Vertrautheit mit ihm, durch die uns der Satz eine Intuition vom Wachstum der Primzahlfunktion verschafft. In den folgenden Kapiteln werden nicht mehr Erweiterungen des klassischen Zahlensystems, sondern echte Alternativen zur Sprache kommen.

Literatur zu diesem Kapitel

Kurz und klar ist der Beitrag „Nichtstandardanalysis" von A. Prestel in dem schon erwähnten Springerband „Zahlen" [Z], den ich hier zugrunde gelegt habe.

Ein sehr zugängliches neueres Lehrbuch ist Goldblatt [Go]. Zwar drückt sich der Autor unbegreiflicherweise vor einem Beweis des Satzes von Łos, bietet aber viele, vor allem auch elementare Beispiele für Nichtstandard-Argumentationen. Wer auf möglichst direktem Weg zum Kalkül vorstoßen möchte, sollte Laugwitz [LaZ] zur Hand nehmen; unbedingt lesenswert sind die historischen Abschnitte in ihm, wie auch in anderen Arbeiten von Laugwitz. Das Buch enthält auch Kommentare zur älteren Literatur, worauf ich also hier verzichten kann (neuere Literatur findet man in [Go] und bei Prestel). Als Einführung in die allgemeine Nichtstandard-Mathematik ist das Buch von Richter [Ri] zu empfehlen.

Ich habe hier nur zeigen können, wie man „echte" Infinitesimalrechnung begründen und betreiben kann; aber die Illustrationen werden nicht jedermann davon überzeugt haben, dass dieser Kalkül dem klassischen gegenüber wirkliche Vorzüge bietet. Wer solche sehen möchte, lese in den Lecture Notes [LG] von Lutz/Gose. Ein früher spektakulärer Erfolg der Nichtstandardmethode war der Beweis eines lange vermuteten Satzes über die Lösungen von Polynomgleichungen über p-adischen Körpern; erst 50 Jahre später wurde ein „Standard-"Beweis gefunden (Satz von Ax-Kochen; der Wikipedia-Artikel bietet brauchbare Information). Einen Eindruck vom heutigen Stand der Dinge gibt [NM].

Kapitel 7
Synthetische Infinitesimalrechnung

Nach dem Extensionalitätsaxiom sind zwei Mengen gleich, wenn sie dieselben
Elemente enthalten. Damit ist eine Menge etwas essenziell Diskretes, aus Indivi-
duen zusammengesetzt. Daran ändert sich auch nichts, wenn man sie nichtdiskret
topologisiert. In jedem anständigen topologischen Raum besteht jeder Punkt „für
sich", kann von jedem anderen durch Umgebungen getrennt werden. Die Topologie legt den Verband der offenen Mengen über die Punkte wie einen Teppich, der
mit flächigen Mustern den körnigen Untergrund bedeckt.

Das anschauliche Kontinuum ist etwas ganz anderes, wie uns die Einleitung
schon gelehrt hat. Wir haben dort auch philosophische Präzisierungen dieses
Befundes kennengelernt, von Aristoteles, Leibniz und Kant. Nun können wir
natürlich in der Mathematik nicht auf die Punkte, auf das Diskrete verzichten. Jede
physikalische Messung ist eine Feststellung diskreter Größen (die Physiker sprechen sogar von einer „Elementarlänge", also einer Quantelung des Raums), die
typische Anwendung von Mathematik eine Anweisung, einen Satz diskreter Größen in einen anderen derartigen zu umzuwandeln. Aber es ist ja auch nicht so, dass
das „wahre" Kontinuum gar nichts mit Punkten zu tun habe. Man könnte sagen:
es hat nicht „von sich aus" Punkte, aber man kann ihm Punkte „antragen", Punkte
auf ihm „markieren". Es gehört zum Kontinuum, dass man es teilen kann (so sagt
es ja die Definition von Aristoteles), das Teilen aber geschieht durch Festlegen
eines Teilungspunkts.

Wie aber sollen wir das mathematisch fassen – ein Kontinuum, das keine
Punkte hat, also keine Menge sein kann, dann Punkte, die ihm „angetragen" werden? Was für Objekte kennen wir denn überhaupt in der Mathematik, die nicht
in einfacher Weise auf den mengentheoretischen Boden gepflanzt werden können?
Wir haben schon eine Theorie kennengelernt, die von den Elementen der Mengen
absieht, ja vom Mengenbegriff ganz unabhängig ist und nur die Beziehungen zwischen den Objekten zum Gegenstand hat, die Kategorientheorie. Wir haben sie
kennengelernt als eine Art Metatheorie, die Gesetzmäßigkeiten mathematischer
Konstruktionen erforscht; diese vollzogen sich aber immer an zugrundeliegenden

Mengen. Es gehört zu den Durchbrüchen im mathematischen Denken der neueren Zeit, als man erkannte, dass die Kategorientheorie nicht auf diese Funktion
einer Metatheorie beschränkt bleiben muss, sondern auf ihrer abstrakten Ebene
ganz neuartige Konkretisierungen hervorbringen kann. Ihnen am Beispiel der
Behandlung des Kontinuums zu demonstrieren, was sie leisten kann und wie sich
das vollzieht, ist auch ein Ziel dieses Kapitels.

Im ersten Abschnitt will ich Ihnen das Postulat erklären, das uns aus der
Mengenwelt definitiv hinauswirft. Die Frage, ob es sich in nichttrivialer und kon-
sistenter Weise realisieren lässt, stellen wir zurück und schauen uns zuerst an, wie
man mit seiner Hilfe Infinitesimalrechnung treiben kann. Die Frage nach der Realisierung angehend, will ich Ihnen zuerst an Beispielen zeigen, wie man Mathematik ohne Elemente treiben und in die Sprache der Pfeile übersetzen kann. Es wird
dabei deutlich werden, dass man *alle* Mathematik so formulieren kann (was natürlich nicht bedeutet, dass das immer angemessen ist). Dann werde ich erklären,
was eine Interpretation einer Theorie in einer Kategorie sein soll, und schließlich
will ich Ihnen die Kategorien näherbringen, die man dafür braucht. Vollständige
Begründungen können wir hier nicht anstreben; sie sind ungleich schwieriger und
aufwendiger als bei der Nichtstandardtheorie nach Robinson. Aber eine gewisse
Vorstellung davon lässt sich doch mit relativ einfachen Mitteln geben.

7.1 Das Axiom von Kock-Lawvere

Es ist eine alte Vorstellung, dass auch gekrümmte Linien „infinitesimal gerade"
sind. Sie findet sich in den Spekulationen von Cusanus (siehe hierzu [Ca], S. 193)
und Keplers Inhaltsberechnungen ([Ze], S. 249). Die Griechen freilich haben den
Schritt zum „aktual" Unendlichkleinen nie vollzogen, auch wenn sie mit ihren
Exhaustionsbeweisen auf dem Weg dazu waren: „Solange es griechische Geo-
meter gab, sind dieselben immer vor jenem Abgrund des Unendlichen stehen-
geblieben" ([Ha]). Eine Andeutung gibt es aber doch: Aristoteles überliefert (Met.
B 998) die Behauptung des Protagoras, dass der Kreis seine Tangenten in mehr als
einem Punkt berühre. Nun ist Protagoras als Mathematiker nicht weiter bekannt,
wohl aber als Wortführer der sophistischen Bewegung, die auf bekannte Weise
(aber nicht ganz zu Recht) in Verruf steht; jedenfalls wissen wir nicht, welche
mathematische Einsicht hinter dieser Bemerkung stand oder ob sie nur eine Pro-
vokation sein sollte. Die grobe Intuition, die man wohl voraussetzen darf, ist aber
richtig, und wir tragen ihr heute Rechnung, indem wir Schnittmultiplizitäten definieren, die bei „normalen" (transversalen) Schnitten eins, im Berührpunkt einer
Tangente aber mindestens zwei sind. Gehen wir die Sache einmal ganz naiv an.

Worin schneiden sich der Kreis mit Radius 1 und Mittelpunkt (0, 1)? In
Koordinaten aus einem Ring R, von dem wir zunächst nur annehmen, dass er
kommutativ und unitär ist, ist die Schnittmenge natürlich

$$\left\{ (x, y) | y = 0 \text{ und } x^2 + (y-1)^2 = 1 \right\} \cong \left\{ x | x^2 = 0 \right\} =: D,$$

die Menge der „Infinitesimalien 1. Ordnung". In einer kleinen Umgebung von 0 können wir die Kreislinie als Graphen einer Funktion f auffassen. D fassen wir auf als infinitesimale Umgebung von 0. Die These des Protagoras lässt sich dann präzisieren: auf D ist f linear. Und in der Tat, wenn wir f in eine Potenzreihe entwickelt denken, kommt für $d \in D$ einfach $f(d) = f(0) + bd$, weil alle weiteren Summanden verschwinden. Wir machen nun die einfachste mögliche, aber eben deswegen auch überaus kühne Annahme, dass alle f diese Eigenschaft haben. So gelangen wir zu

7.1.1 Axiom von Kock-Lawvere (K-L): jede Funktion f: $D \to R$ ist in eindeutiger Weise linear, d. h. es gibt eindeutig bestimmte a, $b \in R$ mit $f(d) = a + bd$, alle $d \in D$.

Natürlich ist $a = f(0)$, so dass nur die Eindeutigkeit von b ein echtes Postulat ist. Wir können sie auch so formulieren: sind b, c Elemente von R mit der Eigenschaft $bd = cd$, alle $d \in D$, dann ist $b = c$. Wir werden das einfach die „Kürzungsregel" nennen.

Hier ist eine äquivalente Beschreibung von K-L: es sei

$$R[e] = R[x]/(x^2), \ e = x + (x^2)$$

der Ring der Dualzahlen über R und $R^D = \mathbf{M}(D, R)$ der Ring aller Abbildungen $D \to R$ mit wertweiser Addition und Multiplikation. Die Abbildung

$$R[e] \to R^D, \ a + be \to (d \to a + bd)$$

ist, wie man mühelos nachrechnet, ein Ringhomomorphismus. Das Axiom K-L ist nun gleichwertig damit, dass dies ein Isomorphismus ist, und zwar entspricht die Existenzaussage der Surjektivität, die Eindeutigkeitsaussage der Injektivität dieser Abbildung.

Das Axiom gestattet die wohl denkbar einfachste Definition der Ableitung einer Funktion: zu gegebenem f: $R \to R$ und $x \in R$ betrachte man die Funktion $d \to f(x + d)$. Nach K-L können wir schreiben $f(x + d) = f(x) + bd$ und definieren jetzt einfach $f'(x) = b$. So erhalten wir die „synthetische" Fundamentalformel

$$f(x + d) = f(x) + f'(x)d, \ d \in D, \qquad \text{(FF)}$$

die wir mit der klassischen

$$f(x + h) = f(x) + f'(x)h + o(h), \text{ wo } o(h)/h \to 0 \text{ für } h \to 0,$$

und der Nichtstandardformel

$$f(x + i) = f(x) + f'(x)i + ij, \ i, j \in I$$

vergleichen: der offensichtliche Unterschied ist die Abwesenheit eines Fehlerterms. Eine solche glatte Formel kann man für *Polynome* auch ohne K-L erhalten: nehmen wir an, dass R die rationalen Zahlen enthält, dann hat ein Polynom f für jedes $a \in R$ eine Taylorentwicklung

$$f(x) = f(a) + f'(a)(x-a) + 1/2f''(a)(x-a)^2 + \ldots$$

(das ist für Polynome eine rein algebraische Angelegenheit); im Ring R[e] der Dualzahlen ist D = Re, und für x = a + d erhalten wir gerade (FF). Die Stärke von K-L liegt also im Wegfall der Einschränkung auf Polynome.

Wir verstehen jetzt auch die Bezeichnung „synthetische" Infinitesimalrechnung. Den Unterschied „synthetisch – analytisch" kennen Sie (innerhalb der Mathematik) am ehesten aus der Geometrie: die synthetische Geometrie führt die geometrischen Grundbegriffe und Relationen axiomatisch ein (siehe Kap. 3), die analytische konstruiert bzw. beweist sie im Rahmen eines Modells (der reellen Zahlebene), löst sie also in Punktmengen auf. Ähnlich verhält es sich hier im Hinblick auf die Ableitung von Funktionen. Von K-L bis (FF) war es ja nur ein winziger Schritt, essenziell hat man also (FF) *postuliert,* während die klassische Analysis die Ableitung durch einen Grenzprozess definiert und (FF) *beweist.*

Nun, bisher hat sich die Sache gut angelassen. Zu gut, wie Sie vielleicht argwöhnen. Nach K-L ist also jede Funktion überall differenzierbar, sogar beliebig oft, da man ja auf die Funktion x → f'(x) dasselbe Argument anwenden kann, und natürlich auch stetig im Sinn von Cauchy (siehe Abschn. 6.1); man braucht (FF) ja nur als f(x + d) – f(x) = f'(x)d zu lesen und sieht ohne weiteres: wenn x − y ∈ D, so auch f(x) − f(y) ∈ D. Wie kann das möglich sein?

In der Tat kostet es etwas, K-L zur Verfügung zu haben. Die folgende simple Überlegung hat Lavendhomme als „theorème-catastrophe" bezeichnet:

7.1.2 Aus K-L folgt R = {0}.

Beweis: wir zeigen erst D = {0}. Definiere dazu g: D → R, g(d) = 1 für d = 0, g(d) = 0 sonst. Mit K-L wird g(d) = g(0) + bd = 1 + bd, also

$$d \neq 0 \Rightarrow 0 = 1 + bd \Rightarrow d = 0$$

(multipliziere mit d), Widerspruch. Also ist D = {0}. Dann hat aber die Nullfunktion auf D die beiden Darstellungen 0 = 1 × 0 = 0 × 0. Also ist 0 = 1, und daraus folgt die Behauptung. Pech!

Lässt sich die Sache retten? Was haben wir bei dieser Überlegung benutzt, worauf sich verzichten ließe? Wir haben für die Konstruktion von g vorausgesetzt, dass stets d = 0 oder d ≠ 0 gilt – ein Fall des Satzes vom ausgeschlossenen Dritten, klassisch: Tertium non datur. Wenn wir darauf verzichten, können wir g nicht mehr definieren, und zumindest die obige Katastrophe ist abgewendet. (Auch die typischen Beispiele unstetiger Funktionen, die Sprungfunktionen, werden durch ähnliche Fallunterscheidungen definiert.)

Aber wie kann man ein logisches Prinzip einfach außer Kraft setzen? Ändern wir an der Tatsache „R = {0}" etwas, wenn wir den Kopf in den Sand stecken und uns weigern, die Schlussfolgerung, die doch *gilt,* zu vollziehen?

Wer so fragt, setzt erstens voraus, dass es in der Mathematik um „Tatsachen" geht, die „für sich" Bestand haben und in ihrer Gültigkeit nicht davon abhängen, ob wir sie zu Kenntnis nehmen oder nicht. Zweitens setzt er voraus, dass diese „interne", unabhängige Logik der Mathematik dieselbe ist, die wir im täglichen Denken und Schlussfolgern immer schon anwenden. Wenn das so wäre, dann wäre unser so vielversprechendes Gedankenexperiment allerdings gescheitert.

Die erste Voraussetzung hängt mit dem zusammen, was in der philosophischen Tradition als „Platonismus" bekannt ist und immer noch kontrovers diskutiert wird. Ich will und muss hier nicht darauf eingehen. Aber ich werde Ihnen demonstrieren, dass die zweite Voraussetzung falsch ist: die Mathematik kann Logiken modellieren, die von der gewöhnlichen sehr verschieden sind.

„Aber es gibt in letzter Instanz nur *eine* Logik", werden Sie vielleicht einwenden. „Man kann formale Sprachspiele treiben, wie man will, in unserer Metasprache bleibt es dabei, dass ein Satz wahr ist oder falsch." Lassen wir das dahingestellt sein; entscheidend ist hier, dass alle Mathematik in einer eigenen Sprache stattfindet, die durch die Axiome festgelegt ist, eben einer Objektsprache zu unserer Metasprache und von dieser strikt zu trennen. In unserer „letzten Instanz" ist die Annahme, dass etwas der Fall ist oder nicht, allerdings kaum zu vermeiden, und wo wir eine solche Frage (sofern sie überhaupt sinnvoll ist) nicht entscheiden können, nehmen wir an, dass Information fehlt oder das Netz unserer Begrifflichkeit zu grobe Maschen hat. Aber wir haben keinen Grund, zu bezweifeln, dass ein Satz in einer formalisierten Objektsprache deduzierbar ist oder nicht. Es handelt sich ja nur um die Existenz oder Nichtexistenz einer endlichen Folge von Symbolumwandlungen, deren Regeln wir selbst festgelegt haben. Eine Analogie bietet die Frage, ob eine bestimmte Stellung der Schachfiguren auf dem Brett im Rahmen einer regelkonform gespielten Partie auftreten kann; hier wird niemand daran zweifeln, dass stets mit Ja oder Nein geantwortet werden kann. Wenn nun die Objektsprache selbst von Sätzen handelt, dann kann es sehr wohl sein (und Sie werden es später sehen), dass in ihr der Satz „p oder nicht p" nicht deduzierbar ist. Wenn man das begriffen hat, wird die Tatsache, dass es Logik mit und ohne Tertium non datur gibt, nicht aufregender als die, dass es abelsche und nichtabelsche Gruppen gibt. Eine ganz andere Frage ist natürlich die nach der Anwendbarkeit einer solchen Theorie, ihrer Bedeutung für das „wirkliche Leben"; wir kommen darauf zurück.

Das Tertium non datur kann man (klassisch) auch in der Form $(\neg\neg a) \Rightarrow a$ aussprechen, dem Schema aller indirekten Beweise, die uns hiermit in der synthetischen Theorie verboten sind. Es erscheint auch als eine Art Dual zum Satz vom Widerspruch, $a \Rightarrow (\neg\neg a)$ oder $\neg(a \wedge \neg a)$. Jedoch besteht zwischen beiden ein profunder Unterschied. Der Satz vom Widerspruch bleibt auch in unserer Theorie gültig. Wenn wir aus einer Aussage a einen Widerspruch ableiten, ist damit a widerlegt, also $\neg a$ bewiesen. Nur können wir nicht mehr a beweisen, indem wir $\neg a$ widerlegen.

Natürlich behalten gewisse Fälle des Tertium non datur ihre Gültigkeit, wir werden gleich ein Beispiel sehen. Es zeigt sich (aber erst in den „guten" Modellen, die wir nicht mehr besprechen werden), dass es anwendbar ist auf Aussagen, also Formeln ohne freie Variable. In der (verbotenen) Aussage $\forall d \in D \ (d=0) \vee (d \neq 0)$ wird es auf die Formel $d=0$ mit der freien Variablen d angewandt, die erst danach durch den Allquantor gebunden wird. Eine Bemerkung zur Notation: ich habe schon behauptet, dass wir mit K-L die gewohnte Mengenwelt verlassen, und wir werden später genauer sehen, wie sich das vollzieht. Die Verwendung des Elementsymbols ist also streng genommen nicht mehr adäquat, wir benutzen sie nur aus Bequemlichkeit. Die korrekte Interpretation der Formel $d \in D$ lautet „d ist eine Variable vom Typ D" (siehe Abschn. 7.5).

Im übernächsten Kapitel werde ich auf die so sich ergebende „intuitionistische" Logik näher eingehen. Aber wir sehen schon hier: die schwächere Logik führt nicht zu einer schwächeren Theorie, sondern zu einer *anderen*. Denn wir benutzen ein logisches Prinzip wie das Tertium non datur ja nicht nur zum *Erschließen*, sondern auch zum *Ausschließen* von Sachverhalten. Je schwächer die Logik, desto weniger kann abgeleitet, desto mehr kann zugelassen werden.

Hier noch eine weitere Illustration der logischen Gratwanderung, auf der wir uns hier befinden, und der Sonderstellung der Infinitesimalien. Das Objekt R, das die reellen Zahlen repräsentiert, soll einerseits die (nilpotenten) Infinitesimalien enthalten, andererseits die Körperaxiome erfüllen, also insbesondere das Axiom für die Inversenbildung,

$$\forall x \; x \neq 0 \Rightarrow \exists y \; xy = 1.$$

Das lässt sich noch vereinbaren – man muss sich nur aller Aussagen $d \neq 0$ für die Infinitesimalien enthalten, sie sind, mit einem Ausdruck von Wittgenstein, keine „zulässigen Züge" in unserem Sprachspiel. (Aus $d^2 = 0 \wedge dy = 1$ folgt natürlich sofort $d = 0$ und wieder $1 = 0$).

Indirekte Beweise sind, wie man auch sagt, „nicht konstruktiv". Ein anderes nicht konstruktives Beweisprinzip ist das Auswahlaxiom. Es fällt mit dem Tertium non datur, wie die folgende scharfsinnige Überlegung zeigt.

Für $x \in R$ setze

$$A(x) = \{y | y = 0 \vee (x = 0 \wedge y = 1)\}, \; B(x) = \{y | y = 1 \vee (x = 0 \wedge y = 0)\}.$$

Dies sind Teilmengen von $\{0, 1\}$ und nicht leer, da stets $0 \in A(x)$, $1 \in B(x)$. Mit dem Auswahlaxiom erhalten wir Abbildungen

$$f: \{A(x) | x \in R\} \rightarrow \{0, 1\} \; g: \{B(x) | x \in R\} \rightarrow \{0, 1\},$$

so dass stets $f(A(x)) \in A(x)$, $g(B(x)) \in B(x)$, also

$$f(A(x)) = 0 \vee (x = 0 \wedge f(A(x)) = 1) \text{sowie} g(B(x)) = 1 \vee (x = 0 \wedge g(B(x)) = 0)$$

Die Konjunktion dieser Aussagen ist (nachrechnen!)

$$(f(A(x)) = 0 \wedge g(B(x)) = 1) \vee (x = 0). \tag{*}$$

Nun folgt aus den Definitionen

$$x = 0 \Rightarrow A(x) = B(x) = \{0, 1\} \Rightarrow f(A(x)) = g(B(x)) \Rightarrow \neg(f(A(x)) = 0 \wedge g(B(x)) = 1).$$

Zusammen mit (*) ergibt das $(x = 0) \vee (x \neq 0)$, und das für alle x; aber wir wissen schon, dass das nicht zulässig ist. Das Schlussschema, das wir benutzen, ist $(p \vee q) \wedge (q \Rightarrow \neg p) \Rightarrow (q \vee \neg q)$. Wir werden später sehen (Abschn. 9.1), dass dieses Schema auch in unserer schwächeren Logik gültig bleibt; das Tertium non datur bleibt also gültig für Formeln q, die mit einer anderen Formel p auf die beschriebene Weise verbunden sind.

So viel zur ersten Orientierung. Natürlich ist damit noch lange nicht klar, dass die Theorie wirklich konsistent ist. Bevor ich Ihnen aber zeige, wie man das erweisen kann, sehen wir einmal näher zu, wie sich mit ihr arbeiten lässt.

7.2 Differentiation

7.2.1 Ausgangspunkt für das Weitere ist natürlich die Fundamentalformel

$$f(x + d) = f(x) + f'(x)d, \ d \in D. \tag{FF}$$

Die erste Folgerung ist: ist f konstant, so ist $f' = 0$; das folgt sofort aus der Kürzungsregel. Als nächstes beweisen wir zwei Ableitungsregeln, zunächst die Produktregel: einerseits ist nach (FF)

$$(fg)(x + d) = (fg)(x) + (fg)'(x)d,$$

andererseits

$$(fg)(x + d) = f(x + d)g(x + d) = \big(f(x) + f'(x)d\big)\big(g(x) + g'(x)d\big)$$
$$= f(x)g(x) + \big(f'(x)g(x) + f(x)g'(x)\big)d.$$

Vergleich beider Seiten und Anwendung der Kürzungsregel liefern die Behauptung. Nun die Kettenregel, nach demselben Schema: wir haben einerseits

$$(f \circ g)(x + d) = (f \circ g)(x) + (f \circ g)'(x)d,$$

andererseits

$$(f \circ g)(x + d) = f\big(g(x + d) = f\big(g(x) + g'(x)d\big) = f(g(x)) + f'(g(x))g'(x)d\big);$$

Vergleich mit der letzten Formel und Kürzungsregel ergeben die Behauptung. Einfacher geht es sicher nicht; hier gelangt der elementare Mechanismus dieser Regeln zu letzter Durchsichtigkeit.

7.2.2 Die Fundamentalformel kann man als Beginn einer Taylorentwicklung lesen. Es ist nicht schwer, sie fortzusetzen:

$$f(x + d_1 + d_2) = f(x + d_1) + f'(x + d_1)d_2 = f(x) + f'(x)d_1 + \big(f'(x) + f''(x)d_1\big)d_2$$
$$= f(x) + f'(x)(d_1 + d_2) + f''(x)d_1d_2.$$

Iteration liefert

$$f(x + d_1 + \ldots + d_k) = \sum f^{(n)}(x) \, s(n, k)(d_1, \ldots, d_k),$$

Summe über $n = 0, \ldots, k$, mit den elementarsymmetrischen Funktionen $s(n, k)(x_1, \ldots, x_k)$, $n \leq k$, und $s(0,0) = 1$. Der Beweis ergibt sich durch problemlose Induktion nach k unter Benutzung der Rekursionsformel

$$s(n, k + 1)(x_1, \ldots, x_{k+1}) = s(n, k)(x_1, \ldots, x_k) + x_{k+1}s(n-1, k)(x_1, \ldots, x_k)$$

für die $s(n,k)$, die man durch Inspektion bestätigt. Um die übliche Formel zu erhalten, beachten wir

$$(d_1 + \ldots + d_k)^n = n! \, s(n, k)(d_1, \ldots, d_k).$$

(Man denke sich die linke Seite als Produkt von n Faktoren $d_1 + \ldots + d_k$ aus-geschrieben und beachte $d_i \in D$.) Mit $e = d_1 + \ldots + d_k$ kommt dann

$$f(x + e) = \sum f^{(n)}(x)e^n / n!.$$

Hier ist zu beachten, dass i. A. nicht mehr $e \in D$ sein wird. D gestattet zwar Multi-plikation mit Elementen von R, ist aber nicht additiv abgeschlossen. Ist allgemein $d \in D$ und gilt für alle $d_1 \in D$, dass

$$(d + d_1)^2 = 2dd_1 = 0,$$

so folgt aus der Kürzungsregel $d = 0$.

7.2.3 Wir gehen nun zu mehreren Veränderlichen über. Ein R-Modul E soll *eukli-disch* heißen, wenn jede Funktion f: $D \to E$ eindeutig linear ist, $f(d) = f(0) + bd$ mit eindeutig bestimmtem $b \in E$. (Was das mit Euklid oder sonstigen Bedeutungen von „euklidisch" zu tun hat, kann ich Ihnen leider nicht sagen.) Offenbar ist K-L gerade die Forderung, dass R euklidisch sein soll. Die Eindeutigkeit von b ist wieder eine Kürzungsregel: $ed = 0$ für alle d impliziert $e = 0$. Man sieht sofort, dass Rn euklidisch ist, indem man K-L auf die Koordinatenfunktionen anwendet. Zunächst zeigen wir

7.2.4 Ist E euklidisch und V ein beliebiger R-Modul, so ist $\text{Hom}_R(V, E)$ euklidisch.

Beweis: sei f: $D \to \text{Hom}(V, E)$ und $v \in V$. Dann ist $d \to f(d)(v)$ eine Funktion $D \to E$; da E euklidisch ist, existiert eindeutig ein $b(v) \in E$ mit

$$f(d)(v) = f(0)(v) + b(v)d, \text{ alle } d \in D.$$

Daraus sieht man, dass die Funktion $v \to b(v)d$ linear ist. Aus der Kürzungsregel folgt jetzt, dass auch $v \to b(v)$ linear ist. (Eine Hälfte ist: wir haben

$$0 = b(v + w)d - b(v)d - b(w)d = (b(v + w) - b(v) - b(w))d,$$

und dies für alle d; die Kürzungsregel liefert $b(v + w) = b(v) + b(w)$.) Zusammen-genommen haben wir nun $f(d) = f(0) + bd$ mit eindeutigem b, wie verlangt.

Für Funktionen f: $V \to E$, E euklidisch, können wir jetzt Richtungsableitungen definieren: seien a, $u \in V$. Für Argumente $d \in D$ können wir schreiben

$$f(a + ud) = f(a) + bd, \text{ mit eindeutigem } b \in E,$$

und setzen $b =: (\partial_u f)(a)$, so dass eine verallgemeinerte Fundamentalformel

$$f(a + ud) = f(a) + (\partial_u f)(a) \, d$$

resultiert. Unsere Richtungsableitung hängt, außer von f, von den beiden Para-metern a und u ab. Wir betrachten zunächst die Abhängigkeit von u und behaupten

7.2.5 Für festes a ist $u \to (\partial_u f)(a)$ eine lineare Funktion $V \to E$.

Der Beweis vollzieht sich nach dem schon bekannten Schema; wir zeigen nur die Additivität. Für u, $v \in V$ ist einerseits

$$f(a + (u + v)d) = f(a) + (\partial_{u+v} f)(a)d,$$

andererseits

$$f(a + (u + v)d) = f((a + ud) + vd) = f(a + ud) + (\partial_v f)(a + ud)d =$$
$$= f(a) + (\partial_u f)(a)d + (\partial_v f)(a)d,$$

wobei wir im letzten Schritt (FF) auf die Funktion $u \to (\partial_v f)(a + ud)$ angewandt und $d^2 = 0$ berücksichtigt haben. Unsere Behauptung

$$(\partial_{u+v} f)(a) = (\partial_u f)(a) + (\partial_v f)(a)$$

folgt jetzt durch Vergleich beider Resultate und Anwendung der Kürzungsregel. Man schreibt auch $f'(a)(u)$ für $(\partial_u f)(a)$. Nach dem eben Gezeigten ist $f'(a)$ eine lineare Abbildung $V \to E$. Die Abhängigkeit von f ist so zu beschreiben:

7.2.6 Für festes a ist $f \to f'(a)$ eine lineare Abbildung $\text{Abb}(V, E) \to \text{Hom}(V, E)$.

Hierbei ist Abb(V,E) ein R-Modul bei wertweiser Addition. Der Beweis ist nun schon Routine: einerseits ist

$$(f + g)(a + ud) = (f + g)(a) + (f + g)'(a)(u)d,$$

andererseits

$$f(a + ud) + g(a + ud) = f(a) + f'(a)(u)\, d + g(a) + g'(a)(u)d.$$

Vergleich und Kürzungsregel liefern

$$(f + g)'(a)(u) = f'(a)(u) + g'(a)(u),$$

und dies für alle u; das zeigt die Behauptung.

Zu zweiten Ableitungen gelangen wir, wenn wir die Funktion

$$f'\colon V \to \text{Hom}(V, E), \ a \to f'(a)$$

betrachten. Da mit E auch Hom(V, E) euklidisch ist, können wir unsere Begriffsbildungen auf f' anwenden und erhalten

$$f''\colon V \to \text{Hom}(V, \text{Hom}(V, E)).$$

Nun ist bekanntlich

$$\text{Hom}(V, \text{Hom}(V, E)) \cong \text{Hom}(V \otimes V, E)$$

vermöge der zueinander inversen Zuordnungen

$$f \to (u \otimes v \to f(u)(v)), \ g \to (v \to (u \to g(u \otimes v))),$$

ferner ist, nach der kennzeichnenden universellen Eigenschaft des Tensorprodukts,

$$\text{Hom}(V \otimes V, E) \cong \text{Bil}(V \times V, E), \ f \to ((u, v) \to f(u \otimes v)),$$

wo Bil($V \times V$, E) den Modul der bilinearen Abbildungen $V \times V \to E$ bezeichne. Im klassischen Fall ist $R = E = \mathbb{R} V = \mathbb{R}^n$, $f'(a)\colon V \to E$ ist das Skalarprodukt mit dem Gradienten, und die bilineare Abbildung $f''(a)$ wird durch die Hessematrix beschrieben. Gehen wir durch die Identifikationen, kommt

$$f''(a)(u, v) = (\partial_v (\partial_u f))(a).$$

Als letztes Beispiel für die Anwendung des synthetischen Differentialkalküls beweisen wir

7.2.7 (Schwarzsches Lemma): $f''(a)$ ist symmetrisch.

Zum Beweis seien d_1, $d_2 \in D$. Wir rechnen

$$f(a + ud_1 + vd_2) - f(a + ud_1) - f(a + vd_2) + f(a) =$$
$$f(a + ud_1) + (\partial_v f)(a + ud_1)d_2 - f(a + ud_1) - (f(a) + (\partial_v f)(a)d_2) + f(a) =$$
$$((\partial_v f)(a + ud_1) - (\partial_v f)(a))d_2 = (\partial_u(\partial_v f))(a)d_1 d_2.$$

Vertauschen wir die Rollen von ud_1 und vd_2, so bleibt die erste Zeile unverändert. Also ist

$$(\partial_u(\partial_v f))(a\ d_1 d_2 = (\partial_v(\partial_u f)))(a)d_2 d_1,$$

und dies für alle d_1, d_2. Beachten wir, dass R kommutativ ist, und wenden zweimal die Kürzungsregel an, folgt die Behauptung.

7.3   Integration

Dass K-L auch für die Integration etwas leistet, zeigt die folgende Betrachtung. Wir studieren den Flächeninhalt unter einer Kurve, genommen von irgendeinem Startpunkt $< x$, und nennen diesen $A(x)$. Erfährt nun x den infinitesimalen Zuwachs d, so wird

$A(x+d) - A(x) =$ Fläche des von f(x), x und x+d aufgespannten Rechtecks + Fläche des dreiecksähnlichen Gebildes zwischen diesem Rechteck und der Kurve.

Das Rechteck hat den Inhalt f(x)d. Auf dem Intervall $[x, x+d]$ ist f nach K-L linear, also ist das dreiecksähnliche Flächenstück wirklich ein Dreieck, mit der Fläche $\frac{1}{2} d(f(x+d) - f(x)) = 0$ nach K-L. Also ist $A(x+d) - A(x) = f(x)d$, demnach $f(x) = A'(x)$ nach K-L, der „Hauptsatz der Differential- und Integralrechnung" in simpelster Form. Hier sehen wir den Vorzug der Infinitesimalien vom Quadrat Null – das Rechteck ist infinitesimal von erster Ordnung und nicht vernachlässigbar, das Dreieck infinitesimal von zweiter Ordnung, vom „Inhalt" Null.

Diese Betrachtung hat natürlich, außer dass sie uns erneut von K-L überzeugt, bestenfalls heuristischen Wert. In der bisher entwickelten Theorie können wir von Inhalten gar nicht reden, wir haben ja keinerlei Metrik. Und wo es einen solchen „Hauptsatz" geben soll, muss man über Intervalle integrieren können, und dazu bedarf es mindestens einer Anordnung. Wir beginnen mit einer Diskussion der in unserm Kontext adäquaten Axiomatik.

Die Anordnung ≤ soll eine zweistellige Relation auf R sein, und sicherlich soll gelten

(1) ≤ ist reflexiv und transitiv.

Unverzichtbar ist auch die Kompatibilität mit den Rechenoperationen.

(2) $\forall$x, y, z x ≤ y ⇒ x + z ≤ y + z sowie 0 ≤ x, 0 ≤ y ⇒ 0 ≤ xy.

Zur Orientierung verlangen wir

(3) 0 < 1 und ¬(1 < 0).

Dass die Infinitesimalien eigene Regeln brauchen, ist klar – wir wissen ja schon, dass d ≠ 0 nicht aussagbar sein darf, insbesondere also weder d < 0 noch 0 < d. Das ist aber noch verträglich mit

(4) d ∈ D ⇔ d ≤ 0 und 0 ≤ d.

Definiert man die Intervalle in der üblichen Weise, so sagt (4) einfach D = [0,0]. Ferner gilt [a,b] = [a + d, b + d'] für beliebige d, d' aus D.

Der Unterschied zur gewöhnlichen Axiomatik liegt (abgesehen von (4)), erstens im Fehlen der Antisymmetrie – es ist klar, dass sie zusammen mit (4) zu D = {0} und damit zum Zusammenbruch unseres Systems führen würde. Zweitens fehlt die Forderung der Totalität – sie hätte dieselbe Folge.

Die Axiome (1)–(4) setzen uns instand, von Integralen über Intervalle überhaupt zu reden. Sie reichen aber nicht aus, solche auch zu konstruieren. Hierzu brauchen wir ein weiteres Postulat, was den synthetischen Charakter der Theorie erneut unterstreicht:

7.3.1 Axiom von Kock-Reyes (K-R): für jedes f: [0, 1] → R existiert eindeutig ein g: [0, 1] → R mit g' = f und g(0) = 0.

Wir schreiben

$$g(x) = \int\limits_0^x f(t)dt \quad \text{oder einfach} = \int\limits_0^x f(x \in [0,1]).$$

Einige der üblichen Eigenschaften des Integrals folgen aus K-R in ganz derselben Weise wie die Eigenschaften von Ableitungen aus K-L: die Linearität in f, der „Hauptsatz"

$$\int\limits_0^x f' = f(x) - f(0)$$

und die Regel der partiellen Integration. Die Beweise vollziehen sich nach dem gleichen Muster: man zeigt, dass beide Seiten der Gleichung für $x = 0$ den Wert 0 und dieselbe Ableitung haben. Für den Hauptsatz in der obigen Form sieht das so aus:

$$(\text{L.S.})(0) = \int_0^0 f' = 0 \text{ nach K-R;}$$

$$(\text{L.S.})'(x) = f'(x) \text{ nach K-R;}$$

$$(\text{R.S.})(0) = f(0) - f(0) = 0;$$

$$(\text{R.S.})'(x) = f'(x) \text{ ist klar.}$$

Man sieht, wie K-R praktisch der Hauptsatz ist, so wie K-L praktisch die Taylor-formel erster Ordnung war. Die beiden anderen Aussagen kann ich Ihnen guten Gewissens als Aufgaben überlassen.

Eine weitere leichte Konsequenz aus K-R ist: aus $f' = 0$ folgt $f = \text{const.}$

Denn für $g(x) = f(x) - f(0)$ gilt $g' = 0$ und $g(0) = 0$, dasselbe aber auch für die Nullfunktion. Die Eindeutigkeitsforderung aus K-R ergibt die Behauptung. Beachte: (FF) liefert nur $f(x + d) = f(x)$ für $d \in D$.

Auch Differentiation unter dem Integral bereitet keine Probleme. Zu gegebenem f: $[0, 1] \times R \to R$ definieren wir g: $R \to R$ durch

$$g(s) = \int_0^1 f(t, s)dt.$$

Für $d \in D$ wird

$$g(s + d) - g(d) = \int_0^1 (f(t, s + d) - f(t, s))dt = d \int_0^1 \partial f / \partial s(t, s)dt,$$

wobei wir die Linearität des Integrals und (FF) für f als Funktion von s benutzt haben. Kürzungsregel und (FF) für g liefern jetzt

$$g'(s) = \int_0^1 \partial f / \partial s(t, s)dt$$

wie gewünscht. Integration über beliebige Intervalle wird mittels einer simplen Transformation auf solche über das Einheitsintervall zurückgeführt: für gegebenes f: $[a, b] \to R$ ist

$$g(x) = (x - a) \int_0^1 f(a + t(x - a))dt$$

eine Funktion [a, b] → R mit g' = f und g(a) = 0; das ist eine auch klassisch gültige Rechnung, die Sie selbst durchführen sollten. Für die Eindeutigkeit zeigt man: ist f: [a, b] → R mit f' = 0, so ist f konstant. Das wiederum folgt aus einer Formel von Hadamard, die auch klassisch gilt und deren Beweis ich ebenfalls Ihnen überlasse: für x, y ∈ [a, b] ist

$$f(y) - f(x) = (y - x) \int_0^1 f'(x + t(y - x)) dt.$$

Mit diesen Proben des synthetischen Infinitesimalkalküls wollen wir es bewenden lassen; sie überzeugen uns wohl davon, dass es sich lohnt, die Konsistenz der Theorie sicherzustellen. Könnte es nicht noch weitere Argumente im Stil des „theorème-catastrophe" geben, die uns noch mehr Schlussverfahren abnehmen und die Theorie unbrauchbar machen? Aber wie beweist man die Konsistenz einer Theorie? Da auch die Mathematik sich nicht selbst garantieren kann, sind nur *relative* Konsistenzbeweise möglich: wenn eine Theorie S konsistent ist, dann auch die Theorie T. Ein solcher Nachweis vollzieht sich so, dass man in S ein *Modell* für T findet, etwas genauer, dass sich in S eine Konstellation von Objekten und Relationen konstruieren lässt, welche die Axiome von T erfüllt. Wenn dann T widersprüchlich, also aus den Axiomen von T ein Widerspruch herleitbar ist, dann gilt dies auch für S. Dem einfachsten Beispiel sind wir in Kap. 4 begegnet, wo wir in der Mengenkategorie ein Modell für die Peanoaxiome konstruiert haben; die Sachlage war dort so durchsichtig, dass wir den Modellbegriff nicht in abstracto brauchten.

Das am meisten klassische Beispiel jedoch haben wir schon vorher kennengelernt, nämlich in der euklidischen Geometrie. Das fundamentale Axiom, dass durch je zwei Punkte *genau* eine Gerade gehen soll, ist zwar intuitiv plausibel, lässt sich sozusagen als Grenzwert von Anschauungen auffassen. Aber es impliziert, in Termini der Anschauung, dass Punkte keine Ausdehnung und Geraden keine Breite haben dürfen, und damit werden diese Objekte zu idealisierten Gebilden, also Fiktionen, und die Konsistenz der Axiome wird zum Problem. Wir haben gesehen, wie die geometrischen Axiome zu algebraischen Grundbegriffen führen, die ihrerseits eine Modellierung dieser Axiome gestatten (das ist dann „analytische Geometrie"). Die algebraischen Grundbegriffe lassen sich nun rein mengentheoretisch realisieren (und das ist der übliche und natürlichere Weg zu ihnen); damit ist die Konsistenz der Geometrie zurückgeführt auf die der Mengentheorie.

Die Übertragung des Verfahrens auf das vorliegende Problem zwingt uns nun, uns mit der mathematischen Logik in vollem Ernst einzulassen, wozu wir bei der Theorie von Robinson nicht genötigt waren, und darum wird dieses Kapitel das anspruchsvollste in diesem Kursus. Wir brauchen: erstens, einen mathematischen Begriff von Theorie. Eine Theorie ist ein rein syntaktisches Gebilde, mit einem Ausdruck von Wittgenstein ein „Sprachspiel". Für unseren Konsistenzbeweis brauchen wir, dass seine Ausdrücke in einem zweiten Sprachspiel etwas „bedeuten", griechisch: *semainein,* wir brauchen also, zweitens, Semantik, und das ist der mathematische Modellbegriff. Und schließlich brauchen wir eine geeignete modellierende Theorie; wir haben ja schon gesehen, dass die Mengentheorie nicht zureicht. Das ist die Theorie der *Funktorkategorien,* die in natürlicher Weise als verallgemeinerte Mengentheorie erscheint. Wir brauchen also *kategoriale Semantik allgemeiner Theorien.* Das ist nun ein Thema, das für (mehr als) eine eigene Vorlesung ausreichen würde; hinzu kommt noch, dass die hier zur Modellierung verwendete Funktorkategorie, die Kategorie der *„loci",* allerhand nichttriviale Analysis erfordert, wie ich sie nicht voraussetzen kann. Um den gegebenen Rahmen nicht zu sprengen, werde ich mich darum auf das beschränken, was mir als das methodisch Wichtigste erscheint, und Sie zunächst ausführlicher als bisher mit der „pfeiltheoretischen" Denkweise vertraut machen. Bei den Funktorkategorien wollen wir hauptsächlich verstehen, wie eine nichtklassische Logik, ohne Tertium non datur, ins Spiel kommt. Auf die loci werde ich nicht eingehen. Zum vollen Nachweis des Axioms K-L werden wir also *nicht* vordringen, nur zu einer „limitierten" Version; aber das gibt schon einen Begriff von dem Weg, der dahin führt.

7.4   Mathematik ohne Elemente

Der Mengenbegriff wird konstituiert durch den Elementbegriff; wir werden jetzt sehen, wie auch mengentheoretische Sachverhalte ohne ihn formuliert werden können, nur in Termini von Abbildungen, also den Morphismen der Mengenkategorie **M.** Den Anfang macht der Elementbegriff selbst: ist E irgendeine einelementige Menge, so entsprechen die Elemente der Menge M bijektiv den Abbildungen E → M, M $\cong$ M(E, M). Aber haben wir nicht durch den Ausdruck „einelementig" den Elementbegriff doch herangezogen? Ja, aber wir können ihn eliminieren: die einelementigen E sind genau die Endobjekte von **M.** Ist also **K** irgendeine Kategorie mit einem Endobjekt E und K ein Objekt von **K,** könnten wir die Morphismen E → K die „Elemente" von K nennen, üblich ist „Punkte". Die universelle Eigenschaft von Endobjekten, nämlich dass es zu jedem Objekt K *genau einen* Pfeil K → E gibt, sorgt dafür, dass für verschiedene Endobjekte E und E′ die Mengen **K**(E, K) und **K**(E′, K) in kanonischer Weise bijektiv sind. Wenn wir auf unser Ziel vorausblicken, sehen wir, dass wir konzeptuell ein Schrittchen weitergekommen sind: das Kontinuum soll nicht aus Punkten bestehen, aber man kann auf ihm Punkte konstruieren, ihm Punkte „antragen". Punkte als Pfeile E → K werden dem intuitiv gerecht.

Die Kategorie **T** der topologischen Räume hat dieselben Endobjekte wie **M,** und wie in **M** entsprechen die Punkte eines Raums T den Morphismen E → T. In der Gruppenkategorie **G** hingegen ist das Endobjekt E gleich dem Anfangsobjekt, der trivialen Gruppe, und zu jeder Gruppe G gibt es genau einen Pfeil E → G. Die strukturelle Auszeichnung des Einselements hat also eine drastische Reduktion der „Punkte" zur Folge. Das, was man leichthin die „Struktur" einer Gruppe nennt (übrigens gar kein formalisierbarer Begriff), wird kategorial repräsentiert durch die Gesamtheit der Morphismen von und nach G.

Hier noch ein anderer Aspekt dieser Überlegungen: die wichtigste Funktion von Elementen ist, in Abbildungen eingesetzt zu werden. Pfeiltheoretisch ist das Einsetzen ein Hintereinanderausführen, nämlich eines Punkts x: $E \to M$ und eines Pfeils f: $M \to N$. In **M** und **T,** aber nicht in **G** sind Pfeile durch die Gesamtheit dieser Einsetzungen $f \circ x$ eindeutig bestimmt; Kategorien, in denen das der Fall ist, heißen *well-pointed*. Dies entspricht der Intuition von „Abbildung": zwei Abbildungen sind gleich, wenn sie dasselbe auf dieselbe Weise zeigen. Entsprechend der hier verfolgten Idee vom Kontinuum werden die für uns relevanten Kategorien diese Eigenschaft *nicht* haben.

7.4.1 Jetzt betrachten wir elementare Eigenschaften von Mengenabbildungen f: $M \to N$. Die einfachsten f, die konstanten, sind dadurch gekennzeichnet, dass sie durch E faktorisieren. Die Injektivität von f kann folgendermaßen durch Pfeile ausgedrückt werden: f ist injektiv genau dann, wenn für alle K und Pfeile h, k: $K \to M$ gilt: $f \circ h = f \circ k \Rightarrow h = k$.

Beweis: ist f injektiv, dann folgt aus $f(h(x)) = f(k(x))$, dass $h(x) = k(x)$, alle x, also $h = k$. Interessanter ist die umgekehrte Implikation, die wir indirekt beweisen: ist f nicht injektiv, gibt es $m \neq n \in M$ mit $f(m) = f(n)$. Sei h: $E \to M$, $1 \to m$, k: $E \to M$, $1 \to n$, dann ist $f(h(1)) = f(k(1))$, aber $h \neq k$ mit Widerspruch zur Voraussetzung (wir haben hier das einzige Element von E mit 1 bezeichnet).

Injektivität ist also gleichbedeutend damit, von links kürzbar zu sein. Diese Eigenschaft kann man nun ohne Änderung der Notation in beliebigen Kategorien definieren; einen Pfeil, der sie hat, nennt man einen *Monomorphismus* (kurz: mono). In jeder Kategorie, deren Objekte Mengen mit „Strukturen" und deren Pfeile Mengenabbildungen sind, die diese Strukturen „respektieren", kann man fragen, ob „injektiv" und „mono" weiter äquivalent sind. In der Kategorie **T** der topologischen Räume geht der obige Beweis unverändert durch, nicht aber in der Kategorie **G** der Gruppen. Die Bruchstelle ist der Beweis von „mono" $\Rightarrow$ „injektiv", weil wir nicht h und k wie oben ansetzen können; wir können es aber, wenn wir statt E die additive Gruppe $\mathbb{Z}$ nehmen, wobei wir benutzen, dass dies eine *freie* Gruppe ist.

In **M** kann man Injektivität (bekanntlich) noch anders charakterisieren, nämlich durch die Existenz eines Linksinversen, also einer Abbildung g: $N \to M$ mit $g \circ f = id_M$. Dies Eigenschaft impliziert Monomorphie in allen Kategorien, denn aus $f \circ h = f \circ k$ folgt jetzt $h = g \circ f \circ h = g \circ f \circ k = k$. Die Umkehrung ist falsch in **T** wie in **G,** wie die Einbettungen von $\mathbb{Q}$ in $\mathbb{R}$ und von $\mathbb{Z}$ in $\mathbb{Q}$ zeigen.

Auf analoge Weise, aber mit nicht ganz analogen Resultaten kann man die Surjektivität untersuchen. In **M** ist f: $M \to N$ genau dann surjektiv, wenn f von rechts kürzbar ist, also aus $h \circ f = k \circ f$ stets $h = k$ folgt. Auch diese Eigenschaft kann man in beliebigen Kategorien definieren, und ein Pfeil, der sie hat, heißt Epimorphismus (kurz: epi). Wieder vergleichen wir **M** mit **T** und **G**: in beiden Kategorien geht der Beweis von „surjektiv $\Rightarrow$ epi" durch, in **G** auch die Umkehrung.

Wir führen den Beweis nur in der Unterkategorie der abelschen Gruppen; es genügt, zu zeigen: ist $M \subset N$ eine echte Untergruppe, so gibt es Pfeile h, k: $N \to L$ mit $h \neq k$, aber $h|M = k|N$. Dazu nehmen wir $L = N/M$, h die Restklassenabbildung und k die triviale Abbildung. Den allgemeinen Fall findet man bei MacLane [M], S. 21.

Hingegen gilt in der Kategorie der normalen topologischen Räume: f ist epi genau dann, wenn f(M) in N dicht ist.

(„Normal" heißt: jedes Paar disjunkter abgeschlossener Teilmengen besitzt disjunkte offene Umgebungen.)

Beweis: es genügt zu zeigen, dass $M \subset N$ dicht in N ist genau dann, wenn Pfeile $N \to L$ durch ihre Einschränkungen auf M eindeutig bestimmt sind. Sei zunächst M dicht und h, k: $N \to L$ mit $h|M = k|M$. Die Menge $\{n \in N | h(n) = k(n)\}$ ist das Urbild der Diagonalen in $L \times L$ unter der Abbildung $h \times k: N \to L \times L$. Da L hausdorffsch ist, ist die Diagonale abgeschlossen, damit auch ihr Urbild; dieses enthält aber die dichte Menge M, stimmt also mit N überein.

Für die Umkehrung sei M *nicht* dicht in N. Dann gibt es eine offene Menge $U \subset N$ mit $U \cap M = \emptyset$. Sei $u \in U$. Der Ausdehnungssatz von Urysohn liefert einen Pfeil f: $N \to [0, 1]$ mit $f(u) = 1$ und $f = 0$ auf $N \setminus U$. Setzen wir $g = 0$, so ist $f \neq g$, aber $f|M = g|M = 0$.

Zum Beispiel ist die Einbettung von $\mathbb{Q}$ in $\mathbb{R}$ epi.

In **M** kann Surjektivität, „dual" zur Injektivität, durch die Existenz eines Rechtsinversen g: $N \to M$ mit $f \circ g = id_N$ charakterisiert werden. Ein Pfeil f mit einem Rechtsinversen g ist immer epi, denn aus $h \circ f = k \circ f$ folgt jetzt $h \circ f \circ g = k \circ f \circ g$ und damit $h = k$. Die Umkehrung ist in **G** wie in **T** falsch, wofür Sie sich selbst Beispiele überlegen sollten. Hier verdient angemerkt zu werden, dass auch in **M** die Eigenschaften „injektiv" und „surjektiv" nicht in jeder Hinsicht dual zueinander sind; zum Beispiel verlangt die Konstruktion eines Rechtsinversen einer surjektiven Abbildung das Auswahlaxiom, nicht aber die Konstruktion eines Linksinversen einer injektiven Abbildung.

Ein Pfeil f: $M \to N$ in einer beliebigen Kategorie ist ein Isomorphismus, wenn er ein Rechtsinverses besitzt, das zugleich Linksinverses ist; dieses Inverse ist dann selbst ein Isomorphismus. Ein Iso ist immer mono und epi, wie unsere obigen Argumente zeigen, aber die Umkehrung ist z. B. in **T** falsch. Ist es nicht überraschend, wie die kategoriale Analyse uns dazu führt, bekannte Dinge mit neuen Augen zu sehen, und wie sie elementare Eigenschaften in neue Zusammenhänge bringt?

7.4.2 Der Begriff des Monomorphismus dient uns zur allgemeinen Definition von Unterobjekten. In den gängigen Kategorien vom Typ „Menge plus Struktur" ist ein Unterobjekt einfach eine Teilmenge, welche die umgebende Struktur „erbt". Die Inklusion einer Teilmenge in die umgebende Menge ist mono; fasst man die Teilmenge als Objekt sui generis auf, ist eine Einbettung nicht mehr eindeutig, denn man kann z. B. beliebige Permutationen vorschalten. Das führt zum allgemeinen Begriff: in einer beliebigen Kategorie wird ein Unterobjekt eines Objekts M repräsentiert durch einen mono i: $N \to M$, und ein weiterer mono i': $N' \to M$ heißt dazu äquivalent, wenn es einen Isomorphismus f: N → N' gibt mit i = i' ∘ f. Man prüft leicht nach, dass dies eine Äquivalenzrelation ist; die Menge der Äquivalenzklassen wird mit Sub(M) bezeichnet (in den relevanten Kategorien ist dies wirklich eine Menge, nicht eine echte Klasse). In **M** ist natürlich Sub(M) = P(M) die Potenzmenge und selbst ein Objekt von **M**; in **T** und **G** gilt dies nicht mehr; in den Kategorien vom Typ „Menge plus Struktur" bilden die Unterobjekte in der Regel Verbände, aber nicht mehr Objekte desselben Typs. Stets aber ist Sub(M) partiell geordnet, mit cl(i) ≤ cl(i'), wenn i über i' faktorisiert.

7.4.3 Als nächstes geben wir pfeiltheoretische Charakterisierungen von mengen-theoretischen Konstruktionen, die man gewöhnlich, unter Verwendung der Axiome der Mengentheorie, elementweise beschreibt. Die Charakterisierungen erfolgen in allen Fällen durch universelle Abbildungseigenschaften.

Das Produkt P = M × N zweier Mengen hat, zusammen mit den dazu-gehörenden Projektionen p(M) und p(N), die folgende universelle Eigenschaft: ist X eine Menge mit Abbildungen f(M): X → M und f(N): X → N, so existiert genau eine Abbildung X → P, die die beiden Dreiecke in dem Diagramm

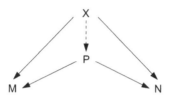

kommutieren lässt. Das lässt sich auch so formulieren: zu gegebenen N, M betrachten wir die Kategorie, deren Objekte Tripel (X, f(M): X → M, f(N): X → N) und deren Morphismen Abbildungen X → X' sind, die das Analogon zum obigen Diagramm kommutieren lassen (derartig gebildete Kategorien nennt man auch *Diagrammkategorien*). Dann ist das Tripel (P, p(M), p(N)) ein Endob-jekt dieser Kategorie. Endobjekte sind nun in allen Kategorien bis auf Isomorphie eindeutig (wir haben das schon früher gesehen); es ist instruktiv, sich zu über-legen, was Isomorphie in unserer Diagrammkategorie bedeutet. Eine logische Konsequenz dieser Eindeutigkeit ist, dass sich alles, was rein kategorial, d. h. pfeiltheoretisch, über das Produkt gesagt werden kann, aus dieser universellen Eigenschaft muss ableiten lassen. Übung: zeigen Sie rein pfeiltheoretisch, wie zwei Mengenabbildungen f: A → B und g: A → D eine Abbildung f × g: A → B × D und zwei Abbildungen f: A → B und g: C → D eine Abbildung f × g: A × C → B × D induzieren.

In **M** kann das Produkt, wie gesagt, konstruiert werden (Abschn. 4.1); rein pfeiltheoretisch haben wir nur die Eindeutigkeit bewiesen. Die Existenz ist ein echtes Postulat, und man kann leicht Kategorien angeben (s. u.), in denen nicht alle Produkte existieren; in unseren Vergleichskategorien **T** und **G** gewinnt man das Produkt aus dem der zugrunde liegenden Mengen auf die bekannte Weise. Existieren Produkte für alle Paare von Objekten, dann auch für alle n-Tupel von

solchen, und die Produktbildung ist assoziativ und kommutativ (bis auf Iso-
morphismen). Das Produkt einer leeren Menge von Faktoren lässt sich natürlich
nur konventionell festsetzen, aber die Konvention ist zwingend: da die Bedingung
an Projektionen trivial erfüllt ist, muss dieses Produkt P die Eigenschaft haben,
dass es von jedem X genau einen Pfeil $X \to P$ gibt, d. h. P ist ein Endobjekt.

„Dual" zum Produkt ist das Coprodukt, das man definiert, indem man im
obigen Diagramm alle Pfeile umdreht, und das oft als Summe notiert wird.
In **M** und **T** ist das Coprodukt von M und N die *disjunkte Vereinigung,* etwa
$M \times (0) \cup N \times (1)$, eine Teilmenge von $(M \cup N) \times \{0, 1\}$. In **G** ist das Coprodukt
das freie Produkt; in der Unterkategorie der abelschen Gruppen jedoch stimmt das
Coprodukt mit dem Produkt überein (wie in allen abelschen Kategorien). Wie die
Produkte existieren auch die Coprodukte nicht in allen Kategorien.

Fast noch wichtiger als das Produkt ist eine Verallgemeinerung, das Faserprodukt *(pullback).* Für ein Paar von Mengenabbildungen f: $M \to A$, g: $N \to A$ mit
demselben Bildbereich kann man die Menge

$$M \times_A N = \{(m, n) \in M \times N | f(m) = g(n)\}$$

bilden (korrekter wäre die Indizierung des Produktzeichens mit (f,g)) und erhält
mit den Projektionen auf M und N ein kommutatives Diagramm

$$M \times_A N \to M$$
$$\downarrow \quad \downarrow$$
$$N \to A$$

mit der folgenden universellen Eigenschaft: für jede Menge X mit Pfeilen f(M):
$X \to M$ und f(N): $X \to N$, für die $f \circ f(M) = g \circ f(N)$ gilt, existiert eindeutig ein Pfeil
F: $X \to M \times_A N$ mit der Eigenschaft $p(M) \circ F = f(M)$ und $p(N) \circ F = f(N)$, also
derart, dass in dem so entstehenden großen Diagramm alles kommutiert. Man
nennt (D) auch ein *cartesisches* Diagramm. Ist A ein Endobjekt, ist das Faserprodukt einfach das Produkt, weil dann die Bedingung $f \circ f(M) = g \circ f(N)$ automatisch erfüllt ist. Eine Instanz des Faserprodukts ist die folgende: ist f: $M \to N$
eine Mengenabbildung und $L \subset N$ eine Teilmenge, so identifiziert sich das Urbild
$f^{-1}(L)$ auf natürliche Weise mit dem Faserprodukt von f und der Inklusion von L
in N. Auch das Faserprodukt kann dualisiert werden, was wir aber nicht brauchen
werden.

Hier ist eine letzte Mengenkonstruktion von theoretischem Interesse: Zu
gegebenen Pfeilen f, g: $M \to N$ kann man die Menge $E(f, g) = \{m \in M | f(m) = g(m)\}$
bilden, den *equalizer* von f und g (ein akzeptabler deutscher Ausdruck ist mir nicht
bekannt, „Gleichmacher" kommt ja wohl nicht in Frage). Die pfeiltheoretische
Charakterisierung ist: E(f, g) ist ein Unterobjekt von M mit der universellen Eigenschaft, dass alle h: $X \to M$ mit $f \circ h = g \circ h$ eindeutig durch E(f, g) faktorisieren.

Wir schließen hier eine Klasse von Beispielen an, die erkennen lässt, wie allgemein die kategorialen Begriffsbildungen sind. Eine partiell geordnete Menge
$(M, \leq)$ lässt sich als Kategorie auffassen: Objekte sind die Elemente von M, und

genau dann gibt es einen Pfeil x → y, und nur einen, wenn x ≤ y. Die Reflexivität der Anordnung gibt die Identitäten, die Transitivität die Verknüpfbarkeit der Pfeile, und die Assoziativität der Verknüpfung folgt aus der Eindeutigkeit der Pfeile. Die Antisymmetrie hat die folgende Konsequenz: wenn es einen Pfeil x → y und einen y → x gibt, dann ist x = y, und die Pfeile sind die Identität. Es folgt, dass alle Pfeile mono und epi sind (aber nur die Identitäten sind iso!); *equalizer* degenerieren zur Identität. Das Produkt von x und y ist das (einzige) größte z mit z ≤ x und z ≤ y; das Coprodukt das (einzige) kleinste z mit x ≤ z und y ≤ z. Solche existieren nicht immer, wohl aber z. B. in booleschen Algebren; dort ist also x × y = x ∩ y und x + y = x ∪ y. Denken Sie nach über die Wandlungen des Produktbegriffs in der Abfolge: Produkt von Zahlen – Produkt von Mengen – kategoriales Produkt! (Hat man nur mit partiell geordneten Mengen zu tun, ist diese Verpfeilung natürlich überflüssig; das ändert sich aber, wie wir sehen werden, wenn diese Mengen in anderen Zusammenhängen auftreten.)

7.4.4 Jetzt betrachten wir algebraische Strukturen. Jeder weiß, was eine Gruppe ist: eine Menge G mit einer binären assoziativen Verknüpfung, Einselement und Inversen. Pfeiltheoretisch versiert, wie wir schon sind, haben wir schnell heraus, wie sich das alles durch Morphismen und kommutative Diagramme ausdrücken lässt: die Multiplikation ist ein Pfeil m: G × G → G, das Einselement ein Pfeil 1: E → G und die Inversenbildung ein Pfeil i: G → G. Die Assoziativität ist die Gleichheit der beiden zusammengesetzten Pfeile

$$\text{m} \circ (\text{m} \times \text{id}) \text{ und } \text{m} \circ (\text{id} \times \text{m}) : \text{G} \times \text{G} \times \text{G} \rightarrow \text{G} \times \text{G} \rightarrow \text{G},$$

die Rechtsneutralität von 1 die Gleichheit von

$$\text{m} \circ (\text{id} \times 1) : \text{G} \times \text{E} \rightarrow \text{G} \times \text{G} \rightarrow \text{G} \text{ und } \text{p(G)} : \text{G} \times \text{E} \rightarrow \text{G}$$

und die Eigenschaft „rechtsinvers" wird durch die Gleichheit von

$$\text{m} \circ (\text{id} \times \text{i}) : \text{G} \rightarrow \text{G} \times \text{G} \rightarrow \text{G} \text{ und } 1 \circ \text{e} : \text{G} \rightarrow \text{E} \rightarrow \text{G}$$

ausgedrückt, wobei e den (einzigen) Pfeil G → E bezeichnet. (Übung: zeichnen Sie die entsprechenden Diagramme.) In analoger, nur mehr oder weniger komplizierter Weise kann man alle durch algebraische Identitäten ausdrückbaren Axiome pfeiltheoretisch oder diagrammatisch fassen; z. B. die Distributivität in einem Ring R gemäß einem Schema, in welchem das Tripel (a, b, c) von Ringelementen einmal den „Weg" (a, b, c) → (a, b + c) → a(b + c), zum anderen den Weg (a, b, c) → ((a, b), (a, c)) → (ab, ac) → ab + ac von R × R × R nach R nimmt. Hiernach können Sie sich wohl vorstellen, wie sich die Axiome für einen R-Modul, eine Algebra, eine Liealgebra diagrammatisch schreiben lassen. Diese Tatsache setzt uns in den Stand, von „Gruppenobjekten", „Ringobjekten" usw. nicht nur in **M** zu sprechen, sondern in allgemeineren Kategorien. Ein Gruppenobjekt in **M** ist natürlich nichts anderes als eine Gruppe im gewöhnlichen Sinn. Das ist wieder ein Schrittchen auf unserm Weg: wir sehen nun, dass wir einen „Ring" für unsere synthetische Infinitesimalrechnung auch „ohne Elemente" haben können.

7.4.5 Wir tragen nun unsere Pfeiltheorie in die Logik und betrachten Quantoren. Sei S eine zweistellige Relation zwischen Elementen x, y von Mengen X, Y. S entspricht einer Teilmenge $S \subset X \times Y$ derart, dass die Aussage S(x, y), „die Elemente x und y stehen in der Relation S", genau für die Paare $(x, y) \in S$ erfüllt ist; dies ist die extensionale Interpretation der Relationen (siehe Abschn. 4.1 für „extensional" versus „intentional"). Dementsprechend ist

$$\forall S := \{y \in Y | \forall x \in X \ (x, y) \in S\}$$

die extensionale Interpretation der Formel $\forall x \in X \ (x, y) \in S$, die eine Eigenschaft von y ausdrückt. Wir bezeichnen mit P den kontravarianten Potenzmengenfunktor $M \rightarrow M$, also P(f): $P(N) \rightarrow P(M)$ für f: $M \rightarrow N$ durch Urbildnehmen und fassen $\forall$ als Abbildung $\forall$: $P(X \times Y) \rightarrow P(Y)$ auf. Sei p: $X \times Y \rightarrow Y$ die Projektion. Für Teilmengen $S \subset X \times Y$ und $T \subset Y$ gilt dann

$$P(p)(T) \subset S \Leftrightarrow T \subset \forall S. \tag{*}$$

Denn die linke Seite bedeutet einfach $X \times T \subset S$, und die rechte bedeutet: für alle $y \in T$ gilt $\forall x \in X \ (x, y) \in S$. Es ist klar, dass $\forall S$ durch (*) eindeutig bestimmt ist. Zu einer rein kategorialen Formulierung kommen wir, wenn wir die Potenzmengen, die ja partiell geordnete Mengen sind, als Kategorien auffassen (wie oben beschrieben). Die Morphismen sind dann einfach die inklusionserhaltenden Mengenabbildungen, wie P(p) und $\forall$. Dann besagt (*) nichts anderes, als dass $\forall$ rechtsadjungiert zu P(p) ist. (Den Begriff der adjungierten Funktoren haben wir in 4.7 eingeführt). Der Existenzquantor kann „dual" behandelt oder auf den Allquantor zurückgeführt werden (letzteres aber nur, wenn klassische Logik vorliegt!); er ist linksadjungiert zu P(p).

Es ist für diese Betrachtungen nicht wesentlich, dass wir von einer Projektion ausgegangen sind. Eine beliebige Mengenabbildung f: $M \rightarrow N$ induziert die inklusionserhaltende Abbildung $P(f) = f^{-1} : P(N) \rightarrow P(M)$, die wir als Funktor auffassen können; dieser hat die Rechtsadjungierte

$$\forall f(S) = \{n | \forall m(f(m) = n \Rightarrow m \in S)\} = \{n | f^{-1}(n) \subset S\}$$

und die Linksadjungierte

$$\exists f(S) = \{n | \exists m \ f(m) = n\} = f(S)$$

für $S \subset M$, also explizit, wenn noch $T \subset N$,

$$f^{-1}(T) \subset S \Leftrightarrow T \subset \forall f(S) \text{ und } S \subset f^{-1}(T) \Leftrightarrow f(S) \subset T,$$

was alles elementar ist, nur in ungewohnter Betrachtungsweise.

Damit haben wir eine kategorienfähige Interpretation der Quantoren gewonnen. Wir wissen schon, wie Sub(N) für Objekte beliebiger Kategorien zu definieren ist, und wie man (in geeigneten Kategorien) die Verbandsoperationen auf Sub(N) definiert, werden wir unten sehen. In den relevanten Fällen ist Sub wie P ein kontravarianter Funktor und besitzt eine Rechtsadjungierte, die wir mit $\forall$, und eine Linksadjungierte, die wir mit $\exists$ bezeichnen.

Die kategorientheoretischen Fingerübungen der letzten Abschnitte haben Sie, so hoffe ich, davon überzeugt, dass man für praktisch alle mathematischen Objekte und Sachverhalte pfeiltheoretische Äquivalente hat. Wenn das so ist, muss es eine Möglichkeit geben, dies in systematischer Weise darzutun, nicht nur anhand „rhapsodisch aufgeraffter" Beispiele. Der systematische Weg besteht darin, Sprachen und Theorien als linguistische oder syntaktische Objekte, unabhängig von „Realisierungen" zu definieren und schließlich zu zeigen, dass solche Realisierungen nicht nur in **M** möglich sind. Diesen Aufgaben wenden wir uns jetzt zu.

7.5 Sprachen und ihre Interpretationen

Wie früher gehören zu unserer Sprache Symbole R, S, ... für Relationen, Symbole f, g, ... für Funktionen, Symbole c, d, ... für Konstanten und Symbole x, y, ... für Variable. Eine Verallgemeinerung ist nötig: wir wollen Aussagen machen über Objekte verschiedener Sorten oder Typen, während wir in Kap. 6 nur Aussagen über reelle bzw. hyperreelle Größen zu betrachten hatten. Das ist schon in der Elementargeometrie nötig, wo man über Punkte, Geraden und Ebenen reden möchte; hier werden wir z. B. im Axiom K-L, die Typen R und D benötigen. Man kann die Typen auf einen einzigen reduzieren, indem man für jeden Typ ein Prädikat einführt; das hat beweistechnische Vorteile (von Beweisen werden wir uns weitgehend dispensieren), macht aber die Präsentation unanschaulich. Jedes (geordnete) n-Tupel von Typen X, Y, ... ist wieder ein Typ, den wir mit X × Y × ... bezeichnen. Jede Relation R ist definiert für Objekte eines solchen Typs, ebenso jede Funktion, die zudem Werte in einem weiteren Typ hat, jede Konstante und jede Variable ist *von* einem solchen Typ. Wir schreiben dafür R ⊂ X × Y × ..., f: X × Y × ... → Z und c ∈ X; diese Schreibweisen verstehen sich als Abkürzungen und präsumieren keine mengentheoretische Interpretation (davon wollen wir ja gerade loskommen). Schließlich gehören zu unserer Sprache natürlich, wie früher, Junktoren, Quantoren, Klammern und Satzzeichen.

Die Bildung von *Termen* vollzieht sich wieder durch Rekursion, nur haben wir auf die Typen zu achten. Also:

jede Variable und jede Konstante ist ein Term vom jeweiligen Typ;

sind s, t, ... Terme von Typen X, Y, ... und f: X × Y × ... → Z, dann ist f(s, t, ...) ein Term vom Typ Z.

Von den *Formeln* sind zunächst wieder die *atomaren* zu nennen:

sind s, t, ... Terme von Typen X, Y, ..., und ist R ⊂ X × Y × ..., dann ist R(s, t, ...) eine atomare Formel.

Aus den atomaren Formeln werden die zusammengesetzten wie früher mittels Junktoren und Quantoren gebildet. Quantifiziert wird nur über Variable (die zu bestimmten Typen gehören), nicht über Relationen, Funktionen oder gar Typen; dadurch werden die Sprachen *erster Stufe* (oder *L1-Sprachen*) charakterisiert. Wir erinnern uns auch noch an die Begriffe „freie Variable einer Formel" und „Aussage" (= Formel ohne freie Variable).

Wir denken uns im Folgenden eine solche Sprache gegeben und nennen sie L. Eine *Theorie* in L wird einfach durch eine Menge von Formeln gegeben, die *Axiome* der Theorie (in aller Regel wird es sich dabei um Aussagen handeln). Die Theorie einer einzelnen Gruppe z. B. kann man formulieren mit einem einzigen Basistyp G, einer Funktion m: $G \times G \to G$, einer Funktion i: $G \to G$ und einer Konstanten $1 \in G$; die Axiome kennen wir. (Natürlich gibt es auch andere Möglichkeiten; z. B. kann man die Multiplikation durch eine dreistellige Relation ausdrücken.)

7.5.1 Wir kommen jetzt zu den Interpretationen und gehen erst durch den üblichen Fall, Interpretationen in der Mengenkategorie **M**. Eine solche Interpretation, M geheißen, wird durch folgende data konstituiert:

für jeden Basistyp X eine Menge X(M), für zusammengesetzte Typen $X \times Y \times \ldots$ die Produktmenge $X(M) \times Y(M) \times \ldots$ (man beachte die veränderte Bedeutung des Produktzeichens!);

für jeden Relationsausdruck $R \subset X \times Y \times \ldots$ eine Teilmenge $R(M) \subset X(M) \times Y(M) \times \ldots$,

für jeden Funktionsausdruck $f : X \times Y \times \ldots \to Z$ eine Mengenabbildung $f(M) : X(M) \times Y(M) \times \ldots \to Z(M)$,

für jede Konstante $c \in X$ ein Element $c(M) \in X(M)$, wir schreiben dafür auch $c(M): 1 \to X(M)$, wobei 1 jetzt für ein Endobjekt von **M** steht.

Damit definieren wir rekursiv Interpretationen von Termen. Ist $t = t(x, y, \ldots)$ ein Term vom Typ Z mit Variablen von Typen X, Y, ..., so soll seine Interpretation eine Funktion t(M): $X(M) \times Y(M) \times \ldots \to Z(M)$ sein. Hierbei sind *ghost variables* zugelassen, von denen t nicht „wirklich abhängt"; das ist beweistechnisch von Vorteil, weil man so immer annehmen kann, dass endlich viele Terme dieselben Variablen aufweisen; zum Glück lässt sich zeigen, dass die Gültigkeit von Formeln, in denen sie auftreten, davon nicht abhängt. Hier nun die einzelnen Schritte:

Ist $t = x$ eine Variable vom Typ X, so sei t(M) die Projektion auf X(M); insbesondere: ist nur einziger Typ X beteiligt, so ist t(M) die Identität $X(M) \to X(M)$.

Ist $t = c$ eine Konstante, so sei t(M) die Abbildung

$$X(M) \times Y(M) \times \ldots \to 1 \to Z(M),$$

in welcher der erste Pfeil der kanonische auf 1 und der zweite c(M) ist.

Ist $t = f(t_1, \ldots, t_k)$ mit Termen $t_i = t_i(x_1, \ldots x_n)$ vom Typ Y_i, so sei t(M) die Abbildung

$$X_1(M) \times \ldots \times X_n(M) \to Y_1(M) \times \ldots \times Y_k(M) \to Y(M)$$

in welcher der erste Pfeil $t_1(M) \times \ldots \times t_k(M)$ und der zweite f(M) ist.

Nun zur Interpretation von Formeln. Wir wollen einer Formel $p = p(x_1, \ldots, x_n)$, deren freie Variable in der Menge $\{x_1, \ldots x_n\}$ enthalten sind, eine Teilmenge

$$\{x_1, \ldots, x_n | p\}(M) \subset X_1(M) \times \ldots \times X_n(M)$$

zuordnen, den „Bereich ihrer Gültigkeit". Wir benutzen im Folgenden x als Abkürzung für $x_1, \ldots, x_n$.

Ist $p = R(t_1, \ldots, t_k)$ eine atomare Formel, mit Termen $t_i(x)$ vom Typ Y_i, so gelte $a = (a_1, \ldots a_n) \in \{x|p\}(M)$ genau dann, wenn

$$(t_1(M)(a), \ldots, t_k(M)(a)) \in R(M) \subset Y_1(M) \times \ldots \times Y_k(M).$$

Überzeugen Sie sich, dass dies die korrekte Formalisierung des „Bereichs der Gültigkeit" unserer Formel ist! Pfeiltheoretisch ist er ein Urbild einer Teilmenge unter einer Abbildung, kann also, wie früher bemerkt, als Faserprodukt geschrieben werden, nämlich mit dem Diagramm

$$\begin{array}{ccc} \{x|p\}(M) & \to & R(M) \\ \downarrow & & \downarrow \\ X_1(M) \times \ldots \times X_n(M) & \to & Y_1(M) \times \ldots \times Y_k(M), \end{array}$$

in dem die horizontalen Pfeile durch $(t_1(M), \ldots, t_k(M))$ gegeben sind; die vertikalen sind Inklusionen. Der Spezialfall der Gleichheit, also die Formel $t_1 = t_2$, ist durch einen *equalizer* wiederzugeben, was ich wohl nicht ausführen muss.

Junktoren: wir haben Formeln p, q mit freien Variablen in $\{x_1, \ldots, x_n\}$ Teilmengen $\{x|p\}(M)$ und $\{x|q\}(M)$ von $X_1(M) \times \ldots \times X_n(M)$ zugeordnet und definieren $\wedge, \vee, \Rightarrow$ und $\neg$ durch die booleschen Operationen mit diesen Mengen. Das sollte klar sein.

Quantoren: sei p eine Formel $\forall y \in Y$ $q(x,y)$, also mit freien Variablen in x; dann gelte $a \in \{x|p\}(M)$ genau dann, wenn gilt:

für alle $b \in Y(M)$ ist $(a,b) \in \{(x,y)|q\}(M)$.

Wie früher erklärt, ist dann $\{x|p\}(M)$ die Extension, also der Gültigkeitsbereich der Formel p. Mit der früheren Notation ist

$$\{x|p\}(M) = \forall\{(x,y)|q\}(M),$$

wobei $\forall$ zur Projektion

$$X_1(M) \times \ldots \times X_n(M) \times Y \to X_1(M) \times \ldots \times X_n(M)$$

rechtsadjungiert ist.

Die Formel $p = p(x)$ soll nun „gültig in M" heißen, wenn der Gültigkeitsbereich maximal, also

$$\{x|p\}(M) = X_1(M) \times \ldots \times X_n(M)$$

ist. Ist die Formel eine Aussage, also ohne freie Variable, ist das Produkt als das leere Produkt zu nehmen, also ein Endobjekt 1 von **M**. Dann ist $\{x|p\}(M)$ ein Unterobjekt von 1, also $= 1$ oder $= \emptyset$; der erste Fall kann pfeiltheoretisch beschrieben werden dadurch, dass die charakteristische Funktion des Unterobjekts durch das Endobjekt faktorisiert. Allgemeiner: sei $N \subset M$ eine Teilmenge und $\chi: M \to \{\emptyset, 1\} \cong \text{Sub}(1)$ ihre charakteristische Funktion; weiter sei $\text{tr}: 1 \to \{\emptyset, 1\}$ die Abbildung $1 \to 1$ (tr steht für „true"). Dann ist das Diagramm

$$N \to 1$$
$$\downarrow \; \downarrow$$
$$M \to \{\emptyset, 1\}$$

cartesisch (die Pfeile sind klar), und es ist $N = M$ genau dann, wenn χ über 1 faktorisiert. Damit haben wir eine pfeiltheoretische Formulierung von „Gültigkeit", oder, wenn man will, „Wahrheit" gewonnen. Wir sehen auch: die Mengenkategorie „kennt" nur zwei Wahrheitswerte, das Tertium non datur ergibt sich aus ihrer eigenen Struktur und ist darum für sie sachgemäß.

Eine Theorie T in L heißt *gültig* in M, oder M ein *Modell* von T, wenn alle Axiome von T in M gültig sind. Machen Sie sich klar, dass ein Modell für die Theorie einer (einzelnen) Gruppe nichts anderes ist als eine Gruppe. Damit wird deutlich: die Standardmathematik arbeitet immer schon mit Modellen in **M**, ohne dass man das eigens hervorhebt. Es ist klar, dass dieser Modellbegriff für die mathematische Logik größte Bedeutung hat. Für uns zählt hauptsächlich, wie oben erläutert: wenn T ein (nichtleeres) Modell in **M** hat und die Mengentheorie konsistent ist, dann ist auch T konsistent; man beachte hier, dass wir für unseren Modellbegriff nicht die volle Stärke der Mengentheorie benötigt haben; z. B. nicht das Auswahlaxiom.

7.5.2 Nun haben wir schon gesehen, dass unsere synthetische Infinitesimalrechnung in **M** nicht funktioniert; wir brauchen also für unseren Konsistenzbeweis andere modellierende Theorien. Ich habe die Erklärung der Interpretationen in **M** so formuliert, dass die pfeiltheoretische Version auf der Hand lag. Wir gehen nun noch einmal durch alle Klauseln und sammeln, was von der Kategorie **K,** in der wir interpretieren wollen, verlangt werden muss, damit die Definitionen möglich sind.

Die data bieten keine Probleme: wir ersetzen Mengen durch Objekte, Teilmengen durch Unterobjekte, Funktionen durch Pfeile („Morphismen") und cartesische Produkte von Mengen durch kategoriale Produkte. Dabei sehen wir: **K** muss ein Endobjekt besitzen sowie Produkte. Mit denselben Ersetzungen gehen die Definitionen für die Interpretation der Terme ohne weiteres durch.

Die bisher aufgelaufenen Forderungen an **K** sind noch harmlos. Mit den Formeln werden sie massiver: für die atomaren Formeln brauchen wir, wie oben erklärt, die Existenz von *pullbacks* und *equalizern*. Für die Junktoren brauchen wir auf den Sub(A), wo A ein Objekt von **K** ist, Analoga der booleschen Operationen. Für die Quantoren brauchen wir eine Funktorialität von Sub wie bei den Mengen, nämlich Sub(B) $\to$ Sub(A) für jeden Pfeil A $\to$ B, mit einer Rechtsadjungierten für den All- und einer Linksadjungierten für den Existenzquantor. Die Funktorialität und beide Adjungierte erbt **T** von **M**, aber in **G** fehlt i. A. die Rechtsadjungierte (machen Sie sich das klar!). Der Mechanismus der charakteristischen Funktionen bricht in **G** zusammen (das Endobjekt hat nur sich selbst als Unterobjekt), besteht aber noch in **T** (wie muss man $\{\emptyset, 1\}$ dabei topologisieren?); doch hilft uns das nicht, weil die „interne Logik" von **T** wie die von **M** noch zweiwertig ist. Werfen wir schließlich noch einen Blick auf die Axiome, die wir interpretieren wollen, dann sehen wir beim Axiom K-L: es wird über Abbildungen D → R quantifiziert; quantifiziert werden kann aber in unserer L1-Sprache nur über Variablen, die zu Typen gehören; wir brauchen also diese Abbildungen als *ein Objekt von* **K**. In **T** lassen sich noch die *stetigen* Abbildungen M → N topologisieren, aber das hört auf, wenn wir von der stetigen zur differenzierbaren Kategorie übergehen, und in **G** ist nichts dergleichen in Sicht (nur in der abelschen Unterkategorie).

Es gibt nun eine ganze Klasse von Kategorien, die all das bieten, die sog. *Topoi* (Plural von topos, griechisch „Ort"). Ich will mich mit der abstrakten Definition nicht aufhalten, es geht uns ja nur darum, dass es überhaupt Kategorien gibt, die unsere Wünsche erfüllen. Das sind bestimmte *Funktorkategorien,* und diese bilden den Gegenstand des letzten Abschnitts dieses Kapitels.

7.6 Kategorien von Funktoren

Wir suchen eine neue Kategorie zur Modellierung der elementaren Analysis, und es liegt nahe, diese irgendwie aus den primären Objekten dieser Theorie abzuleiten. Zu diesen gehören die reelle Gerade, Intervalle auf dieser, allgemeiner Mannigfaltigkeiten der Klasse C^∞ (auch mit Rand). Diese bilden eine Kategorie, die aber unseren Ansprüchen nicht genügt; sie lässt keine Infinitesimalien erkennen, und die Pfeile [0, 1] → R, über die wir im Axiom K-R quantifizieren müssen, bilden kein Objekt dieser Kategorie.

Es gibt nun ein allgemeines, in der Mathematik oft gebrauchtes Prinzip, mittels dessen man eine Klasse X von Objekten, die noch gewisse Defizite aufweist, in eine größere einbetten kann, in der diese behoben sind: man macht die Objekte zu Abbildungen. Die einfachste Version ist: mittels einer Hilfsmenge I kann man die Elemente von X mit den konstanten Abbildungen I → X identifizieren und erhält eine Einbettung X → **M**(I, X), oft gefolgt von einem Übergang **M**(I, X) → X* zu Äquivalenzklassen, derart dass X → X* eine Einbettung bleibt. Machen Sie sich klar, dass *alle* Erweiterungen $\mathbb{N} \subset \mathbb{Z} \subset \mathbb{Q} \subset \mathbb{R} \subset \mathbb{R}^*$ der Kap. 4 und 6 auf solche Weise zustande kamen (mit I = zweielementig, also **M**(I, X) = X × X, bzw. I = $\mathbb{N}$). Einem Fall einer Einbettung X → **M**(X, X) sind wir auch schon begegnet (2.1), als wir die Punkte einer Geraden rechenfähig gemacht haben: jeder Punkt P der Geraden g definiert die Translation, die 0 auf P abbildet, und damit werden die Punkte mit Translationen identifiziert, die „von Hause aus" eine Gruppenstruktur tragen. Ein Beispiel einer Einbettung X → **M**(Y, Z) kennen Sie aus der Analysisvorlesung, die Einbettung von (integrierbaren) Funktionen in einen Raum von Distributionen, wodurch den Delta„funktionen" mathematisches Heimatrecht verschafft wird. Für nähere Ausführungen zu diesem Prinzip der „Anreicherung durch Verflüssigung" verweise ich auf meine Arbeit [KV].

Hier benutzen wir das Prinzip in der letzteren Form. Wir wollen eine Kategorie **C,** von der wir zunächst nichts weiter voraussetzen, in eine Kategorie **Ĉ** einbetten, die alle aus der Mengentheorie geläufigen Konstruktionen (insbesondere die oben geforderten) gestattet. Dazu benötigen wir zunächst den Begriff der *natürlichen Transformation.*

Seien **A, B** Kategorien und F, G: **A** → **B** Funktoren. Eine natürliche Transformation t: F → G besteht aus einer Familie $\{t_A\}$ von Pfeilen F(A) → G(A) in **B**, einen für jedes Objekt A von **A,** derart dass für alle Pfeile f: A → B in **A** das Diagramm

$$F(A) \;\to\; G(A)$$
$$F(f) \downarrow \qquad\qquad \downarrow G(f)$$
$$F(B) \;\to\; G(B)$$

kommutativ ist. Wie bei den adjungierten Funktoren handelt es sich auch hier nicht um eine abstrakte Verstiegenheit, sondern es wird die logische Substruktur eines durchaus geläufigen Verfahrens expliziert, wie folgendes elementare Beispiel zeigen mag: es sei **R** die Kategorie der kommutativen Ringe mit Einselement und n ∈ ℕ. Wir haben zwei Funktoren **R** → **G**, R → R* = Einheitengruppe = GL(1, R) und R → GL(n, R), und die Determinantenabbildung ist eine natürliche Transformation zwischen beiden, denn für einen Morphismus f: R → S in **R** ist das Diagramm

$$GL(n, R) \;\to\; R^*$$
$$GL(n, f) \downarrow \qquad\qquad \downarrow f$$
$$GL(n, S) \;\to\; S^*$$

kommutativ (GL(n, f) bezeichnet natürlich die koeffizientenweise Anwendung von f). Viele Beispiele findet man in der algebraischen Topologie, die einem Raum ganze Familien von Homologie-, Cohomologie- und Homotopiegruppen zuordnet, zwischen denen ihrerseits funktorielle Beziehungen bestehen. Ist H ein weiterer Funktor **A** → **B** und s: G → H eine weitere natürliche Transformation, ist die Verknüpfung s ∘ t mit (s ∘ t)$_A$ = s_A ∘ t_A wieder eine solche (zwei kommutative Diagramme ergeben, aneinander gesetzt, wieder ein solches). Es ist klar, dass diese Verknüpfung assoziativ ist. Zusammen mit der identischen Transformation, mit t_A = id$_A$, bilden die natürlichen Transformationen von Funktoren **A** → **B** selbst eine Kategorie, die Funktorkategorie F(**A, B**).

Bevor wir diese Konstruktion anwenden, müssen wir noch den Begriff der *dualen* Kategorie erklären: die zu einer Kategorie **C** duale Kategorie **C**^{op} hat dieselben Objekte wie **C,** aber die Pfeile werden „herumgedreht": einem Pfeil f: A → B in **C** entspricht ein Pfeil f^{op}: B → A in **C**^{op}, und das sind alle Pfeile dieser Kategorie; die Verknüpfung ist f^{op} ∘ g^{op} = (g ∘ f)^{op}. So gehen Anfangsobjekte in Endobjekte über, Produkte in Coprodukte und umgekehrt. Dies ist ein rein formaler Prozess und hat nichts zu tun mit einem „realen" Invertieren von Abbildungen. Die Kategorien **C** und **C**^{op} sind „antiisomorph" zueinander, aber i. A. natürlich nicht isomorph, z. B. wenn **C** ein Anfangs-, aber kein Endobjekt hat.

Das alles wenden wir nun an mit **B** = **M** und **A** = **C**^{op} und setzen $\hat{\textbf{C}}$ = F(**C**^{op}, **M**). Also noch einmal explizit:

Objekte von $\hat{\mathbf{C}}$= kontravariante Funktoren P: $\mathbf{C} \to \mathbf{M}$, die also einem Pfeil f: $C \to D$ in $\mathbf{C}$ eine Mengenabbildung P(f): P(D) $\to$ P(C) zuordnen;

Morphismen in $\hat{\mathbf{C}}$= natürliche Transformationen t: P $\to$ Q, also für jeden Pfeil f: $C \to D$ ein kommutatives Diagramm

$$P(D) \to Q(D)$$
$$P(f) \downarrow \quad \downarrow Q(f)$$
$$P(C) \to Q(C).$$

$\mathbf{M}$ selbst ergibt sich als der Spezialfall, in welchem $\mathbf{C}$ die Kategorie $\mathbf{1}$ mit einem einzigen Objekt und dessen Identität als einzigem Morphismus ist.

Nun zur Einbettung $\mathbf{C} \to \hat{\mathbf{C}}$: Für jedes Objekt C von $\mathbf{C}$ definieren wir yC: $\mathbf{C} \to \mathbf{M}$ durch

$$yC(A) = C(A, \ C) = \text{Menge der Pfeile } A \to C \text{ in } \mathbf{C},$$

und für jeden Pfeil f: $A \to B$ in $\mathbf{C}$ sei

$$yC(f) : \ yC(B) \to yC(A), \ (x : B \to C) \to (x \circ f : A \to C),$$

die Zuordnung ist also kontravariant. Von den Funktoreigenschaften ist yC(id)=id klar, und für einen weiteren Pfeil g: $B \to D$ folgt die Gleichung yC(g $\circ$ f) = yC(f) $\circ$ yC(g) einfach aus der Assoziativität der Komposition der Morphismen in $\mathbf{C}$ (nachrechnen!). Damit ist yC als Objekt von $\hat{\mathbf{C}}$ nachgewiesen.

Die Zuordnung y: $\mathbf{C} \to yC$ ist nun selbst ein (kovarianter!) Funktor. Dazu brauchen wir für jeden Pfeil f: $C \to D$ in $\mathbf{C}$ eine natürliche Transformation yf: yC $\to$ yD, also für jeden Pfeil g: $A \to B$ ein kommutatives Diagramm

$$yC(B) = \mathbf{C}(B, \ C) \to yD(B) = \mathbf{C}(B, \ D)$$
$$\downarrow \quad \downarrow$$
$$yC(A) = \mathbf{C}(A, C) \to yD(A) = \mathbf{C}(A, D).$$

Die vertikalen Pfeile sind „Vorschalten von g", und wir definieren die horizontalen durch „Verlängern mit f"; die Kommutativität folgt wieder aus der Assoziativität der Verknüpfung. Also ist yf eine natürliche Transformation. Es ist klar, dass $y(\text{id}_C)$ die identische Transformation ist, und die Gleichung y(f $\circ$ g) = y(f) $\circ$ y(g) folgt wieder daraus, dass ein zusammengesetztes Diagramm kommutiert, wenn die einzelnen Diagramme es tun. Damit ist y als Funktor $\mathbf{C} \to \hat{\mathbf{C}}$ erwiesen. Dieser Funktor hat nun eine besondere Eigenschaft, die in der folgenden fundamentalen Aussage formuliert ist:

7.6.1 Lemma von Yoneda: Sei C ein Objekt von $\mathbf{C}$, P ein Objekt von $\hat{\mathbf{C}}$. Dann ist die Abbildung

$$T: \hat{\mathbf{C}}(yC, P) \to P(C), T(t) \to t_C(\text{id}_C)$$

eine Bijektion. Insbesondere gilt für P=yD:

$$\hat{\mathbf{C}}(yC, yD) = yD(C) = \mathbf{C}(C, D).$$

Erläuterung: die natürliche Transformation t: $yC \to P$ hat insbesondere einen Pfeil „auf der Stufe C", t_C: $yC(C) = \mathbf{C}(C, C) \to P(C)$. Im Argumentbereich dieser Mengenabbildung liegt insbesondere der Pfeil id_C. Die Aussage ist, dass die ganze Transformation t, also *alle* Werte von *allen* t_D, durch den Wert $t_C(id_C)$ schon festgelegt ist, und dass umgekehrt jedes Element von $P(C)$ ein t definiert. Das klingt unglaubwürdig. Aber betrachten wir, für einen Pfeil f: $D \to C$ in **C**, das kommutative Diagramm

$$yC(C) = \mathbf{C}(C,C) \quad \to \quad P(C)$$
$$^{\circ}f \qquad \downarrow \qquad\qquad \downarrow P(f)$$
$$yC(D) = \mathbf{C}(D,C) \quad \to \quad P(D).$$

Es ist $t_D(f) = t_D(id_C \circ f) = P(f)(t_C(id_C))$ wegen der Kommutativität, also in der Tat $t_D(f)$ durch $t_C(id_C)$ bestimmt. Das zeigt die Injektivität von T. Für die Surjektivität nimmt man die erhaltene Gleichung als Definition und zeigt, dass tatsächlich eine Transformation vorliegt. Die zunächst verblüffende Aussage des Yonedalemmas zeigt sich so als simple Folge der eigentümlichen „Selbstverschränkung" der Morphismen, in welcher die Konstruktion besteht.

Die spezielle Aussage des Lemmas zeigt, dass y, in der Sprache der Kategorientheorie, eine „volltreue" Einbettung ist; insbesondere sind die Funktoren yC und yD isomorph in $\hat{\mathbf{C}}$ genau dann, wenn C und D in **C** isomorph sind.

7.6.2 Jetzt müssen wir uns überzeugen, dass $\hat{\mathbf{C}}$ unsere Wünsche erfüllt, also alle benötigten Konstruktionen aus der Mengentheorie gestattet, und zwar mit den Modifikationen, die wir auch schon als unumgänglich erkannt haben. Die erste Idee ist natürlich, diese Konstruktionen für die Funktoren $\mathbf{C} \to \mathbf{M}$ wertweise zu definieren. Grob gesagt, geht das gut in der Hälfte der Fälle, für den Rest muss man modifizieren.

Als Endobjekt von $\hat{\mathbf{C}}$ dient der Funktor, der jedem Objekt von **C** ein Endobjekt von **M,** also eine einelementige Menge zuordnet. Das Produkt $P \times Q$ von zwei Funktoren kann wertweise definiert werden, also $(P \times Q)(C) = P(C) \times P(Q)$, und für f: $C \to D$ definieren wir $(P \times Q)(f)$: $P(D) \times Q(D) \to P(C) \times Q(C)$ komponentenweise; ich übergehe die weiteren Details.

Die erste Schwierigkeit tritt auf, wenn wir das Axiom K-L modellieren wollen: dafür brauchen wir ja Abbildungen $D \to R$ als *Objekt,* nicht als Morphismenmenge unserer Kategorie. In der Mengenmathematik ist der Unterschied kaum fühlbar: die Mengenabbildungen $M \to N$ bilden selbst eine Menge. Aber wir haben schon gesehen, dass das Analogon dazu in anderen Kategorien falsch wird. Es ist eben ein nichttrivialer Schritt, wenn man Beziehungen zwischen Objekten als Objekte sui generis fassen will, nämlich ein fundamentaler Akt der Abstraktion.

Wir schreiben jetzt die gesuchten Objekte, wie in **M** üblich, als Potenzen Q^P und sehen zunächst, dass die wertweise Version $Q^P(C) = \mathbf{M}(P(C), Q(C))(?)$ nicht zum Erfolg führt. Denn für f: $C \to D$ brauchen wir ja einen Pfeil $Q^P(D) \to Q^P(C)$, haben aber nur Pfeile P(f): $P(D) \to P(C)$ und Q(f): $Q(D) \to Q(C)$, und daraus kann man keinen Pfeil $\mathbf{M}(P(D), Q(D)) \to \mathbf{M}(P(C), Q(C))$ basteln (versuchen Sie es). Der

Ausweg ist, gewissermaßen einen Schritt zurückzutreten, die Potenzbildung als Adjunktion zu verstehen und diese Adjunktion zu imitieren. In $\mathbf{M}$ gilt bekanntlich

$$\mathbf{M}(M \times N, L) \cong \mathbf{M}(M, L^N),$$

wobei f: $M \times N \to L$ und t : $M \to L^N$ durch die Gleichung f(m, n) = t(m)(n) einander entsprechen. Pfeiltheoretisch gesprochen, bedeutet dies, dass bei festem N der Funktor $M \to M \times N$ linksadjungiert zu dem Funktor $L \to L^N$ ist. Nun sagen wir uns: *wenn* der Funktor Q^P existiert, dann sollte via Yoneda und per analogiam auch

$$Q^P(C) = \hat{\mathbf{C}}(yC, Q^P) = \hat{\mathbf{C}}(yC \times P, Q)$$

gelten. Diese Gleichung nehmen wir als Definition, die weiteren Details erspare ich uns. Speziell für Q = yB, P = yA kommt, wenn wir in $\mathbf{C}$ Produkte voraussetzen,

$$yB^{yA}(C) = \hat{\mathbf{C}}(yA \times yC, yB) = \hat{\mathbf{C}}(y(A \times C), yB) = \mathbf{C}(A \times C, B),$$

wobei wir die Definition der Potenz, die Tatsache, dass y als volltreue Einbettung Produkte erhält, und noch einmal das Yonedalemma benutzt haben. Diese Gleichung erweist sich als entscheidend für die Verifikation von K-L. Wir führen sie durch in einem einfacheren Fall, der für die Analysis nicht ausreicht, aber das Prinzip erkennen lässt, indem wir statt allgemeiner Mannigfaltigkeiten nur die reell-algebraischen betrachten. Die algebraische Geometrie repräsentiert diese durch ihre Koordinatenringe; dies sind endlich erzeugte kommutative R-Algebren mit Einselement; die Kategorie solcher Algebren heiße $\mathbf{A}$. Die reelle Gerade wird in $\mathbf{A}$ repräsentiert durch den Polynomring $\mathbb{R}[X]$; $\mathbf{A}$ enthält auch die Algebra der Dualzahlen $\mathbb{R}[e|e^2 = 0]$. Das Coprodukt in $\mathbf{A}$ ist das Tensorprodukt. Jetzt gehen wir über zur Funktorkategorie $\hat{\mathbf{A}}$, benutzen aber (weil die Korrespondenz Mannigfaltigkeiten – Koordinatenringe kontravariant ist) die kontravariante Yonedaeinbettung, mit yA(B) = $\mathbf{A}$(A,B); das Lemma gibt dann $\hat{\mathbf{A}}$(yA, yB) = $\mathbf{A}$(B, A). In $\hat{\mathbf{A}}$ wird die reelle Gerade also durch $R \coloneqq y\mathbb{R}[X]$ repräsentiert; die Kategorie enthält aber auch den Funktor D : $A \to \{a \in A | a^2 = 0\}$, der das D aus dem Axiom K-L repräsentiert; es ist D(A) = $\mathbf{A}(\mathbb{R}[e], A)$, also D = $y\mathbb{R}[e]$. Jetzt rechnen wir

$$R^D(A) = \hat{\mathbf{A}}(yA \times D, R) = \hat{\mathbf{A}}(yA \times y\mathbb{R}[e], y\mathbb{R}[X])$$
$$= \hat{\mathbf{A}}(y(A \otimes \mathbb{R}[e]), y\mathbb{R}[X]) = \mathbf{A}(\mathbb{R}[X], A \otimes \mathbb{R}[e]) = A[e];$$

bei der dritten Gleichung haben wir benutzt, dass y als kontravarianter Funktor Coprodukte in Produkte verwandelt, bei der letzten, dass stets $\mathbf{A}(\mathbb{R}[X], B) = B$ gilt, gemäß der universellen Abbildungseigenschaft der Polynome. Das ist die pfeiltheoretische Fassung von K-L. Was wir bewiesen haben, reicht natürlich für eine Grundlegung der Analysis nicht aus, weil hier nur polynomiale Funktionen vorkommen. Die Argumentation lässt sich übertragen auf Funktionen und Mannigfaltigkeiten der Klasse C^∞; aber das erfordert, wie schon gesagt, noch einige Arbeit. (Für Polynome f kann man, wie schon früher bemerkt, direkt mit den Dualzahlen arbeiten).

Nun zu den Sub(P). Die allgemeine Definition von Unterobjekten läuft hier auf die folgende einfache Version hinaus: F ist ein Unterobjekt von P, wenn stets $F(C) \subset P(C)$ und für alle Pfeile f: $C \to D$ der Pfeil $F(f)$: $F(D) \to F(C)$ die Einschränkung von $P(f)$: $P(D) \to P(C)$ ist. Man prüft ohne Mühe: sind F, G Subfunktoren von P, so auch $F \cap G$ und $F \cup G$, wobei diese booleschen Operationen wertweise vollzogen werden, also

$$(F \cap G)(C) = F(C) \cap G(C), \; (F \cup G)(C) = F(C) \cup G(C).$$

Für die Negation oder Komplementbildung führt die wertweise Version, $(\neg F)(C) = P(C) \backslash F(C)$, nicht zum Ziel, denn für f: $C \to D$ bräuchten wir ja

$$P(f)(P(D) \backslash F(D)) \subset P(C) \backslash F(C), \tag{*}$$

und das wird i. A. nicht der Fall sein, garantiert ist nur $P(f)(F(D)) \subset F(C)$. Die korrekte Definition ist:

$$(\neg F)(C) = \{x \in P(C) | \text{für alle } g \colon D \to C \text{ ist } P(g)(x) \notin F(D)\}.$$

Insbesondere kommt immer $g = id_C$ vor, also ist $(\neg F)(C)$ eine Teilmenge von $P(C) \backslash F(C)$, aber zusätzliche g sorgen für weitere Einschränkungen. Mit anderen Worten: es i. A. *nicht* $F \cup (\neg F) = P$, der Verband der Unterobjekte von P ist nicht boolesch! Hier ist ein Angelpunkt all unserer Konstruktionen. Wir haben schon gesehen, dass diese Verbände, in besonderer Weise der Verband Sub(1), für die Logik verantwortlich sind, die in der gewählten Kategorie modelliert werden kann. In **M** ist Sub(1) = {0, 1}, die „interne" Logik der Mengen also zweiwertig; das ist der Spezialfall $\mathbf{C} = \mathbf{1}$, ein einziges Objekt mit der Identität als einzigem Morphismus; es gibt dann keine zusätzlichen g. Hier sehen wir also, wie das Tertium non Datur außer Kraft gesetzt wird, indem man von Mengen zu „variablen Mengen" übergeht. Unangetastet bleibt natürlich der Satz vom Widerspruch: $F \cap (\neg F) = 0$, die Null von Sub(P), der Funktor, der alle C auf die leere Menge abbildet. Die Eigenschaften der Verbände Sub(P), etwas schwächer als „boolesch", fasst man zusammen im Begriff der *Heyting-Algebra;* siehe dazu [MM], I.8.

Instruktiv ist schon das kleinste nichttriviale Beispiel, in dem **C** zwei Objekte C, D hat mit einem einzigen Pfeil f: $C \to D$ und den Identitäten. Ein Funktor P mit einem Subfunktor F ist dann gegeben durch ein kommutatives Diagramm

$$P(D) \to P(C)$$
$$\uparrow \quad \uparrow$$
$$F(D) \to F(C),$$

in dem die horizontalen Pfeile $P(f)$ und die vertikalen Pfeile Inklusionen von Teilmengen sind. $P(f)$ ist beliebig, und es ist klar, dass (*) nicht erfüllt sein muss. Besonders durchsichtig wird die Sachlage, wenn man den Pfeil f als zeitlichen Übergang interpretiert und die Zugehörigkeit zu F(D) als eine Eigenschaft, welche die Elemente von P(D) haben können oder nicht. Ein Element hat dann diese Eigenschaft schon vor dem Übergang, folglich auch danach (nach Definition eines Subfunktors), oder es nimmt sie im Übergang an, oder es hat sie weder vorher noch nachher. Den drei Möglichkeiten entsprechen die drei Unterobjekte von Sub(E) = Sub(1 → 1), nämlich $0 : \emptyset \to \emptyset, u := \emptyset \to 1$ und $1 : 1 \to 1$. Schon Anzahlgründen kann diese Heyting-Algebra nicht boolesch sein (eine endliche boolesche Algebra ist die Potenzmenge einer endlichen Menge); hier ist $\neg u = 0$ und daher $u \cup \neg u = u$ und $\neg(\neg u) = 1$.

Schließlich noch das funktorielle Verhalten der Sub(P). Einer natürlichen Transformation $t : P \to Q$ soll ein Verbandsmorphismus Sub(t): Sub(Q) → Sub(P) zugeordnet werden, und das geht wieder wertweise: für den Subfunktor F von Q definiert man den Subfunktor Sub(t)(F) von P durch

$$(\text{Sub}(t)(F))(C) = \text{Urbild von } F(C) \text{ unter } t_C : P(C) \to Q(C).$$

Man bestätigt, dass diese Zuordnung mit den booleschen Operationen verträglich ist.

Für die Quantoren brauchen wir, nach dem Mengenvorbild, eine Links- und eine Rechsadjungierte Sub(P) → Sub(Q) zu Sub(t), das heißt also, für $F \subset Q$ und $G \subset P$,

$$G \subset \text{Sub}(t)(F) \Leftrightarrow \exists G \subset F \text{ und } \text{Sub}(t)(F) \subset G \Leftrightarrow F \subset \forall G.$$

Wir werden das nicht mehr explizit brauchen; ich verweise auf [MM], I.9.

Machen wir uns noch eines klar, das wir auch angestrebt haben: ein Objekt von $\hat{C}$, also ein Funktor $C^{op} \to M$, kann als „variable Menge" vorgestellt, aber nicht mehr in der üblichen Weise als Menge gedacht werden. Eine Mengenabbildung f: $M \to N$ fassen wir als Menge auf, indem wir sie mit ihrem Graphen identifizieren, einer Teilmenge von $M \times N$. Aber $C^{op} \times M$ ist keine Menge.

7.7 Kleine Diskussion

Heben wir zu Beginn hervor, was für die Zielsetzung dieser Vorlesung die entscheidende Leistung des synthetischen Infinitesimalkalküls ist: die Loslösung des Kontinuums vom Mengenbegriff. Nicht, dass wir keine Mengen mehr bräuchten, im Gegenteil: die gesamte klassische, auf den Mengenbegriff gestützte Theorie wird ja für die Modellierung eingesetzt. Aber das Kontinuum wird nicht mehr durch eine Menge repräsentiert, sondern durch die einfachste Art Objekt, das nicht mehr als Menge aufgefasst werden kann, einen (mengenwertigen) Funktor. Die synthetische Nichtstandardtheorie ist *toto coelo* verschieden von der Robinsonschen aus Kap. 6: das neue Kontinuum erscheint nicht mehr als Erweiterung des alten, sondern als „Verflüssigung".

Diese Loslösung war freilich eher ein Nebeneffekt, den die Realisierung das Axioms K-L zwangsläufig mit sich brachte. Dieses selbst, in Verbindung mit dem Integrationsaxiom K-R, macht den synthetischen Kalkül unschlagbar in allem, was in der Infinitesimalrechnung „Formelkram" ist (das ist nicht abwertend gemeint), und zwar nicht Formeln im Zusammenhang mit speziellen Funktionen, sondern den allgemeinen Mechanismus des Differenzierens und Integrierens. Ich denke, wie wenigen Beispiele, die wir betrachtet haben, zeigen deutlich genug, wie hier die „interne Logik" des Infinitesimalen, die in der traditionellen Darstellung manchmal hinter Grenzwertbetrachtungen zurücktritt, zu letzter Deutlichkeit gelangt. Der Kalkül triumphiert vollends dort, wo der besagte „Formelkram" zu seiner höchsten Entfaltung gelangt, in der höheren Analysis und Differentialgeometrie. Doch muss hervorgehoben werden, dass er sich auch in der klassischen Physik bewährt; das Buch von Bell enthält eine Reihe von Beispielen. Unsere Heuristik zum „Hauptsatz" deutete das schon an.

Nun hat auch die Grenzwertrechnung ihre „interne Logik", die nicht ohne Reiz ist (zum Beispiel bei Vertauschung von Grenzprozessen); zweifellos bildet sie eine der großen Errungenschaften in der Geschichte des Denkens, einen Triumph des Endlichen über das Unendliche. Vor allem ist sie unentbehrlich zur Definition spezieller Funktionen, unter denen die Exponentialfunktion wohl die wichtigste ist. Schon bei der Robinsonschen Theorie haben wir gesehen, dass Limesbildung eine missliche Sache ist, wo echte Infinitesimalien im Spiel sind. Definiert man Limiten in der üblichen Weise, sind sie nur bis auf Infinitesimalien eindeutig bestimmt. Das ließ sich dort mittels der „Standardabbildung" st überspielen, die ihrerseits darauf beruht, dass die Infinitesimalien ein Ideal in B bilden. In der synthetischen Theorie aber ist der infinitesimale Grundbereich D, wie wir gesehen haben, nicht mehr additiv abgeschlossen, so dass eine Gleichheitsrelation für Limiten nicht mehr transitiv wäre. So betrachtet, sind Grenzwertrechnung und „echter" Infinitesimalkalkül nicht Konkurrenten, sondern ergänzen einander.

Weniger klar als in der Robinsonschen Theorie ist auch, welche Sätze der neuen Theorie in der alten gültig bleiben. In jener Theorie gibt das Übertragungsprinzip eine Antwort, die insofern befriedigend ist, als sie nur von der logischen Form der fraglichen Aussage abhängt. In der synthetischen Theorie ist, soweit ich sehe, ein Analogon nicht vorhanden, scheint auch unmöglich, denn wir haben ja gesehen, wie K-L sofort zu der klassisch absurden Aussage führt, dass alle Funktionen differenzierbar sind. Dennoch gibt es Übergänge von „synthetisch" zu „klassisch", die darauf beruhen, dass es zu Kategorien wie $\hat{\mathbf{C}}$ einen Funktor „globale Schnitte" $\hat{\mathbf{C}} \to \mathbf{M}$ gibt. Dank der „internen" Logik des Topos $\hat{\mathbf{C}}$ sind (gewisse) Aussagen über Objekte von $\hat{\mathbf{C}}$ selbst Konstellationen solcher Objekte, die durch Anwendung des Funktors in „analoge" Konstellationen im Mengentopos übergehen; siehe dazu [MR], IV.4. und die dort gegebenen Beispiele.

Man kann natürlich dagegenfragen, mit welchem Recht wir die klassische Theorie zum Maßstab der Dinge machen. Zwei Antworten drängen sich auf: Erstens, wir haben sie benutzt, um die synthetische zu sichern. Aber wir haben ja gar nichts „absolut" gesichert, sondern die Konsistenz der synthetischen Theorie auf die der klassischen zurückgeführt, genauer auf Mengentheorie plus Kategorientheorie. Man kann umgekehrt eine Mengentheorie rein pfeiltheoretisch modellieren, siehe dazu [MM], VI.10; grob gesagt, sind also Topostheorie und Mengentheorie simultan konsistent oder inkonsistent. Zweitens, wird man antworten, hat sich die klassische Theorie in aller Physik bewährt. Aber was sich, in den ersten Anfängen der Analysis, in Mechanik und Geometrie auf so überwältigende Weise bewährte, war ja synthetisch begründet, sogar mit einer Theorie, die so offenkundig inkonsistent war, dass sie die Kritik des Bischofs Berkeley hervorrief, der die Infinitesimalien als „ghosts of departed quantities" verspottete. Synthetisches Denken endete auch nicht, als mit der „Epsilontik" von Cauchy und Weierstraß die Infinitesimalien überflüssig geworden waren; die Einleitung von [MR], ein eindrucksvolles Plädoyer für dieses Denken, enthält Beispiele aus dem 20. Jahrhundert. So betrachtet, erscheint es als der eigentliche Träger des Fortschritts, während der von Infinitesimalien „gereinigten" Theorie nur die Rolle nachträglicher Rechtfertigung zufällt; dass freilich auch das nicht die ganze Wahrheit ist, haben wir schon festgestellt.

Literatur zu diesem Kapitel
Die ganze Theorie geht zurück auf Ideen von F.W. Lawvere; die erste Darstellung in einem Buch war Kock [Ko]. Die vollständige Entwicklung findet man bei Moerdijk/Reyes [MR], der Bibel für das Thema. Wenn man das wirklich verstehen will, muss man vorher die kategorientheoretischen Grundlagen studiert haben, am besten aus MacLane/Moerdijk [MM]. Wer einen Eindruck davon gewinnen möchte, wo die Topostheorie heute steht, werfe einen Blick in [Car]. Interessiert man sich nur für die Anwendungen und nicht für die Realisierung, lese man Lavendhomme [L] oder Bell [BeP]. Unbedingt lesenswert: Bells kurzer, aber inhaltsreicher Aufsatz [BeI]. Eine ziemlich vollständige Ausführung dessen, was ich in 7.2 angedeutet habe, findet man in dem Buch [LR] von Lawvere und Rosebrugh.

Kapitel 8
Conwayzahlen

In einem 1976 erschienenen Buch ([C]), das schon als Klassiker gelten kann, hat John H. Conway eine Theorie von Zahlen entwickelt, die nicht nur die üblichen reellen Zahlen, sondern weit darüber hinaus alle Ordinalzahlen einschließt, aber immer noch so, dass diese Zahlen alle Axiome erfüllen, welche für die Elemente eines angeordneten Körpers gelten. Sie bilden allerdings keine Menge, sondern nurmehr eine Klasse, die wir Conway folgend mit **No** bezeichnen. Automatisch entstehen so auch, einfach durch Inversenbildung, Infinitesimalien, ebenso unendlich absteigend wie die Ordinalzahlen aufsteigen. Gleichzeitig wird der Zahlbegriff zu einer Spezialisierung eines allgemeinen Begriffs von Spiel, und eben das suggeriert schon der Titel des Buchs, „On Numbers and Games" (allerdings gelten für die Spiele nur mehr die Axiome einer angeordneten Gruppe). Wir beginnen daher mit den Spielen und springen nun ohne weitere Vorbereitung ins kalte Wasser:

Definition: Seien L, R Mengen von Spielen, dann ist das geordnete Paar $x = (L, R)$ ein Spiel. Alle Spiele entstehen auf diese Weise.

Wir schließen uns Conways suggestiver Notation an und schreiben $\{L|R\}$ für (L, R). Die Elemente von L bzw. R schreiben wir als x^L bzw. x^R. Conway nennt sie auch die (linken und rechten) *Optionen* des Spiels; das entspringt der spieltheoretischen Interpretation, auf die wir noch eingehen werden. Die Optionen sind also selbst Spiele. Ist $L = \{a, b, c \ldots\}$ und $R = \{d, e, f \ldots\}$, schreiben wir $\{a,b,c \ldots | d,e,f \ldots\}$ anstelle von $\{\{a,b,c \ldots\}|\{d,e,f \ldots\}\}$; wichtig ist aber, dass zwischen Klammern und Strich immer *Mengen* von Spielen zu denken sind.

Diese Definition mag einen zunächst ratlos machen: es wird doch nur gesagt, wie man aus gegebenen Spielen neue erzeugt, nicht aber, was ein Spiel „eigentlich" ist, und auch nicht, ob und wo dieser Prozess einen Anfang hat. Die erste Frage ist grundsätzlicher Natur, und man kann sie an jede Axiomatik richten (etwa die Peanoaxiome): eine Axiomatik enthält die Regeln für ein Sprachspiel; die Namen der Objekte, mit denen man zu tun hat, sind im Prinzip beliebig und können auf alle Objekte übertragen werden, welche dieselben Regeln erfüllen

© Springer-Verlag GmbH Deutschland, ein Teil von Springer Nature 2019
E. Kleinert, *Mathematische Modelle des Kontinuums*,
https://doi.org/10.1007/978-3-662-59679-1_8

(technisch gesprochen: alle Modelle für die Axiomatik). Die „Natur" oder das „Wesen" dieser Objekte zeigt sich erst in der Entfaltung der Theorie. Die zweite Frage ist sehr leicht zu beantworten: was auch immer ein X sei, und sei es ein eckiger Kreis, es „gibt" stets die leere Menge solcher X, bezeichnet mit Ø, und diese ist für alle Arten von X immer dieselbe. Man mag darüber philosophieren, in welchem Sinn dieses Objekt „existiert"; uns genügt hier, dass seine Verwendung, natürlich gemäß den Regeln der Mengenlehre, einfach ein zulässiger Zug im mathematischen Sprachspiel ist. Es gibt demnach das Spiel $\{Ø|Ø\}$, das wir 0 nennen. Und schon haben wir weitere Spiele: $\{0|Ø\}$, $\{Ø|0\}$ und $\{0|0\}$, die wir der Reihe nach 1, −1 und * nennen; wie das fortgeht, ist nun klar. Wir haben also einen Anfang für den ganzen Aufbau und fügen jetzt ein Axiom hinzu, welches garantiert, dass jedes Spiel in *endlich* vielen Schritten auf diesen Anfang zurückgeführt werden kann:

Axiom der Endlichkeit: es gibt keine unendliche Folge (x_i) von Spielen, derart dass stets X_{i+1} eine Option von x_i ist.

In gewisser Weise entspricht das dem Fundierungsaxiom der Mengenlehre, welches *unendliche absteigende* Ketten von Elementbeziehungen … $a \in b \in c$ ausschließt (natürlich können aber solche Ketten beliebig lang sein, und unendliche *aufsteigende* Ketten sind zulässig, was wir in Kap. 4 mit der Nachfolgerabbildung von Zermelo ja auch ausgenutzt haben). Unser Axiom ist aber nicht ohne weiteres auf das Fundierungsaxiom zurückzuführen, weil die Beziehung „x ist eine Option von y" nicht mit der Elementbeziehung zusammenfällt.

Die ersten Schritte der Theorie zeigen, dass die Spiele die Axiome einer angeordneten Gruppe erfüllen. Wir beginnen mit der Anordnung, die uns sofort wieder vor ein methodisches Problem stellt:

Definition: Es gelte $x \geq y$, wenn nie $x^R \leq y$ und nie $x \leq y^L$ ist. (Dabei bedeute $a \leq b$ natürlich dasselbe wie $b \geq a$).

Das sieht so aus, als müsste für eine Menge, die x, y und alle Optionen enthält, a priori eine Anordnung erklärt sein. Dieser Anschein trügt jedoch, die Definition ist rekursiv, und zwar bezüglich des Übergangs von den Optionen x^R, x^L zum Spiel $x = \{L|R\}$. Jedem Spiel gehen definitionsgemäß Optionen voran, diesen wiederum eigene Optionen usw. Wir werden das nachher präzisieren, indem wir jedem Spiel einen „Geburtstag" zuordnen; diese Geburtstage sind zu Anfang mit den natürlichen Zahlen zu identifizieren, darüber hinaus mit beliebigen Ordinalzahlen. Dieses methodische Prinzip trägt die gesamte Theorie und dient, wie die gewöhnliche Rekursion und Induktion, sowohl zur Definition von Relationen wie zum Beweis von Sachverhalten. Darauf müssen wir ausführlicher eingehen und beweisen zunächst das Prinzip der „Conway-Induktion":

Sei P eine Eigenschaft, die für Spiele definiert ist (d. h. es ist *sinnvoll* zu fragen, ob ein Spiel sie hat oder nicht); wie in der Logik üblich, schreiben wir P(x) für die Aussage „x hat die Eigenschaft P". Wenn dann aus P(z) für alle Optionen z von x stets auch P(x) folgt (Induktionsvoraussetzung), dann gilt P(x) für alle x.

Denn ist x ein Gegenbeispiel, muss x eine Option z haben, die auch eines ist, für z muss dasselbe gelten usw. ad infinitum; das aber widerspricht dem Axiom der Endlichkeit. Ebenso beweist man für die Mengentheorie mit Fundierungsaxiom: ist

P eine Eigenschaft, die für Mengen definiert ist, und gilt stets P(x), wenn P(y) für alle Elemente y von x gilt, dann gilt P(x) für alle x.

Wie üblich zieht ein Induktionsprinzip für Eigenschaften (einstellige Relationen) ein solches für Relationen R mit beliebiger Stellenzahl nach sich, indem man sich alle Relata bis auf eines als „beliebig, aber fest gewählt" denkt, wodurch die Behauptung auf eine Eigenschaft des ausgenommenen Relatums zurückgeführt wird. Wir brauchen eine etwas allgemeinere Version: angenommen, $R(x_1, \ldots, x_n)$ folgt, wenn stets $R(z_1, \ldots, z_n)$ gilt, wobei jedes z_i entweder ein x_i oder eine Option von x_i ist, wobei letzteres wenigstens für ein i der Fall sein muss. Dann gilt stets $R(x_1, \ldots, x_n)$. Der Beweis ist analog dem für Eigenschaften, informell: wenn man unendlich viele Schritte zurück macht und jedes Mal eine von n Stellen benutzt, kommt mindestens eine Stelle unendlich oft dran; man kann sich das auch vorstellen als Induktion über die Summe der Geburtstage aller Relata. Die Geburtstage sind, wie wir sehen werden, alle Ordinalzahlen; Induktion über die Ordinalzahlen aber schließt gewöhnliche Induktion (über die endlichen unter ihnen) ein, darüber hinaus das, was man transfinite Induktion nennt.

Wie die rekursive Definition von Relationen funktioniert, sehen wir jetzt an der Ordnungsrelation: die definierenden Klauseln, nie $x^R \leq y$ und nie $x \leq y^L$, laufen hinaus auf die Prüfung von Relationen, bei denen eines der Relata „früher" ist; wenn das schon wohldefiniert ist, dann ist es auch das Definiendum $x \geq y$. Dass das wirklich funktioniert, sieht man am besten beim Anfang: es gilt $0 \geq 0$, weil die Klauseln leer erfüllt sind; $1 = \{0|\emptyset\} \geq 0$ sowie $0 \geq -1 = \{\emptyset|0\}$ aus demselben Grunde, allgemeiner gilt $x \geq 0 \geq y$, wenn es kein x^R und kein y^L gibt. Um $1 \geq 1$ zu beweisen, muss man zeigen, dass $1 \leq 0$ nicht gilt, und das folgt aus $0 \leq 0$. Wir beweisen nun allgemein durch (Conway-) Induktion:

Nie ist (a) $x \geq x^R$ oder (b) $x^L \geq x$, stets ist (c) $x \geq x$.

Die Induktion vollzieht sich für die Konjunktion dieser Aussagen: (a) aus $x \geq x^R$ würde folgen, dass nie $x^R \leq x^R$, das gilt aber nach Teil (c) der Annahme. (b) geht analog. Nach (a) und (b) ist nie $x^R \leq x$ oder $x \leq x^L$, also $x \geq x$ nach Definition.

Definition: $x = y$ genau dann, wenn $x \geq y$ und $y \geq x$. Wie üblich, schreiben wir $x > y$, wenn $x \geq y$, aber nicht $y \geq x$.

Nach (c) ist also stets $x = x$. Gleichheit ist eine *definierte* Relation und zu unterscheiden von der *Identität*

$$\{L|R\} \equiv \{L'|R'\} \Leftrightarrow L = L' \text{ und } R = R'.$$

Einige der im folgenden besprochenen Aussagen gelten auch als Identitäten, andere sind nur Gleichheiten; wir werden das nicht näher verfolgen. Jeder Ausdruck $\{L|R\}$ sollte als eine *Darstellung* eines Spiels gesehen werden. Die Optionen einer beliebigen Darstellung sind nicht notwendig früher als das dargestellte Spiel selbst, aber natürlich hat jedes Spiel eine Darstellung, in welcher das der Fall ist.

Der nächste Punkt ist jetzt die Transitivität der Anordnung:

Aus $x \geq y$ und $y \geq z$ folgt $x \geq z$. Denn aus $x^R \leq z$ würde mit $z \leq y$ auch $x^R \leq y$ folgen, was $x \geq y$ widerspricht; auch hier haben wir das Induktionsprinzip für

Relationen in der allgemeineren Form verwendet. Ebenso zeigt man, dass nie $x \leq z^L$, insgesamt also $x \geq z$.

Als erste Folgerung ergibt sich, dass Gleichheit eine Äquivalenzrelation ist und kompatibel mit der Anordnung: ist $x = y$ und $y \geq z$, dann auch $x \geq z$.

Jetzt kommen wir zu der Definition der Zahlen, denen ja unser Hauptinteresse gilt:

Das Spiel $\{L|R\}$ ist eine Zahl, wenn nie $x^L \geq x^R$ ist.

Von unseren Beispielen sind 0, 1 und -1 Zahlen, aber nicht $* = \{0|0\}$. Fundamental ist:

Für jede Zahl x und alle ihre Optionen gilt $x^L < x < x^R$. Ferner sind je zwei Zahlen vergleichbar; die Zahlen sind also total geordnet, was für allgemeine Spiele nicht gilt.

Beweis: für $x < x^R$ genügt $x^R \geq x$, weil wir schon wissen, dass nie $x \geq x^R$. Nun gilt $x^R \geq x$, wenn nie $x^{RR} \leq x$ oder $x^R \leq x^L$. Ersteres hat, mit Induktion, $x^R < x^{RR} \leq x$ zur Folge, was falsch ist, und das zweite widerspricht der Definition von „Zahl". Analog $x^L < x$. Wenn $x \geq y$ *nicht* gilt, muss eine Ungleichung $x^R \leq y$ oder $x \leq y^L$ gelten, und damit $x < x^R \leq y$ oder $x \leq y^L < y$.

Man kann darum die Zahldefinition auch so aussprechen, dass stets $x^L < x^R$ ist, wobei die Ungleichung als leer erfüllt anzusehen ist, wenn es kein x^L oder x^R gibt. Für Zahlen beweist man ohne Mühe: sind L und L' *aufwärts kofinal* in dem Sinn, dass für jedes $l \in L$ ein $l' \in L'$ existiert mit $l' \geq l$ und umgekehrt, sowie dasselbe für R und R' mit $\leq$ anstelle von $\geq$ *(abwärts kofinal)*, dann ist $\{L|R\} = \{L'|R'\}$. Insbesondere: wenn L ein größtes Element a hat und R ein kleinstes Element b, dann ist $\{L|R\} = \{a|b\}$.

Nun bekommen wir eine erste Intuition von den Zahlen Conways. Ein Ausdruck $\{L|R\}$ kann als ein verallgemeinerter dedekindscher Schnitt angesehen werden (die gewöhnlich so genannten Objekte sind, wie wir sehen werden, in der Tat Spezialfälle); ihm entspricht eine bestimmte Zahl, die größer als alle x^L und kleiner als alle x^R ist. Wie ist diese in Conways Konstruktion ausgezeichnet? Es ist diejenige unter allen Zahlen mit dieser Eigenschaft, die den kleinsten „Geburtstag" hat, also als erste „erschaffen" wird. Dies wird präzisiert in dem folgenden höchst wichtigen.

„Einfachheitssatz": Die Zahl z erfülle $x^L < z < x^R$ für alle Optionen von x, aber keine Option von z erfülle diese Ungleichungen. Dann ist $x = z$.

Beweis: es ist $x \geq z$, außer wenn ein $x^R \leq z$, was nicht geht, oder eine Ungleichung $x \leq z^L$ besteht, aber dann folgt $x^L < x \leq z^L < x^R$, und zwar für *alle* Optionen von x, mit Widerspruch zur Voraussetzung. Analog zeigt man $x \leq z$.

Zum Beispiel ist $x = 0$, wenn alle $x^L < 0$ und alle $x^R > 0$ sind.

Wir führen nun, und zwar wieder für allgemeine Spiele, eine Addition ein, deren Definition natürlich ebenfalls rekursiv ist:

$$x + y := \{x + y^L, y + x^L | x + y^R, y + x^R\}.$$

Es sei daran erinnert, dass auf beiden Seiten die *Menge* aller derartigen Ausdrücke zu denken ist. Wenn einige rechte oder linke Optionen nicht existieren, sind auch die sie bezeichnenden Terme als nichtexistent anzusehen. Man sieht (mit Induktion und unter Vorwegnahme der Kompatibilität von Summe und Anordnung), dass diese Summe die „richtigen" Ungleichungen erfüllt, aber auch sonst hat sie die „richtigen" Eigenschaften: Dass sie kommutativ ist, sieht man mit bloßem Auge; interessanterweise zeigt sich das hier als Folge der simplen Tatsache, dass es bei der Aufzählung einer Menge auf die Reihenfolge nicht ankommt. Sodann rechnen wir

$$x + 0 = \left\{0 + x^L \mid 0 + x^R\right\} = \left\{x^L \mid x^R\right\} = x,$$

wobei die zweite Gleichung die Induktionsvoraussetzung ist. Die Assoziativität folgt „automatisch" – man wende die Definitionen und Induktionsvoraussetzungen an (aber in der richtigen Reihenfolge).

Als nächstes zeigen wir, dass Addition und Anordnung verträglich sind:
Für beliebige x, y, z ist $y \geq z$ genau dann, wenn $x+y \geq x+z$.

Beweis: wenn $x+y \geq x+z$ gilt, dann kann (nach Definition der Addition) insbesondere weder $x+y^R \leq x+z$ noch $x+y \leq x+z^L$ gelten. Nach Induktion kann darum auch weder $y^R \leq z$ noch $y \leq z^L$ gelten, das heißt aber $y \geq z$. Wenn $x+y \geq x+z$ *nicht* gilt, muss eine der folgenden Ungleichungen gelten:

$$x^R + y \leq x + z, \; x + y^R \leq x + z, \; x + y \leq x^L + z, \; x + y \leq x + z^L.$$

Dann kann auch $y \geq z$ nicht gelten, denn aus der ersten Ungleichung etwa folgte damit (unter Benutzung der Induktionsvoraussetzung!) $x^R + z \leq x+z$, und daraus (wieder mit Induktion) $x^R \leq x$, was falsch ist; die anderen Fälle gehen analog.

Für die Addition der Spiele gilt also die Kürzungsregel; daraus folgt schon, dass es für Spiele auch „Inverse" geben sollte. Die (natürlich wieder rekursive) Definition lautet

$$-\{L \mid R\} := \{-x^R \mid -x^L\}.$$

Zum Beispiel ist $-1 = -\{0 \mid \emptyset\} = \{\emptyset \mid -0\} = \{\emptyset \mid 0\}$, unsere frühere Bezeichnung war also sachgemäß. Den Beweis von $-(-x) = x$ überlasse ich Ihnen; jetzt zeigen wir noch $x+(-x) = 0$:

Wenn $x+(-x) \geq 0$ *nicht* gilt, dann muss eine Ungleichung der Form $x^R + (-x) \leq 0$ oder bzw. $x+(-x)^L \leq 0$ bestehen. Addiert man in der ersten Ungleichung auf beiden Seiten $-(x^R)$ und benutzt die Induktionsvoraussetzung $x^R + -(x^R) = 0$, erhält man $-x \leq -(x^R)$, was falsch ist, denn $-(x^R)$ ist eine linke Option von $-x$. Ebenso schließt man die zweite aus und zeigt $x+(-x) \leq 0$.

Wir haben also gezeigt, dass die Spiele mit der Addition die Axiome einer angeordneten Gruppe erfüllen. Für die Zahlen brauchen wir noch, dass, wenn x und y Zahlen sind, dies auch für $-x$ und $x+y$ der Fall ist; die einfachen Beweise übergehen wir.

Bevor wir die Theorie weiterführen, wollen wir sehen, wie der Aufbau des conwayschen Zahlensystems weitergeht, wobei wir uns auf die positive Hälfte beschränken können.

Wir nehmen die Null als den Nullpunkt dieser Schöpfungsgeschichte und
sehen, dass wir am Ende des ersten Tages die Zahl 1 als einzige positive haben.
Durch erneutes *einmaliges* Anwenden der Konstruktion erhalten wir $\{0|1\}$ und
$\{1|\emptyset\}$ als neue positive Zahlen, so dass wir am Ende des zweiten Tages drei positive haben. Sind $x_1 \ldots x_{r(n)}$ die positiven am Ende des n-ten Tages, nach ihrer Größe
geordnet, dann sind nach dem Einfachheitssatz die neuen, am $(n+1)$-ten Tag entstehenden *genau* die Zahlen

$$\{0|x_1\}, \{x_1|x_2\}, \ldots, \{x_{r(n-1)}|x_{r(n)}\}, \{x_{r(n)}|\emptyset\}.$$

(Man beachte dabei noch, dass eine Zahl $= 0$ ist, wenn alle linken Optionen < 0
und alle rechten > 0 sind, wie wir oben schon erwähnt haben.) Für die Anzahl $r(n)$
ergibt sich damit die Rekursion $r(1) = 1$ und $r(n+1) = 2r(n) + 1$, woraus man (mit
gewöhnlicher Induktion!) die Formel $r(n) = 2^n - 1$ folgert. Wie ordnen sich diese
Zahlen den üblichen ein? Es sollte doch wohl so sein, dass wir durch fortgesetzte
Addition der 1 ein Modell der Peanoaxiome erhalten. Wir definieren also $2 \coloneqq \{1|\emptyset\}$
und bestätigen $1 + 1 = \{0|\emptyset\} + \{0|\emptyset\} = \{1 + 0, 0 + 1|\emptyset\} = 2$. Allgemein definieren wir
rekursiv $n \coloneqq \{n - 1|\emptyset\}$ und bestätigen mühelos, dass dies $= (n - 1) + 1$ ist. Dies und
die schon bewiesenen Eigenschaften von Addition und Anordnung genügen, um
unsere Erwartung zu erfüllen. Bei der Besprechung der Multiplikation werden wir
gleich sehen, dass auch diese mit der nun zu erwartenden übereinstimmt. Daraus
folgt, mit Vorgriff auf die Körpereigenschaften, dass **No** eine Kopie der gewöhnlichen ganzen Zahlen und damit auch der rationalen Zahlen enthält. Da wir mit 0,
1 und 2 schon begonnen haben, diese rationalen Conwayzahlen mit den Symbolen der gewöhnlichen zu bezeichnen, fahren wir damit fort. Sie können sich daran
versuchen, die Gleichung $\{0|1\} + \{0|1\} = 1$ zu beweisen, wodurch $\{0|1\} = 1/2$
gezeigt ist (das ist nicht so simpel, wie es scheinen mag; man braucht etwas Sitz-
fleisch). Hier sind nun die positiven Zahlen der ersten drei Tage, „übersetzt" in die
Standardnotation:

nach dem ersten Tag: 1
nach dem zweiten Tag: 1/2 1 2
nach dem dritten Tag: 1/4 1/2 3/4 1 3/2 2 3.

Sie erraten das Schema: die am n-ten Tag neugeschaffenen positiven Zahlen sind
die Mittelwerte derer, die nach dem Vortag benachbart waren, dazu die Rand-
werte $1/2^{n-1}$ und n. Daraus folgt, dass alle Zahlen mit endlichem Geburtstag dya-
disch sind, d. h. Elemente von $\mathbb{Z}[1/2]$. Umgekehrt entstehen alle solchen Zahlen
an endlichen Tagen (jede ist ein Vielfaches einer inversen Zweierpotenz, und eine
Summe von endlichen Zahlen ist endlich). Das Schema zu beweisen, ist nicht einfach; eine Schlüsselrolle spielt der folgende Satz:

Ist x eine dyadische Zahl, dann ist $x = \{x - 1/2^n | x + 1/2^n\}$, wenn der Nenner
von x nicht größer als 2^n ist.

Für den Beweis siehe [C], Satz 12. Ist nun $a = m/2^n$, $b = (m + 1)/2^n$,
kann man demnach $b^L = a$ und $a^R = b$ wählen; das genügt zum Beweis von
$\{a|b\} = (a+b)/2$ durch eine direkte Rechnung (man setze $X = \{a|b\}$ und verifiziere
$X + X = a + b$ anhand der Definitionen); der Beweis des oben behaupteten Schemas
geschieht dann durch Induktion nach n.

Die dyadischen Zahlen bilden nur den Anfang von **No**. Nach Conways Definition ist auch $\{\mathbb{N}|\emptyset\}$ eine Zahl, die wir ω nennen; klar ist $\omega > n$ für alle natürlichen n. Weiter gibt es $\{\omega|\emptyset\} = \omega + 1$, sowie $\{\mathbb{N}|\omega\} = \omega - 1$, wie man unschwer bestätigt. Bemerkenswert ist hier: wenn man ω als Ordinalzahl im gewöhnlichen Sinn denkt, dann hat der Ausdruck $\omega - 1$ keine Bedeutung, denn die erste unendliche Ordinalzahl hat keinen direkten Vorgänger (sie ist eine *Limeszahl*). Wir werden unten Conways Version der Ordinalzahlen kennenlernen; in dieser ist $\{\mathbb{N}|\omega\}$ tatsächlich keine Ordinalzahl, andererseits ist $\mathbb{N}$ keine Conwayzahl! Bemerkenswert ist auch $\{\mathbb{N}|\omega, \omega - 1, \omega - 2, \ldots\} = \omega/2$. Das Rechnen mit Unendlich ist gewöhnlich nur formell möglich, mit Regeln wie $\infty + \infty = \infty - 1 = \infty$, und ein „halbes Unendliches" gibt es nicht; in **No** gelten dafür die Körperaxiome wie für alle Elemente.

Jetzt ist es höchste Zeit, die Multiplikation einzuführen, deren Definition auf den ersten Blick befremden wird:

$$xy := \{x^L y + xy^L - x^L y^L, x^R y + xy^R - x^R y^R \mid x^L y + xy^R - x^L y^R, x^R y + xy^L - x^R y^L.$$

Conway gibt selbst den Schlüssel, der zu dieser Definition führte. Das Problem ist: was wissen wir über die Optionen von xy, wenn wir die von x und y kennen? Zu kurz griffe einfach $xy > x^L y$ und $xy > xy^L$ (für positive x, y). Zielführend, wie Conway schreibt, war die Beobachtung, dass aus $x - x^L > 0$ und $y - y^L > 0$ auch $(x - x^L)(y - y^L) > 0$. Das ergibt die erste linke Option in der obigen Definition; man überzeuge sich, dass diese untere Abschätzung von xy schärfer ist als die beiden zuvor genannten; die anderen erhält man in analoger Weise.

Es obliegt uns jetzt der Nachweis, dass hiermit die Axiome eines angeordneten und nullteilerfreien kommutativen Rings erfüllt werden. Wir ersparen uns das, weil die Argumente zwar etwas komplexer sind als bei der Addition, aber doch über den bisher entwickelten methodischen Rahmen nicht hinausführen. Jedoch wollen wir uns (wie oben versprochen) davon überzeugen, dass wenigstens die Multiplikation der natürlichen Zahlen richtig herauskommt: wir haben rekursiv definiert $n = \{n - 1|\emptyset\}$ und finden in der Tat

$$nm = \{n - 1|\emptyset\}\{m - 1|\emptyset\} = \{(n-1)m + n(m-1) - (n-1)(m-1)|\emptyset\} = \{nm - 1|\emptyset\}.$$

Zur Übung können Sie zeigen, dass $\varepsilon = \{0|1, 1/2, 1/3, \ldots\}$ die Gleichung $\omega \, \varepsilon = 1$ erfüllt.

Wir können nun die reellen Zahlen einführen und definieren:
x heißt reell, wenn es ein natürliches m gibt mit $-m < x < m$ und

$$x = \{x - 1, x - 1/2, x - 1/3, \ldots | x + 1, x + 1/2, x + 1/3, \ldots\}$$

gilt; der rechte Ausdruck wird auch kürzer $\{x - 1/n | x + 1/n\}_n$ geschrieben. Versuchen wir, das zu verstehen: die erste Klausel ist sicher notwendig. Für *alle* Zahlen x aus **No** und alle n gilt $x - 1/n < x < x + 1/n$. Diese Einschachtelung bleibt richtig, wenn wir das mittlere x um eine infinitesimale Größe verändern. Ist x reell, so ist nach dem Einfachheitssatz x selbst die *früheste* Zahl zwischen allen $x - 1/n$ und $x + 1/n$; die infinitesimal benachbarten entstehen später. Oder etwas anders ausgedrückt: für alle x, welche die erste Klausel erfüllen, ist $z = \{x - 1/n | x + 1/n\}_n$ eine Zahl, die für alle n zwischen für $x - 1/n$ und $x + 1/n$ liegt, also zu x infinitesimal benachbart ist; unter all diesen ist eine die früheste, und diese ist als einzige reell, nämlich z! Beweis: sind x und x' infinitesimal benachbart, dann sind die Mengen $\{x - 1/n\}$ und $\{x' - 1/n\}$ aufwärts, die Mengen $\{x + 1/n\}$ und $\{x' + 1/n\}$ abwärts kofinal, daher ist $z = \{x - 1/n | x + 1/n\}_n = \{x' - 1/n \mid x' + 1/n\}$. Diese Zahl ist reell, denn man sieht sofort, dass die Mengen $\{z - 1/m\}$ und $\{x - 1/n\}$ aufwärts und $\{z + 1/m\}$ und $\{x + 1/n\}$ abwärts kofinal sind, daher ist $\{z - 1/m | z + 1/m\}_m = \{x - 1/n | x + 1/n\}_n = z$. Die Abbildung $x \to \{x - 1/n | x + 1/n\}_n$ ist daher so etwas wie der Übergang zum Standardteil, den wir in der Nichtstandardanalysis nach Robinson kennengelernt haben, die „Realität" von Zahlen wird hier aber durch sie erst konstituiert, nämlich als die Eigenschaft, unter dieser Abbildung invariant zu sein. Man sollte auch bemerken, dass die erste Klausel von der zweiten unabhängig ist, denn diese wird auch von der ersten unendlichen Zahl ω erfüllt (Übung). Dyadische x sind reell nach der früher gegebenen Eigenschaft (Satz 12 bei [C]), weil die inversen Zweierpotenzen mit den Stammbrüchen 1/n kofinal sind. Dass Summe und Produkt reeller Zahlen reell sind, kann man direkt anhand der Formeln verifizieren. Jetzt können wir zeigen:

Jede reelle Zahl x hat eine eindeutig bestimmte Darstellung $x = \{L | R\}$, für welche gilt: (i) L und R sind nichtleere Mengen dyadischer Zahlen, L hat kein größtes, R kein kleinstes Element, jedes dyadische y, das kleiner als eines aus L ist, gehört zu L, jedes, das größer ist als eines aus R, gehört zu R; (ii) es gibt höchstens ein dyadisches y, das weder zu L noch zu R gehört. Jede Zahl $\{L | R\}$ mit einer derartigen Darstellung ist reell.

Beweis: für reelles x setze $L = \{\text{dyadische } y < x\}$, $R = \{\text{dyadische } y > x\}$. L und R sind nichtleer nach der ersten Klausel für „reell". Gehört y zu L, gibt es sicher ein n mit $y + 1/2^n < x$, also hat L kein größtes Element, analog R kein kleinstes; damit sind die Eigenschaften aus (i) erfüllt. Eine dyadische Zahl, die weder zu L noch zu R gehört, kann nur $= x$ sein. Die Menge der dyadischen $y < x$ ist nun kofinal mit der Menge der $x - 1/n$, die der $y > x$ mit derjenigen der $x + 1/n$. Daher ist $\{L | R\} = \{x - 1/n | x + 1/n\}_{n > 0} = x$, weil x reell ist. Ist umgekehrt $x = \{L | R\}$ mit L und R wie oben, ist x reell wegen derselben Kofinalität.

Die conwayschen reellen Zahlen lassen sich also identifizieren mit den „dedekindschen" Schnitten der dyadischen Zahlen, und diese mit den gewöhnlichen reellen Zahlen, in denen ja die dyadischen noch dicht liegen. Die Existenz von Inversen ist eine Folge der Schnittvollständigkeit, denn ist etwa $x > 0$, so wird durch $L = \{y | xy < 1\}$ und $R = \{y | xy > 1\}$ ein Schnitt definiert, und für $z = \{L | R\}$ gilt dann $xz = 1$. Am „Tag ω" entstehen also, in Form dyadischer Schnitte, alle nichtdyadischen reellen Zahlen, rationale und irrationale, sowie auch ω selbst.

Um den Aufbau von **No** abzuschließen, brauchen wir jetzt noch die Existenz allgemeiner Inverser; dazu genügt es, ein Inverses für $x > 0$ zu konstruieren. Für solche x ist es keine Einschränkung der Allgemeinheit, wenn wir 0 in die linken Optionen aufnehmen. Jetzt die Definition, welche, anders als die der Multiplikation, wohl auch noch auf den zweiten Blick unverständlich sein wird:

$$y = \{0, (1 + (x^R - x)y^L)/x^R, (1 + (x^L - x)y^R)/x^L | (1 + (x^L - x)y^L)/x^L, (1 + (x^R - x)y^R)/x^R\};$$

die x^L bezeichnen hier nur *positive* linke Optionen von x. In den definierenden Termen treten die Inversen der Optionen von x auf, was einfach die uns schon vertraute Conway-Induktion ist. Was aber mit den Optionen von y, die es doch erst zu konstruieren gilt; ist die Definition nicht zirkulär? Das Rätsel löst sich dadurch, dass die Definition eine (gewöhnliche) Rekursion für die Berechnung der y^L und y^R einschließt: ein erstes y^L ist 0, dies kann man in den ersten Term rechts einsetzen und erhält eine erste rechte Option, diese wiederum, in den dritten Term links eingesetzt, gibt eine zweite linke Option usw. Hier kann man (wieder einmal!) sagen, dass sich die mathematische Konstruktion am eigenen Zopf emporzieht (und das ist *nur* in der Mathematik möglich). Am besten zeigt ein Beispiel, wie das funktioniert: für $x = \{0, 2|\emptyset\} = 3$ erhalten wir mit dem angegebenen Verfahren aus $y^L = 0$ erst $y^R = 1/2$, sodann ein weiteres $y^L = 1/4$, dann ein weiteres $y^R = 3/8$ usw. (beachte: Terme mit x^R sind nichtexistent). In der Rekursion $x_{n+1} = (1 - x_n)/2$ mit $x_0 = 0$ und dem Grenzwert 1/3 liefern die geraden Indices die linken, die ungeraden die rechten Optionen von y; so erhält man

$$y = \{0, 1/4, 5/16, 21/64 \ldots | 1/2, 3/8, 11/32 \ldots\}.$$

Die linken Optionen konvergieren von links, die rechten von rechts gegen 1/3 (eine explizite Formel ist leicht zu gewinnen). Im Rückblick erkennen wir, dass es viel einfacher auch nicht gehen konnte: die nichtdyadische Zahl 1/3 entsteht ja erst, wie wir oben sahen, am Tag ω, kann also keine Darstellung als Conwayzahl mit *endlich* vielen dyadischen Optionen haben, und hat sie eine einfachere Darstellung mit solchen? Dass das allgemein funktioniert, lässt sich durch folgende Überlegung glaubhaft machen: seien $0 < a < x$ reelle Zahlen. Denken wir 0 und a als linke Optionen von x und imitieren das obige Verfahren, erhalten wir (nach einer kleinen Rechnung) für weitere linke Optionen von x eine Rekursion mit dem Grenzwert 1/x (der Grenzwert existiert, wenn a näher an x als an 0 liegt)! Eine vorab gegebene rechte Option von x ist gar nicht erforderlich, denn das Verfahren liefert im ersten Schritt eine solche, nämlich 1/a, und von irgendeiner rechten Option ausgehend, würde man dieselbe Rekursion erhalten. Für den Beweis, dass das Verfahren im ganzen System **No** zum gewünschten Ergebnis führt, sei auf [C] verwiesen. Conway schreibt, dass die Definition der Multiplikation ihn „einige Wochen harter Arbeit" kostete, die Definition der Inversen sich aber erst ein Jahr später ergab!

Wir wollen jetzt noch den bisher eher heuristisch verwendeten Begriff des Geburtstags einer Zahl präzisieren. Dafür brauchen wir die conwaysche Version der Ordinalzahlen und ihrer wichtigsten Eigenschaften:

Definition: eine Zahl heißt *Ordinalzahl,* wenn sie eine Darstellung der Form $\{L|\emptyset\}$ besitzt.

Ordinalzahlen sind demnach alle natürlichen Zahlen und ω; aber auch $\{1/2|\emptyset\}$, was nach dem Einfachheitssatz (oder direkter Rechnung) = 1 ist, nämlich die früheste Zahl > 1/2. Man überzeugt sich anhand des früher beschriebenen

„Stammbaums", dass für ein dyadisches x die Ordinalzahl $\{x|\emptyset\}$, die früheste Zahl $> x$, stets eine natürliche Zahl ist; das gilt auch noch für reelle x (man ziehe die ausführlichere Darstellung des Stammbaums heran, die man in [C] S. 9 findet). Für jede Ordinalzahl α ist $\alpha + 1 = \{\alpha|\emptyset\}$ (wie nicht schwer zu beweisen ist) die nächstgrößere. Soweit stimmen also die conwayschen Ordinalzahlen mit den üblichen überein, und die jetzt zu beweisenden Eigenschaften zeigen, dass das allgemein gilt. Da die letzteren keine Menge bilden, sondern nur eine Klasse, ist die folgende Aussage von Bedeutung:

Für beliebiges x bilden die Ordinalzahlen $\alpha < x$ eine Menge.

Beweis: Aus $\alpha < x$ folgt, dass $x \geq \alpha$ nicht gilt, und weil α keine rechten Optionen hat, bedeutet dies, dass x eine Option x^L hat mit $\alpha \leq x^L$. Für jedes x^L bilden diese α nach Induktion eine Menge, alle $\alpha < x$ bilden also eine Vereinigung von Mengen und damit selbst eine Menge. Im Beweis haben wir auch gesehen, dass für Ordinalzahlen die Ordnungsrelation besonders einfach ist: es ist $\alpha \geq \beta = \{L|\emptyset\}$ genau dann, wenn nie $\alpha \leq \beta^L$ ist, also stets $\alpha > \beta^L$.

Jetzt können wir, und zwar auf überraschend einfache Weise, die Hauptaussagen über Ordinalzahlen beweisen:

i) Für jede Ordinalzahl α gilt $\alpha = \{\beta < \alpha|\emptyset\}$. ii) Jede nichtleere Klasse C von Ordinalzahlen enthält ein kleinstes Element. iii) Zu jeder Menge S von Ordinalzahlen gibt es eine Ordinalzahl, die größer als alle Elemente von S ist; insbesondere bilden die Ordinalzahlen keine Menge.

Beweis. i): Die rechte Seite ist eine Conwayzahl, weil nach dem zuletzt Bewiesenen die $\beta < \alpha$ eine Menge bilden. Die Gleichung selbst folgt unmittelbar aus dem Einfachheitssatz, dessen zentrale strukturelle Rolle hier besonders deutlich hervortritt. ii): die β, die kleiner als alle α aus C sind, bilden eine Menge L. Mit $\delta = \{L|\emptyset\}$ gilt also $\alpha \geq \delta$ für alle α. Aus $\alpha > \delta$ für alle α würde $\delta \in L$ und damit der Widerspruch $\delta < \delta$ folgen, also muss δ eines der α sein. iii): die Ordinalzahl $\{S|\emptyset\}$ ist größer als alle Elemente von S.

Jetzt kommen wir zu den Geburtstagen und definieren zunächst (wie gewohnt, rekursiv) für jede Ordinalzahl α die Menge

$M(\alpha) = \{$alle Zahlen x, deren sämtliche Optionen in der Vereinigung aller $M(\beta)$ mit $\beta < \alpha$ liegen$\}$.

Mit Induktion folgt sofort, dass $M(\alpha)$ wirklich eine Menge ist. Für $\alpha = 0$ sind die $M(\beta)$ leer, also $M(0) = \{0\}$; die nächstfolgenden $M(\alpha)$ haben wir schon kennengelernt.

Offenbar ist $M(\alpha) \subset M(\gamma)$, wenn $\alpha < \gamma$ ist. Ist $x = \{L|R\}$ eine Zahl mit L, $R \subset M(\alpha)$, dann liegt x in $M(\alpha + 1)$, kann aber natürlich auch in früheren $M(\alpha)$ liegen; die conwaysche Paarbildung erhöht den Geburtstag nicht automatisch und höchstens um 1. In unserm heuristischen Sprachgebrauch ist $M(\alpha)$ die Menge der Zahlen, die am Ende des „α-ten Tages" erschaffen waren. Die präzise Definition der Geburtstage ist nun naheliegend: es sei $O(\alpha) = $ Vereinigung der $M(\beta)$ für alle $\beta < \alpha$ ($=$ Zahlen, die am Anfang dieses Tages schon vorhanden waren) und $N(\alpha) = M(\alpha) - O(\alpha)$ ($=$ Zahlen, die an diesem Tag neu geschaffen wurden). Es ist leicht zu zeigen, dass jede Zahl x in einem eindeutig bestimmten $N(\alpha)$ liegt; dieses α heiße der *Geburtstag* von x. Eine nichtdyadische reelle Zahl hat den Geburtstag ω; den Geburtstag dyadischer Zahlen auszurechnen, ist eine hübsche Aufgabe, die sich anhand des früher dargestellten Schemas lösen lässt. Jede Ordinalzahl ist ihr eigener Geburtstag. Mittels der Geburtstage lässt sich auch die Berechnung von {a|b} für beliebige reelle a und b bewerkstelligen.

Wir haben nun entwickelt, was mir für die Zwecke dieser Vorlesung aus Conways Zahlentheorie wesentlich erschien (knapp die Hälfte von dem, was [C] enthält). Vom algebraischen Gesichtspunkt aus ist das erst der Anfang. Conway beweist eine „Normalform" für Zahlen, eine Art Potenzreihe in ω mit reellen Koeffizienten, zeigt, dass **No** ein reell abgeschlossener Körper ist (d. h. jedes Polynom ungeraden Grades hat eine Nullstelle in **No**), und diskutiert Möglichkeiten der Analysis. Es folgt eine Definition ganzer Zahlen in **No**, die er „omnische" ganze Zahlen nennt; diese bilden einen Unterring, von dem **No** der Quotientenkörper ist; jede Zahl hat einen Abstand ≤1 von einer ganzen Zahl. Kurz eingegangen wird auf Analogien zu klassischen Problemen der Zahlentheorie. Schließlich konstruiert Conway eine Art „**No** modulo 2", was darauf hinausläuft, dass die Ordinalzahlen mit einer Körperstruktur (der Charakteristik 2) versehen werden. Der größere Teil des Buchs ist den Spielen gewidmet; diesen Zusammenhang haben wir noch zu erklären. Ein Conwayspiel x = {L|R} gibt Anlass zu einem Spiel im gewöhnlichen Sinn (der sehr weit ist), mit sehr einfachen Regeln: es spielen zwei Spieler, L und R, die abwechselnd ziehen. Wenn etwa L beginnt, besteht ein Zug einfach in der Wahl einer linken Option x^L, die selbst ein Conwayspiel ist. Nun ist R an der Reihe und wählt ein x^{LR}, und so fort. Verlierer ist, wer keinen Zug mehr hat; nach dem Endlichkeitsaxiom ist das Spiel also nach endlich vielen Zügen beendet. Ein simples Beispiel ist x = {{0|∅}, {{∅|0}|∅} (eine Darstellung der Zahl 2). Wenn R beginnt, hat er gleich verloren, weil er gar keinen Zug hat. Wenn L beginnt, kann er {0|∅} wählen und gewinnt, schlecht wäre die Wahl von {∅|0}. Es ist erstaunlich, wieviel Spielmöglichkeiten dieser schlichte Rahmen enthält; die Spiele, die zu Zahlen gehören, sind dabei die einfacheren. Andererseits ist klar, dass nicht alles, was wir „Spiel" nennen, in diesem Rahmen Platz hat; zum Beispiel gibt es kein Unentschieden. Aber es dürfte unmöglich sein, eine Definition von „Spiel" zu geben, die alles und nur das abdeckt, was wir gewöhnlich so nennen.

8.1 Kleine Diskussion

Am meisten in die Augen fällt bei Conways Konstruktion wohl die Erschaffung der ganzen Zahlenwelt aus dem „Nichts", der leeren Menge; wogegen im gewöhnlichen Aufbau mittels der Peanoaxiome immerhin schon eine „richtige" Zahl am Anfang steht. Das ist eine optische Täuschung, denn die leere Menge ist keineswegs ein „Nichts", vielmehr, wenn man so will, der mathematische Platzhalter „des" Nichts und als solcher ein Objekt des Mengentopos wie alle anderen Mengen, natürlich strukturell ausgezeichnet als Anfangsobjekt, doch von demselben ontologischen Status einer mathematischen Fiktion; und dasselbe gilt mutatis mutandis für Peanos Eins. Ein Unterschied liegt eher darin, dass diese als Abstraktion eines Erfahrungsinhalts gedacht werden kann, Entität schlechthin, während jene ein logisches Kunstprodukt ist. Aber es bleibt doch verblüffend, wie die Eigenschaft der leeren Menge, nämlich dass es keine Eigenschaft gibt, die ihre Elemente *nicht* haben, vermittels des Induktionsprinzips zu sachhaltigen Aussagen führt.

Interessanter ist der Vergleich der Strukturen selbst: die Peanoaxiome formalisieren die Intuition einer diskreten Folge, die einen Anfang, aber kein Ende hat; am ehesten vorstellbar als Folge von Punkten auf einer Linie. Conway formalisiert eine Art universeller Synthese durch Paarbildung, ebenfalls mit Anfang und ohne Ende; das erfordert zur Veranschaulichung zwei Dimensionen. Die Konstruktion schließt, wie wir gesehen haben, ein Modell der Peanoaxiome ein, ist aber a limine viel reichhaltiger. Algebraisch zeigt sich das daran, dass nicht nur die natürlichen, sondern alle dyadischen Zahlen in endlich vielen Schritten erreicht werden; dazu kommen noch die Spiele, bei denen die Paarbildung durch nichts eingeschränkt wird. Dabei hat Conway gar kein eigentliches Axiom, sondern nur ein Konstruktionsprinzip, und zwar das denkbar einfachste: je zwei Entitäten geben Anlass zu einer neuen, dem geordneten Paar der beiden; ihre Eigenschaften pflanzen sich fort nach dem Induktionsprinzip.

Spätestens hier ist nach dem axiomatischen Rahmen für Conways Konstruktion fragen. Wir haben, dem Autor folgend, gleich eingangs festgestellt (und dann auch gesehen), dass **No** eine echte Klasse ist; im weiteren Aufbau aber war von dergleichen keine Rede mehr. Erst im Anhang seines Buchs (S. 192 ff.), und nur skizzenhaft, geht Conway ein auf Möglichkeiten, seine Zahlentheorie mittels der üblichen Mengentheorie zu formalisieren, oder besser einer solchen mit zwei Elementbegriffen, für „rechts" und „links". Dann folgen bemerkenswerte Sätze: „Der Hauptgrund [für die Vernachlässigung der Axiomatik] ist jedoch, dass wir es fast als selbstverständlich betrachten, dass unsere Theorie ebenso konsistent ist wie ZF, und dass die Formalisierung in ZF nur einen beträchtlichen Teil der Symmetrie zerstört.... Es scheint, dass die Mathematik in der Zwischenzeit eine Ebene erreicht hat, in der die Formalisierung innerhalb einer bestimmten, axiomatischen Mengentheorie selbst für die Grundlagenforschung nicht relevant ist." Es schließt sich ein „Plädoyer für eine Freiheitsbewegung der Mathematiker" an, aber in letzter Instanz will er auf die Sicherung durch Formalisierung doch nicht verzichten, sondern schlägt vor, dass wir uns zwar die Freiheit zu beliebigen mathematischen Theorien einräumen sollten, jedoch „ein für alle Mal einen Metasatz beweisen, der garantiert, dass jede solche Theorie in einer der klassischen Grundlagentheorien formuliert werden kann." Das kann man übrigens schon aus Hilberts klassischem Aufsatz „Axiomatisches Denken" herauslesen [HAD]. Bemerkt werden sollte jedenfalls, dass die Definition von **No** ein „Axiom des Unendlichen" impliziert, indem die Existenz eines Objekts postuliert wird, das unter der Paarbildung abgeschlossen ist. Wenn wir, wie in Abschn. 4.2 bei den natürlichen Zahlen, den Durchschnitt aller so abgeschlossenen Unterobjekte bilden, erhalten wir gerade den Ring der dyadischen Zahlen.

Der Begriff des Kontinuierlichen wird bei Conway nicht Thema; er beweist, dass sich seine reellen Zahlen mit den Schnitten dyadischer Zahlen und daher auch

mit dem Standard-$\mathbb{R}$ identifizieren lassen; die Vollständigkeit ergibt sich also wie
für Dedekind als Schnittvollständigkeit. Neu ist die Genese der einzelnen Schnitte,
genauer ihrer linken und rechten Elemente, nach dem Prinzip der Paarbildung,
welches kombinatorischer Natur ist, sehr verschieden von dem algebraischen Charakter der rationalen Zahlen beim üblichen Aufbau; das hat zur Folge, dass in den
Beweisen mehr Logik als Kalkül ist. Neu ist weiter, dass Conways reelle Zahlen
von vornherein mit einem „halo" von Infinitesimalien auftreten, aus dem man sie,
mittels der oben gegebenen Definition erst herauspräparieren muss, und diese Infinitesimalien verdichten sich ins Kleinste hinein ebenso, wie die Ordinalzahlen ins
Größte wachsen, nämlich ad infinitum; der halo ist darum viel „dichter" oder „tiefer" als der Robinsonsche, der ganz in der Mengenwelt bleibt. Die reellen Zahlen
sind unter den beschränkten charakterisiert als diejenigen, die in ihrem halo den
kleinsten Geburtstag haben.

Das Prinzip der Paarbildung führt – naturgemäß, möchte man sagen – zu einer
Bevorzugung der Zahl 2, die eine für die gewöhnliche Zahlintuition befremdliche
Konsequenz hat: die nichtdyadischen rationalen Zahlen sind vom Ursprung ebenso
weit entfernt wie alle (reellen) irrationalen, insofern sie alle denselben Geburtstag ω haben. Es fragt sich aber, ob der „Fehler", wenn man von einem solchen
reden kann, nicht bei der gewöhnlichen Intuition liegt, die sich vielleicht unter der
Suggestion moderner Strukturbegriffe zu viel Homogenität angewöhnt hat. Die
Sonderstellung der 2 hat in zahllosen Kontexten (nicht nur arithmetischen) ein
unbestreitbares fundamentum in re; ich verweise auf meine Arbeit [KZ].

Hervorzuheben ist weiter die Synthese und gleichzeitige Verallgemeinerung
zweier Konstruktionsprinzipien, deren Tragweite vielleicht erst hier ganz sichtbar
wird, nämlich des dedekindschen Schnitts und der Bildung der Ordinalzahlen, wie
sie Cantor konzipiert und v. Neumann mittels der Nachfolgerabbildung $x \to x \cup \{x\}$
in die moderne Form gebracht hat. Wir haben gesehen, wie jede Conwayzahl als eine
Art Schnitt betrachtet werden kann; die Nachfolgerabbildung (für Ordinalzahlen α)
hat hier die Form $\alpha \to \{\alpha|\emptyset\} = \alpha + 1$. Conway schreibt dazu sehr treffend: „Wir kön-
nen sagen, dass Cantor nur daran interessiert war, immer weiter nach rechts vorzu-
stoßen, während Dedekind haltmachte, um die Löcher zu stopfen, und die Menge
R für Cantor deshalb immer, für Dedekind niemals leer war. Wenn wir diese Einschränkungen beiseitelassen, gelangen wir erstaunlicherweise zu einer Theorie, die
sowohl allgemeiner ist als auch einfacher zu handhaben."

Ein anderer Aspekt, ebenfalls vom Urheber selbst hervorgehoben, ist, dass die
algebraischen Operationen ein für alle Mal, sozusagen global, für ganz **No** definiert werden können, wogegen man sie beim üblichen Aufbau durch die natürlichen, ganzen, rationalen und reellen Zahlen bei jedem Schritt neu definieren und
ihre Grundeigenschaften beweisen muss (etwas Ähnliches haben wir bei A'Campo
gesehen). Dagegen kann man geltend machen, dass die dabei verwendeten universellen Konstruktionen, Grothendieckgruppe, Lokalisierung und Komplettierung, sowieso in abstrakter Form benötigt werden und darum nicht auf das Konto
des Zahlensystems zu schreiben sind. Das ändert aber nichts daran, dass die
Möglichkeit einer derartigen „globalen" Definition, die ja noch weit über die reellen Zahlen ins Hyperreelle hinausgreift, ein höchst bemerkenswertes Faktum ist.

Besonders gilt dies für die Inversenbildung, welche, wie wir am Beispiel gesehen haben, eine Art Grenzwertbildung implizit enthält, lange bevor von Konvergenz die Rede sein kann. Man könnte sagen, dass uns bei Conway das ganze riesige Zahlensystem von Beginn an fertig entgegentritt, wie Athene in voller Rüstung dem Haupt des Zeus entstieg, und wir seine Eigenschaften nur zu *erschließen* haben, während wir im üblichen Aufbau, um im Bild zu bleiben, die Stücke der Rüstung eins nach dem anderen *konstruieren* müssen. Das Potenzial ist wohl noch nicht ausgeschöpft; Stoff zum Nachdenken (oder Phantasieren) gibt besonders der Umstand, dass die Zahlen als spezielle Spiele (nämlich solche mit eine durchsichtigen Gewinnstrategie), oder umgekehrt die Spiele als verallgemeinerte Zahlen auftreten, siehe [C], Kap. 8, 9. Von Interesse wäre vielleicht eine spieltheoretische Charakterisierung der *reellen* Zahlen.

Literatur zu diesem Kapitel

Die vollständigste Darstellung ist, soweit ich sehe, immer noch [C]. Conways Präsentation ist großzügig, geist – und schwungvoll, doch die Sache verdiente wohl, einmal ausführlicher entwickelt zu werden. Ihre innere Logik ist vertrackter, als die Lektüre des Buchs sie vielleicht erscheinen lässt, hat doch der Urheber den Ariadnefaden des deduktiven Zusammenhangs selbst gesponnen, der nicht immer einfach aufzufinden ist; man lese dazu das amüsante Büchlein [Kn] von Knuth. Einige Aufschlüsse bieten auch der Beitrag von Hermes in [Z] und der Artikel [SS] von Schleicher und Stoll, jedoch mehr über die Spiele als die Zahlen. Eine Variante zu Conways Darstellung ist der Beitrag von Ehrlich in [RN], in dem die Baumstruktur von **No** in den Mittelpunkt gestellt wird. Wer diesen Band zur Hand nimmt, wird nicht versäumen, Conways eigene Kommentare zu seinem Zahlenbau zu lesen.

Kapitel 9
Brouwers Theorie der reellen Zahlen

In den letzten drei Kapiteln haben wir Gedankengebäude aufgeführt, die einen doch am Ende ein wenig schwindlig werden ließen. Wir wollen zum Schluss, uns an den Gebrauch der griechischen Tragiker anlehnend, dieser kapitalen Trilogie ein Kapitel folgen lassen, das zu all dem einen entschiedenen Kontrapunkt darstellt, indem wir wieder ganz von vorn, sozusagen beim mathematischen Nullpunkt anfangen und zusehen, wie weit wir mit den „einfachsten" Mitteln kommen. Denn wir haben, wenn man genau hinsieht, doch sehr viel in die Axiome gesteckt. Wir haben (in Kap. 4) einen mengentheoretischen Apparat an den Anfang gestellt, der mit Zahlen und Kontinuum nichts zu tun hat, uns dafür, per Dekret, die Erlaubnis erteilt, mit Mengen zu hantieren, die wir nicht wirklich „beherrschen", wie die Menge aller rationalen Cauchyfolgen, und davon haben wir ja Gebrauch gemacht. Beim Aufbau von $^*\mathbb{R}$ haben wir in besonders auffälliger Weise das Auswahlaxiom benutzt, und wenn Sie sich einmal Gedanken darüber gemacht haben, wie ein freier Ultrafilter wohl „aussehen" könnte, werden Sie verspürt haben, wie in Gestalt des zornschen Lemmas der Wunsch zum Vater des Gedankens wird. So groß ist die Kluft, die wir hier einfach übersprungen haben, dass wir den Satz von Łoś und das Übertragungsprinzip brauchten, um mit dem neuen Bereich überhaupt arbeiten zu können. Hier muss erwähnt werden, dass das Auswahlaxiom auch den Wohlordnungssatz nach sich zieht (siehe hierzu [WA, Bd.1]), der in unserem Kontext geradezu als ein logisches Monster erscheinen muss: in einer wohlgeordneten Menge gibt es zu jedem Element ein nächstgrößeres, und das ist mit unserer Intuition vom Kontinuum nicht zur Deckung zu bringen, ist ein ganz fremdes Moment. Und schließlich haben wir die ganze klassische Theorie noch einmal aufgestockt mit der Bildung der Funktorkategorien, wobei wir in unserer notwendig unvollständigen Darstellung nicht einmal Gelegenheit fanden, auf die damit verbundenen Grundlagenprobleme einzugehen (man findet eine diesbezügliche Diskussion in [HS]).

Gegen solches Verfahren hat L.E.J. Brouwer zu Beginn des 20. Jahrhunderts, als die axiomatisierte Mathematik im Sinne Hilberts sich anschickte, ihren triumphalen Lauf anzutreten, Einspruch erhoben und in der Folge eine Neubegründung der gesamten Mathematik unternommen im Rahmen einer Lehre, die er „Intuitionismus" nannte. Charakteristisch für sie sind zwei radikale Einschränkungen des mathematischen Agierens, eine methodische und eine inhaltliche. Die methodische besteht im Verzicht auf alle „nicht-konstruktiven" Schlussweisen. Für die Mengentheorie folgt der Verzicht auf das Auswahlaxiom und alle dazu äquivalenten Postulate, für die Logik der Verzicht auf das Tertium non datur und eine neue, „stärkere" Interpretation des Junktors „oder" und des Existenzquantors. Die inhaltliche Einschränkung besteht darin, dass die „natürliche" Intuition der natürlichen Zahlenfolge, die ja in der Tat einer wirklichen „Begründung" gar nicht fähig ist (wenn auch verschiedener Beschreibungen), den einzig legitimen Ausgangspunkt der mathematischen Tätigkeit bildet.

Wir wollen uns in diesem Kapitel einen kleinen Eindruck davon verschaffen, wie man so arbeiten kann und wohin man damit kommt, und beginnen mit einem Abschnitt über die Methodik. Ich folge weitgehend dem Buch „Intuitionism" von Heyting [He]. „Intuitionistisch" und „konstruktiv" gebrauche ich mehr oder weniger synonym; das ist nicht ganz korrekt, aber in unserem begrenzten Rahmen vertretbar.

9.1 Konstruktive Logik

Zunächst die Aussagenlogik. Das Prinzip ist: jede Behauptung muss durch eine Konstruktion bewiesen werden. Um der Nachfrage: Was bedeutet „Konstruktion"? zu entgehen, kann man die Logik axiomatisieren und dabei den Ausdruck „die Konstruktion k beweist die Aussage p" als undefinierte Grundrelation nehmen. Das tun wir nicht, aber Sie werden schnell begreifen, wie die Sache gemeint ist. (Sie finden in [He], S. 101 eine Axiomatisierung der intuitionistischen Aussagen- und Prädikatenlogik, siehe auch [L], S. 272 ff. für eine sehr übersichtliche Präsentation).

Konjunktion, Implikation und Negation decken sich prima facie mit den klassischen Begriffen:

$p \wedge q$ kann behauptet werden, wenn eine Konstruktion vorliegt, die p beweist, und eine solche, die q beweist;

$p \Rightarrow q$ kann behauptet werden, wenn eine Konstruktion vorliegt, die aus einem Beweis von p einen solchen von q produziert;

$\neg p$ kann behauptet werden, wenn eine Konstruktion vorliegt, die aus p einen Widerspruch produziert, d. h. eine Aussage der Form $q \wedge (\neg q)$, oder irgendeine falsche Aussage, wie $1 = 0$ (alle falschen Aussagen sind auch intuitionistisch äquivalent).

Dass die Bedeutung dennoch nicht dieselbe sein kann wie die klassische, zeigt sich formal schon daran, dass eine Konstruktion, die jetzt nicht vorliegt, vielleicht später verfügbar ist. Die intuitionistische Logik erscheint so als eine Abschwächung der klassischen durch Berücksichtigung der zeitlichen Entwicklung unserer Information.

So sieht man leicht, dass das Tertium non datur in der Implikationsform $(\neg\neg p) \Rightarrow p$ nicht länger gültig ist. Denn ein Beweis von $\neg\neg p$, also eine (konstruktive) Widerlegung von $\neg p$, ist eben nicht dasselbe wie ein (konstruktiver) Beweis von p. Hier ist ein berühmtes Beispiel von Brouwer:

Wir legen die Dezimalbruchentwicklung $\pi = 3,14159\ldots$ zugrunde und konstruieren eine Zahl $r = 0,333\ldots$ nach folgender Regel: wir schreiben Dreien, bis in der Ziffernfolge der Entwicklung von π erstmals die Folge 0123456789 erscheint; wenn dabei 9 an der k-ten Stelle hinter dem Komma erscheint, brechen wir die Entwicklung von r mit einer 3 an dieser Stelle ab. Sei nun p die Aussage „r ist rational". Das bedeutet intuitionistisch, dass man natürliche Zahlen m, n angeben kann mit $r = m/n$. Hier meldet sich der alte Sinn von „ratio", nämlich (logischer) „Grund", auch „Rechenschaft", wie in „rationem reddere", „Rechenschaft ablegen". Das kann man aber nur, wenn man weiß, ob bzw. wo zuerst jene Ziffernfolge in der Entwicklung von π vorkommt. Da man das (derzeit) nicht weiß (und wenn doch – ich weiß nicht, wie viele Millionen Stellen man heute kennt, es interessiert mich auch nicht – ersetze man sie durch „tausendmal hintereinander diese Folge"), kann p nicht behauptet werden. Andererseits gilt $\neg\neg p$. Denn $\neg p$ würde heißen, dass r nicht rational sein kann, und das würde heißen, dass sich jene Frage nicht entscheiden lässt. Aber das können wir auch nicht behaupten.

Die klassische Auffassung ist natürlich: r ist in jedem Fall ein Element von $\{0,3,\ 0,33,\ 0,333,\ \ldots,\ 1/3\}$, wir wissen nur nicht, welches; aber alle Elemente dieser Menge sind rational, also auch r. Intuitionistisch scheitert das an dem stärkeren Sinn der Aussage „r ist rational".

Ein offener und einschneidender Unterschied zur klassischen Auffassung zeigt sich in der Interpretation der Disjunktion:

$p \vee q$ kann behauptet werden, wenn eine Konstruktion vorliegt, die p beweist, oder eine solche, die q beweist.

Zur Illustration denke man sich vor die Aufgabe gestellt, irrationale Zahlen x, y zu finden, derart dass x^y rational ist (wer ein bisschen von Transzendenztheorie versteht, weiß, dass das keine leichte Aufgabe ist). Ein Schlauer könnte sagen: ich nehme $x = y = \sqrt{2}$. Wenn das nicht funktioniert, nehme ich $x = \sqrt{2^{\sqrt{2}}}$ und $y = \sqrt{2}$. Sei p die Aussage, dass die erste Wahl, q die, dass die zweite Wahl die Aufgabe löst. Das Argument zeigt $(\neg p) \Rightarrow q$. Aber weder p noch q ist bewiesen. Klassisch sind natürlich $(\neg p) \Rightarrow q$ und $p \vee q$ äquivalent; die stärkere intuitionistische Interpretation der Disjunktion lässt das nicht mehr zu.

Deren auffälligste Konsequenz ist der Wegfall des Tertium non datur auch in der Disjunktionsform $p \vee (\neg p)$. Beachten Sie: intuitionistisch impliziert die Disjunktionsform die Implikationsform, wie man sofort erkennt; aber die Umkehrung ist intuitionistisch nicht gültig (s. u.). Manche Intuitionisten sehen in seiner uneingeschränkten Anwendung eine Art Anspruch, alle Probleme lösen zu können; Bishop/Bridges sprechen gar von einem „principle of omniscience" ([BB], Einleitung). Aber das gilt eben nur bei intuitionistischer Auffassung; wer im klassischen Sinne $p \vee q$ behauptet, statt p oder q zu behaupten, bringt ja gerade zum Ausdruck, dass er etwas *nicht* weiß. Ähnlich Heyting [He], S. 99: das Tertium non datur „… demands a general method to solve every problem." Nein, es postuliert nur, dass jeder Sachverhalt, der nach aktuellem Kenntnisstand vorliegen könnte, entweder vorliegt oder nicht, aber von unserer Fähigkeit, darüber zu entscheiden, ist gar keine Rede. Ob das nun etwas mit Metaphysik zu tun hat, wie Heyting S. 2 suggeriert, oder eher mit Physik, oder einfach eine Sprachregelung ist, nämlich den Gebrauch von „Sachverhalt" betreffend, wollen wir hier nicht erörtern; es genüge die Bemerkung, dass eine im Sinne Hilberts axiomatisch formulierte und durchgeführte Theorie nie etwas mit Metaphysik zu tun haben kann, weil sie nichts über ein An-sich-Bestehendes behauptet, sondern nur Konsequenzen aus Voraussetzungen, die prinzipiell disponibel bleiben. („Dual" zum Omniscience-Verdacht, und ebenso verfehlt, wäre der Vorwurf an den Intuitionisten, er behaupte, dass ein Problem, das er nicht lösen kann, auch keine Lösung habe).

Kritisch wird man anmerken, dass damit der übliche Sinn der Disjunktion aufgehoben wird: wer p oder q behaupten kann, wird nicht $p \vee q$ behaupten. Nun ist die „ergebnisoffene" klassische Disjunktion ein ganz unentbehrliches Mittel des theoretischen Agierens, das auch der Intuitionismus nicht preisgeben kann; seine Logik hat dafür den Ersatz $\neg(\neg p \wedge \neg q)$. Intuitionistisch gilt $p \vee q \Rightarrow \neg(\neg p \wedge \neg q)$, aber nicht die Umkehrung. Aus klassischer Sicht sind beide äquivalent, der Intuitionismus teilt also das „oder" in ein „starkes" und ein „schwaches" ein, wobei das schwache die gewohnte Bedeutung hat. Was veranlasste die Intuitionisten zu diesem Schritt? Zwischen „und" und „oder" besteht ein subtiler Unterschied, den die boolesche Logik, in der die beiden zueinander „dual" sind, also prinzipiell vom gleichen Stellenwert, überspielt: seien p, q Aussagen über den Weltzustand, dann sind $p \wedge q$ und auch $p \Rightarrow q$ wieder solche, aber $p \vee q$ grenzt den Weltzustand nur ein und enthält eine Aussage über unsere *Information* von ihm. Aufschlussreich ist, was Heyting auf die Frage antwortet, warum man aus $ab = 0$ nicht soll schließen dürfen, dass $a = 0$ oder $b = 0$ ([He], S. 24): „It would be dangerous to adopt such a slipshod way of expression for such a subtle question … By asserting that it is impossible that $a \neq 0$ and $b \neq 0$ we indicate exactly what we have proved." Man möchte also möglichst ausschließlich „bei den Sachen" bleiben. Freilich: unsere Information über den Weltzustand ist auch ein Teil von ihm und kann zumindest *on the long run* nicht von ihm abgetrennt werden. Und was am klassischen „oder" „slipshod" sein soll, also „nachlässig" oder „schlampig", erfahren wir nicht. Die klassische Argumentation ist ebenso präzis wie die intuitionistische, sie geht nur von anderen Voraussetzungen aus.

Eine Reihe klassischer Tautologien bleibt natürlich auch intuitionistisch gültig; vor allem natürlich der Satz vom Widerspruch in der Form $\neg(p \wedge \neg p)$: man kann nicht gleichzeitig behaupten, einen Beweis und eine Widerlegung von p zu haben. Wir besprechen ein paar weitere.

$$p \Rightarrow (\neg\neg p) \quad \text{(die Implikationsform des Satzes vom Widerspruch).} \qquad (1)$$

Gegeben ist ein Beweis von p. Ein Beweis von $\neg\neg p$ besteht in der Widerlegung von $\neg p$, aber ein Beweis von $\neg p$ würde den Widerspruch $p \wedge (\neg p)$ ergeben.

$$(p \Rightarrow q) \Rightarrow (\neg q \Rightarrow \neg p). \qquad (2)$$

Gegeben ist eine Konstruktion r, die aus einem Beweis von p einen von q produziert. Sei nun weiter ein Beweis von ¬q gegeben; wir müssen ¬p beweisen, also p widerlegen. Aber ein Beweis von p würde mittels r einen solchen von q ergeben und damit den Widerspruch $q \wedge (\neg q)$.

Setzt man in (Gl. 2) $q = \neg\neg p$, erhält man mittels (Gl. 1), dass $\neg\neg\neg p \Rightarrow \neg p$. Ersetzt man in (Gl. 1) p durch ¬p, erhält man davon die Umkehrung, also insgesamt

$$\neg\neg\neg p \Leftrightarrow \neg p. \tag{3}$$

Insbesondere: das Tertium non datur (in der Implikationsform) gilt für Aussagen, welche die Form einer Negation haben.

DeMorgansche Formeln: Es ist klar, dass $p \Rightarrow (p \vee q)$; mit (Gl. 2) kommt $\neg(p \vee q) \Rightarrow \neg p$ und ebenso $\neg(p \vee q) \Rightarrow \neg q$, zusammen also $\neg(p \vee q) \Rightarrow \neg p \wedge \neg q$. Die Umkehrung ist leicht, also gilt auch intuitionistisch

$$\neg(p \vee q) \Leftrightarrow \neg p \wedge \neg q. \tag{4}$$

Ferner ist klar

$$\neg p \vee \neg q \Rightarrow \neg(p \wedge q), \tag{5}$$

aber die Umkehrung von (Gl. 5) ist intuitionistisch falsch, was uns auch schon einleuchtet: eine Widerlegung von $p \wedge q$ ist eben nicht dasselbe wie eine Widerlegung von p oder von q.

$$q \Rightarrow (p \Rightarrow q) \tag{6}$$

bleibt richtig, wie man sofort erkennt.

$$(\neg p) \Rightarrow (p \Rightarrow q) \tag{7}$$

(„ex falso quodlibet") folgt streng genommen nicht aus unseren Erklärungen (die freilich auch nicht formal waren), wird aber von Heyting akzeptiert (S. 102).

Eine suggestive Weise, konstruktive Logik zu betreiben, hat P. Lorenzen mit seiner „dialogischen" Logik erfunden (von ihm auch „effektive" genannt). Es handelt sich um ein Spiel, bei dem ein Proponent P Behauptungen aufstellt, die von einem Opponenten O nach bestimmten Regeln angegriffen werden können und von P nach bestimmten Regeln verteidigt werden müssen. Beide haben auch das Recht, beliebige zuvor vom Gegner gemachte Aussagen auf- und anzugreifen. Das Spiel verliert, wer keinen Zug mehr machen kann oder sich eines Widerspruchs schuldig macht. Eine Behauptung, für die P eine Gewinnstrategie hat, die er also gegen jeden Angriff verteidigen kann, gilt als effektiv wahr; es lässt sich zeigen, dass dies genau die intuitionistisch gültigen Tautologien sind (siehe [LoM], S. 31).

Wie früher unterscheiden wir atomare und zusammengesetzte Aussagen. Eine atomare Aussage kann nur behauptet werden, wenn sie zum Grundkonsens gehört, der bestehen muss, damit ein Dialog überhaupt einen Sinn hat. Der Witz liegt in den Regeln für den Angriff auf und die Verteidigung von zusammengesetzten Aussagen. Diese sind wie folgt (wir beschränken uns auf die Aussagenlogik):

Die Konjunktion $p \wedge q$ kann angegriffen werden, indem O nacheinander die beiden Aussagen anzweifelt, die P dann verteidigen muss.

Zweifelt O die Disjunktion $p \vee q$ an, kann sich P aussuchen, ob er p oder q verteidigen will.

Der Angriff auf die Implikation $p \Rightarrow q$ besteht darin, dass O die Prämisse p behauptet. Jetzt kann sich P verteidigen, indem er q behauptet, oder aber, indem er O's Behauptung von p anzweifelt. Wenn p nicht zu verteidigen ist, dann hat man auch keine Handhabe, die Implikation zu bestreiten.

Die Negation $\neg p$ wird angegriffen, indem O seinerseits p behauptet; er wird damit zum Proponenten und muss p verteidigen.

Jede Anwendung dieser Regeln führt zum Abbau eines Junktors in einer zusammengesetzten Aussage. Damit ist klar, dass jeder solche Dialog nach endlich vielen Schritten endet: entweder O oder P begeht einen Widerspruch, oder man kommt herab auf die atomaren Aussagen. Der Dialog hat also immer einen Verlierer und einen Gewinner; über die fragliche Behauptung muss damit nichts entschieden sein, denn unter den atomaren Aussagen können natürlich auch solche sein, die zum Zeitpunkt des Dialogs nicht entschieden sind. Hier ein paar Beispiele:

P behauptet $p \Rightarrow \neg\neg p$, den Satz vom Widerspruch in der Implikationsform. Die beiden ersten Schritte sind automatisch: O greift an, indem er p behauptet. P behauptet nun die conclusio $\neg\neg p$. Diese kann O nur angreifen, indem er $\neg p$ behauptet; da er aber vorher p behauptet hat, hat er sich widersprochen.

Beim Tertium non datur in der Implikationsform, $\neg\neg p \Rightarrow p$, ist nur der erste Schritt automatisch: O behauptet $\neg\neg p$. P kann nun p verteidigen oder mit $\neg p$ kontern, worauf O seinerseits p behauptet. P verliert also den Dialog, wenn nicht er, wohl aber O in der Lage ist, p erfolgreich zu verteidigen, und er kann ihn nur gewinnen, wenn er p oder $\neg p$ verteidigen kann. Wenn man die plausible Annahme macht, dass zu jedem Zeitpunkt alle einschlägige Information öffentlich ist, also O und P gemeinsam, ergibt sich, dass $\neg\neg p \Rightarrow p$ nur dann intuitionistisch gültig ist, wenn $p \vee \neg p$ es ist.

P behauptet $((p \vee q) \wedge \neg p) \Rightarrow q$, eine Form des modus ponens. O behauptet $((p \vee q) \wedge \neg p)$, worauf P die Aussage $p \vee q$ angreift. O kann nun nicht p behaupten, da er vorher $\neg p$ behauptet hat; notgedrungen behauptet er q – „Na also," sagt P.

Dieses Resultat kann P beim nächsten Dialog verwenden: $(p \vee q) \Rightarrow (\neg p \Rightarrow q)$: O behauptet die Prämisse $p \vee q$, P die conclusio $\neg p \Rightarrow q$, O darauf deren Prämisse $\neg p$; aus O's beiden Behauptungen aber folgt q, wie zuletzt gezeigt.

Wir können jetzt auch die in Kap. 7 verwendete Schlussweise

$$((p \vee q) \wedge (q \Rightarrow \neg p)) \Rightarrow (q \vee \neg q)$$

intuitionistisch rechtfertigen. O behauptet $((p \vee q) \wedge (q \Rightarrow \neg p))$, und P greift $p \vee q$ an. Wenn O sich mit q verteidigt, verliert er sofort, also behauptet er p. Jetzt kann er P's Antwort $\neg q$ nicht angreifen, denn er hat zuvor $q \Rightarrow \neg p$ und dann p behauptet.

Für die Prädikatenlogik gelten entsprechende Abschwächungen der klassischen Aussagen; vor allem lassen sich die Quantoren nicht mehr aufeinander zurückführen. Es gilt zwar noch (p(x) sei eine Formel mit der freien Variablen x)

$$\forall x\, p(x) \Rightarrow \neg\exists x\, \neg p(x) \text{ und } \exists x\, p(x) \Rightarrow \neg\forall x\, \neg p(x),$$

aber die Umkehrungen sind nicht mehr zulässig, was uns schon einleuchtet: rechts stehen ja nur Negationen („etwas hat keinen Beweis"), und daraus kann aus konstruktiver Sicht keine positive, sachhaltige Aussage gewonnen werden. Für die klassische Logik besteht diese Unterscheidung nicht, weil jede Aussage als Negation ihrer Negation gelesen werden kann.

Erscheint so die intuitionistische Logik als eine Abschwächung der klassischen, so ist doch diese in gewisser Weise in jene eingebettet. Regel (Gl. 3) suggeriert, dass sich doppelt verneinte Aussagen klassisch verhalten. Dies lässt sich wie folgt präzisieren: es bezeichne FORM die Menge der Formeln der Prädikatenlogik erster Stufe, die aus atomaren Aussagen a, b, … gebildet werden können. Wir definieren eine Abbildung N: FORM → FORM rekursiv durch

$$N(a) = \neg\neg a \text{ für atomares } a,$$
$$N(p \wedge q) = N(p) \wedge N(q),$$
$$N(p \vee q) = \neg(\neg N(p) \wedge \neg N(q)),$$
$$N(p \Rightarrow q) = N(p) \Rightarrow N(q),$$
$$N(\forall x\, p(x)) = \forall x\, N(p(x)),$$
$$N(\exists x\, p(x)) = \neg\forall x\, \neg N(p(x)).$$

Damit gilt (Gödel): p ist klassische Tautologie genau dann, wenn N(p) intuitionistische Tautologie ist. Allgemeiner: ist G eine Menge von Formeln (Axiomen), so kann p aus G klassisch deduziert werden genau dann, wenn N(p) aus N(G) intuitionistisch deduziert werden kann.

Details findet man bei van Dalen [Da], S. 162.

Schließlich noch ein Wort zur Semantik. Unsere kurze Diskussion hat schon gezeigt, dass in der konstruktiven Logik ein Zeitfaktor eine Rolle spielt: eine Aussage, die jetzt nicht behauptet werden kann, kann vielleicht in Zukunft behauptet werden (siehe das Beispiel Brouwers). Eine Semantik, die dies berücksichtigt, kann also keine „statische", mit „festen" Mengen arbeitende sein, sondern muss der Veränderung der Kenntnisse durch eine Veränderbarkeit der „Bereiche der Gültigkeit", die sie den Aussagen zuordnet, Rechnung tragen. Eine solche hat als erster Kripke angegeben (siehe [Da]). Wir fühlen uns leise erinnert an Kap. 7: die Funktoren und Subfunktoren, mit denen wir dort die reellen Zahlen modelliert haben, sind ja solche „variablen" Mengen. Und in der Tat: die dort skizzierte Interpretation einer L1-Sprache in einem Topos ist nichts anderes als eine Weiterentwicklung der Konstruktion von Kripke. Näheres hierzu findet man in [MM].

9.2 Reelle Zahlerzeuger

Bis zu den rationalen Zahlen ist der intuitionistische Aufbau unserem klassischen analog – nur fehlt der mengentheoretische Unterbau. Ausgehend von den
Peanoaxiomen konstruiert man ganze bzw. rationale Zahlen als Paare von natürlichen bzw. ganzen Zahlen. Die bescheidenen Mengenbildungen, die wir dabei
benötigen, sind auch intuitionistisch zulässig; wir können ja konstruktiv entscheiden, wann zwei Paare äquivalent sind. Die intuitionistische Mengentheorie
werden wir nicht explizit entwickeln, sondern den Terminus nur informell
gebrauchen (Brouwer zog es vor, von „Spezies" zu reden). Man beachte im Folgenden, dass für rationale (im intuitionistischen Sinn gegebene) a, b die Aussagen
$a = b$ oder $a < b$ stets konstruktiv entscheidbar sind; daher bleiben für sie und ihre
Absolutbeträge die üblichen Regeln erhalten.

Eine andere Welt betreten wir mit der Theorie der reellen Zahlen. Die erste
Definition ist prima facie von der klassischen nicht verschieden:

Eine Folge $(a(n))$ rationaler Zahlen heißt ein reeller Zahlerzeuger, wenn gilt:

$$\forall k \, \exists n = n(k) \, \forall p \, |a(n + p) - a(p)| < 1/k.$$

Wesentlich ist hier der konstruktiv aufzufassende Existenzquantor: es muss ein
solches $n(k)$ angegeben werden können. Dasselbe ist bei der Definition der Gleichheit zu beachten:

Zwei Zahlerzeuger $(a(n))$, $(b(n))$ heißen gleich, wenn

$$\forall k \, \exists n = n(k) \, \forall p \, |a(n + p) - b(n + p)| < 1/k.$$

Man zeigt leicht, dass dies eine Äquivalenzrelation ist. Illustration: die Folge mit
$a(n) = 2^{-n}$ ist ein Zahlerzeuger. Wir definieren $b(n)$ durch

$b(n) = 1$, wenn bei der n-ten Ziffer der Entwicklung von π zum ersten Mal die
Folge 01 ... 9 beginnt, $= a(n)$ sonst.

$(b(n))$ unterscheidet sich von $(a(n))$ höchstens an einer Stelle, ist also, klassisch
gesehen, wie diese eine Nullfolge. Da wir aber kein n angeben können mit

$$|b(n + p) - b(n)| < 1/2 \text{ für alle } p,$$

ist $b(n)$ kein Zahlerzeuger im konstruktiven Sinn.

Schon in der synthetischen Theorie konnten wir nicht ohne weiteres
$(x = 0) \lor (x \neq 0)$ behaupten. Hier ist es natürlich nicht anders, und die Entwicklung von π ist wieder gut für ein Beispiel: wir definieren einen Zahlerzeuger
$x = 0,000 \dots$ durch Angabe der Dezimalentwicklung (das ergibt immer einen
Zahlerzeuger), indem wir postulieren: die n-te Ziffer nach dem Komma soll $= 1$
sein, wenn mit der n-ten Ziffer in der Entwicklung von π zum ersten Mal die
Folge 01 ... 9 auftaucht, und sonst $= 0$. Es ist offensichtlich, dass wir weder $x = 0$
noch $x \neq 0$ behaupten können. Überraschend ist darum, dass das Tertium non datur
(für die Gleichheit von Zahlerzeugern) in der Implikationsform gültig bleibt:

9.2.1 Für alle Zahlerzeuger a, b gilt $\neg\neg(a=b) \Rightarrow (a=b)$

Beweis. Sei zunächst k fest gewählt. Wir finden ein n mit

$$|a(n + p) - a(n)| < 1/4k, \ |b(n + p) - b(n)| < 1/4k, \text{ alle } p.$$

Angenommen, es gälte $|a(n) - b(n)| > 1/k$. Dann folgte

$$|a(n + p) - b(n + p)| = |a(n + p) - a(n) - (b(n + p) - b(n)) - (b(n) - a(n))|$$

$$\geq -|a(n + p) - a(n) - (b(n + p) - b(n))| + |(b(n) - a(n))|$$

$$> -1/4k - 1/4k + 1/k = 1/2k, \text{ alle } p.$$

Daraus folgte $\neg(a=b)$ mit Widerspruch zur Voraussetzung $\neg\neg(a=b)$. Also ist $|a(n) - b(n)| \leq 1/k$ und damit für alle p

$$|a(n + p) - b(n + p)| \leq |a(n + p) - a(n)| + |b(n + p) - b(n)| + |a(n) - b(n)| < 6/4k.$$

Da k beliebig war, ist damit a = b bewiesen.

Wenn man kein n konstruieren kann, „sodass ...", so bedeutet das nicht, dass man ein n konstruieren kann, „so dass nicht ...". Die konstruktive Theorie benötigt daher über die Negation der Gleichheit hinaus einen stärkeren Begriff von Verschiedenheit:

Für Zahlerzeuger a, b bedeute a # b, dass $\exists n, k \ \forall p \ |a(n + p) - b(n + p)| > 1/k$.

Es ist klar, dass aus a # b auch $a \neq b$ folgt, die Umkehrung ist falsch, siehe [He] S. 19, 115. Der obige Beweis liefert auch

9.2.2 Aus $\neg(a \# b)$ folgt a = b

Rechenoperationen mit Zahlerzeugern werden wie üblich gliedweise definiert. Für die Inversenbildung braucht man a # 0; $a \neq 0$ genügt nicht! Hier eine weitere Illustration für die Subtilität der Unterscheidungen. Wir definieren zwei Folgen durch

$a(n) = b(n) = 2^{-n}$, wenn bis zur n-ten Ziffer der Entwicklung von π keine Folge 01 ... 9 aufgetaucht ist;

wenn aber doch, und wenn die 0 der ersten solchen Folge dabei an der k-ten Stelle steht, so sei

$a(n) = 2^{-k}$, $b(n) = 2^{-n}$, wenn k ungerade,

$a(n) = 2^{-n}$, $b(n) = 2^{-k}$, wenn k gerade.

Dann sind a und b Zahlerzeuger, und es ist ab = 0, aber wir können weder a = 0 noch b = 0 behaupten. Jedoch zeigt man ohne allzu viel Mühe:

9.2.3 Es ist ab # 0 genau dann, wenn a # 0 und b # 0 ist

Auch die Anordnung wird konstruktiv definiert: es gelte

$$a > b \text{ genau dann, wenn } \exists n, k \ \forall p \ a(n + p) - b(n + p) > 1/k.$$

Man zeigt, dass dies kompatibel mit Addition und Multiplikation ist. Ferner ist wahr ([He], S. 25):

9.2.4 Es ist a#b genau dann, wenn a<b oder b<a ist

Natürlich ergeben sich auch hier Abweichungen von den üblichen Regeln; z. B. impliziert $\neg(a<b)$ nicht, dass a=b oder a>b ist. Das kennen wir schon als konstruktiv plausibel: aus einer negativen Aussage kann i. A. keine sachhaltige abgeleitet werden. Als Beispiel können wir die Zahl aus unserem ersten pathologischen Beispiel im letzten Abschnitt nehmen: evidenterweise ist nicht r>1/3, aber wir können weder r=1/3 noch r<1/3 behaupten.

Der Absolutbetrag kann durch $|a| = (|a(n)|)$ definiert werden. Es gilt $|ab| = |a||b|$, $|-a| = |a|$ und $|1/a| = 1/|a|$, wenn a#0. Jedoch besteht die Dreiecksungleichung nur in der negativen Form $\neg(|a| + |b| < |a + b|)$. Wir bereichern unser Museum der Gegenbeispiele mit einem Fall, in dem wir weder $|a + b| = |a| + |b|$ noch $|a + b| < |a| + |b|$ aussagen können:

Wir definieren Zahlerzeuger $-a=0{,}000\ldots$, $b=0{,}000\ldots$ durch Angabe ihrer Dezimalentwicklung folgendermaßen: die n-te Ziffer von $-a$ sei 1, wenn die n-te Ziffer der Entwicklung von π die 0 der ersten dort auftretenden Folge 01 ... 9 ist, sonst 0; bei b berücksichtigen wir noch die zweite solche Folge in entsprechender Weise. Dann ist $|a + b| = |a| + |b|(= 0)$ aussagbar genau dann, wenn keine Folge auftritt, $|a + b| < |a| + |b|$ genau dann, wenn mindestens eine Folge auftritt – beides wissen wir nicht.

Wir zeigen nun noch, dass jeder Zahlerzeuger mit einem solchen übereinstimmt, dessen Konvergenzverhalten explizit kontrolliert werden kann.

Sei $x=(r(n))$ und n ein fester Index. Dann finden wir ein k mit $|x - r(k)| < 2^{-n-3}$, sodann ein ganzes x(n) mit $|r(k) - x(n)2^{-n}| \leq 2^{-n-1}$; aus beidem zusammen folgt

$$|x - x(n)2^{-n}| < 5/8 \cdot 1/2^{-n}. \tag{8}$$

Denken wir dies für alle n durchgeführt, folgt $x = (x(n)2^{-n})$. Weiter gilt

$$|x(n)2^{-n} - x(n + 1)2^{-n-1}| < 5/8 \cdot (1/2^{-n} + 1/2^{-n-1}) = 15/16 \cdot 2^{-n},$$

und daraus folgt

$$|x(n)2^{-n} - x(n + 1)2^{-n-1}| \leq 2^{-n-1}. \tag{9}$$

Ein Zahlerzeuger der Form $(x(n) \cdot 2^{-n})$ mit den Eigenschaften (Gl. 8) und (Gl. 9) soll *kanonisch* heißen. Wir haben also (konstruktiv!) bewiesen, dass jeder Zahlerzeuger mit einem kanonischen übereinstimmt. Der Übergang zu einem kanonischen Erzeuger bedeutet (klassisch gesprochen) die Approximation des Grenzwerts durch eine Folge, deren n-tes Glied als Nenner (höchstens) 2^n hat. Die Konstruktion lässt in jedem Schritt höchstens zwei Möglichkeiten für x(n), das unterstreicht noch die Benennung „kanonisch". (Wir erinnern uns hier, dass wir bei der Konstruktion von A'Campo in Kap. 5 schon einmal in den Äquivalenzklassen rationaler Cauchyfolgen spezielle Elemente gefunden haben, freilich mit ganz anderer Intention).

9.3 Das Kontinuum

Bisher haben wir nur von einzelnen Zahlerzeugern gehandelt, das Kontinuum aber, das sie doch – in welcher Form auch immer – „ausmachen" sollen, noch gar nicht in den Blick bekommen. Nun wird schon klar geworden sein, dass von einem strikt konstruktiven Standpunkt so etwas wie eine „Menge aller Zahlerzeuger" ein unzulässiger Begriff ist. Zulässig sind Mengen, deren Elemente konstruiert werden können, und solche, die als Teilmenge einer schon gegebenen Menge durch Angabe einer (konstruktiv verifizierbaren) charakteristischen Eigenschaft definiert werden können. Der Grundbereich für die Zahlerzeuger müsste die Menge aller rationalen Folgen sein, aber für diese kann kein konstruktives Erzeugungsprinzip angegeben werden, wie das bekannte Diagonalargument zeigt.

Ein Zahlerzeuger ist gleichsam eine „werdende Zahl". Brouwers geniale Lösung des scheinbar unlösbaren Problems, das Überabzählbare „vom Abzählbaren her" zu mathematisieren, besteht darin, nicht das Gewordene, sondern das Werden selbst zu Mathematik zu machen. Dies wird präzisiert im Begriff des *Fächers*. (Anmerkung: bei Heyting heißt das „spread", erst „finitary spread" ist „fan". Da mir für „spread" keine angängige deutsche Übersetzung eingefallen ist, sei mir die Abweichung gestattet).

9.3.1 Definition: ein Fächer S besteht aus zwei Regeln, der *Fächerregel* und der *komplementären Regel* G = G(S)

1. Die Fächerregel sondert aus den endlichen Folgen ganzer Zahlen (diese sind abzählbar!) gewisse aus, die *zulässig* heißen sollen. Dabei soll gelten:
    i.   Für jedes n kann konstruktiv entschieden werden, ob die eingliedrige Folge (n) zulässig ist.
    ii. Jedes Anfangsstück einer zulässigen Folge ist zulässig.
    iii. Ist eine Folge zulässig und k beliebig, soll konstruktiv entscheidbar sein, ob die mit k verlängerte Folge zulässig ist.
    iv. Jede zulässige Folge kann (zulässig) verlängert werden.
         S heißt *finitär,* wenn für jedes n nur endlich viele n-gliedrige Folgen zulässig sind. (Informell also: es gibt nur endlich viele Anfänge, und jeder Anfang hat nur endlich viele unmittelbare Verlängerungen.).
         Eine unendliche Folge heißt zulässig, wenn jedes endliche Anfangsstück zulässig ist.
2. Die komplementäre Regel G ordnet jeder zulässigen endlichen Folge ein mathematisches Objekt zu.

Ist a = (a(n)) eine zulässige Folge, so heißt die Folge G(a) = (G(a(1)), G(a(1), a(2)), …) ein *Element* von S.

Mit diesem Elementbegriff, der natürlich nicht mit dem üblichen verwechselt werden darf, ist ein Schritt vom „fertigen Sein" zurück zum „Werden" gemacht. Die Definition der Zulässigkeit von a enthält implizit den sukzessiven Aufbau von a gemäß der Fächerregel. Diese lässt in jedem Schritt endlich viele Wahlen zu; man spricht darum auch von „freien Wahlfolgen". Natürlich kann man all das extensionalistisch erstarren lassen, indem man a als Funktion $\mathbb{N} \to \mathbb{N}$ auffasst und diese mit ihrem Graphen identifiziert, ferner die Fächerregel ersetzt durch die Menge der von ihr zugelassenen endlichen Zahlfolgen. Aber das ist natürlich nach konstruktiven Prinzipien nicht möglich: eine Funktion muss ein festes Bildungsgesetz haben, und man kann nicht unendlich viele freie Wahlen durch *eine* Regel antizipieren. Eine freie Wahlfolge ist ein Objekt sui generis, i. A. weder endlich noch fertig, von Heyting als „ips" bezeichnet: infinitely proceeding sequence.

Hier ist das für uns interessanteste Beispiel: sei $(r(1), r(2), \ldots)$ eine Abzählung der rationalen Zahlen (solche lassen sich konstruktiv herstellen, wie wohl jeder weiß). Wir definieren eine Fächerregel durch

i. Alle eingliedrigen Folgen sind zulässig;

ii. ist $(a(1), \ldots, a(n))$ zulässig, so ist $(a(1), \ldots, a(n+1))$ zulässig genau dann, wenn

$$|r(a(n)) - r(a(n+1))| < 2^{-n}.$$

Die komplementäre Regel ordnet der zulässigen Folge $(a(n))$ die Folge $(r(a(n)))$ zu. Es ist leicht zu sehen, dass dies ein Zahlerzeuger ist, und aus dem oben bewiesenen Resultat über kanonische Erzeuger folgt, dass umgekehrt jeder Zahlerzeuger mit einem Element unseres Fächers übereinstimmt. Er repräsentiert das intuitionistische Kontinuum.

Natürlich ist dieser Fächer nicht finitär. Jedoch gilt:

9.3.2 Ein abgeschlossenes Intervall [a, b] kann durch einen finitären Fächer repräsentiert werden, d. h. jeder Zahlerzeuger aus [a, b] stimmt mit einem Element dieses Fächers überein und umgekehrt

Beweis (Skizze): schreibe $a = (a(n)2^{-n})$, $b = (b(n)2^{-n})$ mit kanonischen Erzeugern. Wir können annehmen, dass stets $a(n) < b(n)$. Definiere einen Fächer S wie folgt: zulässig sind alle endlichen Folgen $(x(1), \ldots, x(n))$ ganzer Zahlen mit den Eigenschaften

i. $a(n) \leq x(n) \leq b(n)$,

ii. $(x(1)2^{-1}, \ldots, x(n)2^{-n})$ erfüllt die Bedingung (Gl. 9) der kanonischen Erzeuger.

Dann ist klar, dass S finitär ist. Die Fächerregel ordnet der zulässigen Folge den kanonischen Erzeuger $(x(n)2^{-n})$ zu. Dieser Fächer leistet das Behauptete.

Die zentrale Aussage über finitäre Fächer ist.

9.3.3 Fächersatz: Sei S ein finitärer Fächer und f eine Funktion, die jedem Element von S eine ganze Zahl zuordnet. Dann gibt es ein $N = N(S, f)$ derart, dass für Elemente d, d' von S gilt: stimmen die ersten N Glieder von d mit denen von d' überein, so ist $f(d) = f(d')$, mit anderen Worten: f ist durch die ersten N Glieder der d bereits eindeutig bestimmt

Zum Beweis: sei G die komplementäre Regel von S. Für eine zulässige Folge x setze $g(x) = f(G(x))$, $G(x) = (G(x(1)), G(x(1), x(2)), \ldots)$. Jetzt kommt ein entscheidendes Argument: die Funktionen G und f, damit auch g, müssen *berechenbar* sein, und das impliziert konstruktivistisch: $g(x)$ ist bereits durch endlich viele Glieder der Folge x, etwa das Anfangsstück $a(x)$, bestimmt. Das ist konsequent: eine Funktion, die zu ihrer Auswertung unendlich oft eine neue Regel erfordert, ist eben konstruktiv nicht existent. Es ist dies ein *Axiom* der konstruktiven Mathematik, in [TD], S. 209 als „schwaches Stetigkeitsprinzip" bezeichnet, welches klassisch natürlich nicht gilt.

Wir wollen nun beweisen: es gibt eine obere Schranke für die Länge *aller* $a(x)$ (woraus der Satz sofort folgt).

Hierzu konstruieren wir einen Graphen wie folgt: die Knoten seien die $a(x)$ und alle ihre Anfangsstücke; eine Kante gehe von jedem solchen Anfangsstück zu jeder unmittelbaren Verlängerung. Wir nehmen einen Punkt 0 hinzu und verbinden ihn mit allen eingliedrigen Anfangsstücken. Es ist klar, dass unser Graph ein Baum ist, in dem alle maximalen Wege entstehen, indem man vom Ende eines $a(x)$ nach 0 und von dort zum Ende eines $a(y)$ läuft. Da alle $a(x)$ endlich sind, haben alle Wege im Baum endliche Länge. Nun gestatten wir uns eine kleine Mogelei: wir ziehen das Lemma von Kőnig heran, nach dem ein unendlicher finitärer Baum einen unendlichen Weg besitzt. Da in unserem Baum alle Wege endlich sind, ist der ganze Baum endlich, woraus die Behauptung folgt.

Wir haben hier gemogelt, weil das Lemma von Kőnig intuitionistisch nicht gültig ist: sein (Standard-)Beweis verwendet das Auswahlaxiom (siehe etwa [K], S. 81). Jedoch lässt sich der obige Schluss intuitionistisch rechtfertigen, wenn auch nur auf subtilen Umwegen ([He], S. 43 f.). Eine sehr sorgfältige Diskussion findet man bei Dummett [Du].

Der Fächersatz spielt in der intuitionistischen Mathematik eine große Rolle. Seine für uns spektakulärste Anwendung ist ein berühmter Satz von Brouwer:

9.3.4 Jede reelle Funktion auf einem Intervall [a, b] ist stetig

Beweis: wir schreiben $y = f(x)$ in kanonischer Erzeugung, $y = (y(n)2^{-n})$, fixieren ein n und betrachten die Funktion $x \rightarrow y(n)$. Nach dem vorletzten Satz entsprechen die x den Elementen eines finitären Fächers, den wir im Beweis dieses Satzes konstruiert haben. Nach dem Fächersatz gibt es ein $N = N(n)$, derart dass die Funktion $x \rightarrow y(n)$ bereits durch die ersten N Komponenten von x, also die ersten N Glieder einer kanonischen Erzeugung von x bestimmt ist, und dabei hängt N *nicht* von x ab.

Sind nun x, x′ Elemente von [a, b] mit $|x - x'| < 2^{-N}$, so sind in einer kanonischen Erzeugung von x und x′ die ersten N Glieder dieselben (das folgt aus der Bedingung (Gl. 8) für kanonische Erzeugung). Also ist $y(n) = y'(n)$, und daraus folgt, dass $|f(x) - f(x')|$ nicht größer ist als

$$|f(x) - y(n)2^{-N}| + |f(x') - y(n)2^{-N}| < 5/4 \cdot 2^{-N}.$$

Damit ist die gleichmäßige Stetigkeit von f auf [a, b] bewiesen.

Der Satz klingt natürlich für „gewöhnliche" Ohren grotesk. Aber Funktionen mit Unstetigkeiten, wie Treppenfunktionen, sind intuitionistisch nicht definiert: wenn s eine Sprungstelle ist, muss man, um die Funktion auszuwerten, für alle x „$(x \leq s) \vee (x > s)$" entscheiden können, und unsere Beispiele haben schon gezeigt, dass das nicht geht.

Wir ziehen noch eine Folgerung: eine Teilmenge E von [a, b] soll *erkennbar* heißen, wenn für alle x in [a, b] die Mitgliedschaft in E entscheidbar ist, d. h. $(x \in E) \vee (x \notin E)$ gilt. Äquivalent dazu ist: E besitzt eine charakteristische Funktion. Dann gilt:

9.3.5 Die einzigen erkennbaren E sind die leere Menge und [a, b]

Denn die charakteristische Funktion von E ist stetig, muss also konstant sein.

Werfen wir zum Schluss noch die Frage nach der Vollständigkeit auf: Cauchy-folgen und Konvergenz werden für reelle Zahlerzeuger wie üblich definiert, aber natürlich mit der intuitionistischen Interpretation des Existenzquantors. Damit geht der Beweis, dass jede reelle Cauchyfolge einen Grenzwert hat, auch intui-tionistisch durch. Jedoch ist dies nicht länger äquivalent mit anderen Charakteri-sierungen, z. B. kann man nicht mehr beweisen, dass jede beschränkte monotone Folge konvergiert ([He], S. 30), und erst recht nicht, dass eine beschränkte unend-liche Folge einen Häufungspunkt hat. Ein letztes Mal ziehen wir die Entwicklung von π heran und definieren.

$a(n) = 2^{-n}$, wenn bis n-ten Stelle der Einwicklung die Folge 01 ... 9 auf-getaucht ist, $= 1 - 2^{-n}$, wenn nicht.

Wir können keinen Häufungspunkt dieser Folge aufweisen. Jedoch lassen sich „approximative" Aussagen beweisen, etwa: zu natürlichen n und m gibt es ein Intervall der Länge $< 2^{-n}$, das wenigstens m Folgenglieder enthält; vgl. [He], S. 48.

9.4   Schlussbetrachtung

Wir haben schon in der Einleitung gesehen, in welchem Sinne das Kontinuum ein „operativer" Begriff ist: das Kontinuierliche liegt in den Möglichkeiten der Teilung, oder, was auf dasselbe hinausläuft, den Möglichkeiten, auf ihm Punkte zu konstruieren. Das wird vom Intuitionismus ausdrücklich bestätigt: Heyting spricht vom „intuitive concept of the continuum as a possibility of a gradual determination of points" ([He], S. 34), und die Mathematisierung dieses Konzepts ist radikal: die „Substanz" des Kontinuums, aristotelisch das „hypokeimenon", das Zugrundeliegende, in der klassischen Auffassung eine Menge, wird *ersetzt* durch das Konstruiert-Werden-Können; das „Kontinuum" besteht in nichts anderem mehr als der Möglichkeit, gemäß einer Fächerregel zulässige Folgen zu bilden.

Das Programm wird auf eindrucksvolle Weise durchgeführt. Wir haben gesehen, wie die strikte Einhaltung konstruktiver Grundsätze Fragestellungen und Resultate ganz neuer Art hervorbringt, fraglos genuine Mathematik und von eige-nem Reiz. Aus naturphilosophischer Sicht ist bemerkenswert, wie der alte Spruch

„natura non facit saltus" sein Recht auf neue Weise offenbart. Der Beweis des Stetigkeitssatzes macht es deutlich: eine konstruktiv wohldefinierte Funktion darf nur von einer festen Anzahl der Komponenten der Argumente abhängen, wenn man diese in kanonischer Erzeugung denkt; an einer Sprungstelle aber ändert sich der Funktionswert schon bei der kleinsten Änderung des Arguments. Unstetigkeit kann damit nur Folge eines nicht-konstruktiven, „spekulativen" Vorgriffs sein.

Allerdings wird klar geworden sein, dass „konstruktiv" hier einen rein theoretischen Sinn und etwa mit „Praktikabilität" nichts zu tun hat. Im Gegenteil ist die Theorie, an den Bedürfnissen klassischer Anwendungen gemessen, hoffnungslos unpraktikabel. Was die klassische Theorie so einfach und natürlich geben konnte, wird subtil bis zur Verworrenheit, das Schlimmste aber ist: die fundamentalen Existenzsätze, auf denen die klassische Analysis beruht (Zwischenwert- und Mittelwertsatz), werden ungültig, und das, obwohl sie, paradoxerweise, „intuitiv" nicht einmal bezweifelt werden können. Niemand bezweifelt, dass der geschlagene Tennisball das Netz an einem bestimmten Punkt überquert. Aber kann man das in einfacherer Weise mathematisch dingfest machen als im Zwischenwertsatz der klassischen Analysis? Sogar die Dreiecksungleichung besteht nur noch in der „indirekten" Form $\neg(|a + b| > |a| + |b|)$. „Und mit Schmerzen sieht der Mathematiker den größten Teil seines, wie er meinte, aus festen Quadern gefügten Turmbaus im Nebel zergehen," schreibt Weyl dazu ([WP], S. 75). Heyting dagegen sind solche Verluste nur ein Achselzucken wert: „Let those who come after me wonder why I build up these mental constructions and how they can be interpreted in some philosophy; I am content to build them in the conviction that in some way they will contribute to the clarification of human thought" ([He], S. 12).

Man könnte all dem zustimmen, wenn die dem Intuitionismus zugrundeliegenden Selbstbeschränkungen des mathematischen Denkens wirklich zwingend wären. Sie ergaben sich für Brouwer aus einer Reflexion auf den realen Denkprozess, wie er sich „vorformal" zeigt, und das sollte doch wohl heißen: phänomenologisch im Sinne von Husserl. Aber eine solche Phänomenologie des mathematischen Denkens findet sich weder bei Brouwer noch seinen Nachfolgern, und der Philosoph, bei dem sie zu finden ist, eben Husserl, hat die hilbertsche Mathematik unter dem Titel „formale Ontologie" ausdrücklich anerkannt ([Hu], besonders Kap. 2 und 3). Insbesondere ergibt eine solche Phänomenologie die Gleichursprünglichkeit und damit gleiche Berechtigung der Raumanschauung, die uns Kontinua als Ganze („synthetisch") zeigt, dazu Gesetzmäßigkeiten unter diesen, als Ausgangspunkt mathematischer Theoriebildung, wie die griechische Geometrie sie erstmals im modernen Sinne realisiert hat. Die geometrische Intuition hat vor der arithmetischen sogar den Vorzug, dass sie ihre Objekte und die Operationen mit ihnen sozusagen „homomorph" wiedergibt, während Zahlen immer nur durch Objekte vorgestellt werden können, die nicht selbst Zahlen sind. Die geometrischen Elementargebilde sind *Idealisierungen* von real Wahrgenommenem, während im Zahlbegriff eine *Abstraktion* vollzogen wird (und eine Idealisierung dazu, nämlich durch die immer gleiche hinzukommende Eins). Man kann *sehen*, dass zwei Geraden parallel sind oder ein Dreieck rechtwinklig ist, aber es gibt keine vergleichbare Intuition von der Eigenschaft einer Zahl, prim zu sein. Ähnliches lässt sich von elementaren Mengen- und Größenbegriffen sagen. Die experimentelle Psychologie bestätigt dies, indem sie aufweist, wie im Kindesalter geometrische und Größenvorstellungen die Anzahlen dominieren; siehe dazu Piaget/Inhelder [PI], besonders S. 366 ff. Wo Zahl als Anzahl genommen wird, also in aller Praxis, ist der Mengenbegriff auch logisch vorgeordnet, denn bevor man zu zählen anfängt, muss man das zu Zählende zu einer Menge zusammengefasst haben.

Auch erfährt der zentrale Begriff der Konstruktion nicht die Aufhellung, die doch wohl nötig wäre, wenn es um derart gravierende Konsequenzen geht. Haben wir den reellen Zahlkörper in Kap. 4 nicht auch konstruiert? Das Problem liegt natürlich in der Zulässigkeit oder Unzulässigkeit von Konstruktionsprinzipien. Wo aber sind die Kriterien dafür zu suchen, in den Prinzipien selbst oder ihren Konsequenzen? Das Auswahlaxiom der Mengentheorie ist, für sich genommen, eine völlig natürliche Aussage, zieht aber merkwürdige Folgerungen nach sich, worauf wir in der Einleitung zu diesem Kapitel schon hingewiesen haben. Wir begegnen einer Paradoxie: angewandt werden kann natürlich nur, was hinreichend konstruktibel ist. Die klassische, auf nichtkonstruktive Prinzipien gegründete Mathematik bewährt sich in Anwendungen, denn sie kann ihre idealen Größen durch reale, d. h. rationale approximieren, mit Fehlerabschätzungen, die für alles praktische Rechnen ausreichen. Das Nichtkonstruktive kürzt sich sozusagen heraus; was zählt, ist allein die „strukturelle Adäquatheit" des verwendeten mathematischen Modells, nicht eine mitlaufende Auffassung von „wahrer" Mathematik. Hier ist auch darauf hinzuweisen, dass praktische Anwendung nicht nur *prinzipielle,* sondern *effektive* Berechenbarkeit verlangt; wo das vernachlässigt wird, verliert das konstruktivistische Dogma einen Gutteil seiner Legitimation. Eine Zahl wie 10^{100} kann nie anders als symbolisch gegeben werden (und Primzahlen dieser Größenordnung figurieren heute in den Verschlüsselungsverfahren); aber auch der intuitionistische Zahlentheoretiker schreibt mit leichter Hand die Primzerlegung hin, eine Formel für die Teilersumme und vieles mehr.

Es ist hier nicht der Ort für eine umfassende Auseinandersetzung mit dem Sinnlosigkeitsverdacht, den der Intuitionismus gegen die Standardmathematik richtet. Ich möchte nur ergänzen, was ich schon zu Anfang dieser Vorlesung sagte. Die Conditio Humana, von der dort die Rede war, zwingt den Menschen zu wissenschaftlicher, insbesondere mathematischer Theorie, und diese involviert immer schon ideale Objekte, die nie Gegenstand realer Erfahrung sein können, sondern nur approximativ oder eben symbolisch. Immer schon überspringen die mentalen Prozesse, in denen sie gebildet werden, die dem realen Handeln und Erfahren gesetzten Grenzen, und das gilt für die Folge der natürlichen Zahlen nicht weniger als für die Punkte und Geraden der Geometrie. *Alle Mathematik ist a limine und in einem radikalen Sinne nicht-konstruktiv.* Der einzige Richter über Zulässigkeit oder Unzulässigkeit solcher Theoriebildung ist die Bewährung, die Erfahrung davon, ob und inwieweit solche Theorie dazu verhilft, uns selbst zu verstehen und unsere Lebenswelt einzurichten. Und es liegt in der Natur der Dinge, dass jeder Fortschritt zuerst ein tastender ist, von spekulativen Vorgriffen getragen, die erst nach und nach in ein Gebäude strenger Wissenschaft einbezogen werden. Ob ein solcher Vorgriff uns weiterbringt, darüber kann keine Logik *a priori* etwas ausmachen.

Brouwer, der übrigens nicht nur der Erfinder des Intuitionismus war, sondern zuvor schon mit bahnbrechenden Arbeiten zur Topologie hervorgetreten (Sie alle kennen seinen Fixpunktsatz), Brouwer also warf der mathematischen Moderne Sand ins Getriebe. Seine Kritik rührt an Fundamentalia des theoretischen Agierens und macht den Abgrund sichtbar, der zwischen unserem faktischen Handelnkönnen und unseren theoretischen Vorgriffen aufgetan ist. Sie bleibt bedenkenswert, auch wenn man ihr nicht folgt (und war das auch für Hilbert, obwohl dieser in Grundlagenfragen sein Antipode blieb und sich, mit einem bekannten Ausspruch, „aus Cantors Paradies" nicht vertreiben lassen wollte). Die Auseinandersetzung mit Brouwers Einspruch war einmal, aus leicht begreiflichen Gründen, eine Art Existenzkampf (siehe den oben zitierten Seufzer Weyls); davon ist heute nichts mehr zu spüren. Die community ist dem Einspruch nicht gefolgt, keine Arbeit wird wegen Nichtkonstruktivität abgelehnt; aber jeder überlegt sich auch, wie ein nicht-konstruktives Argument durch ein konstruktives ersetzt werden könnte. Konstruktive Mathematik selbst ist heute business as usual. Ganz unabhängig von Voreingenommenheiten philosophischer Natur liegt ein natürliches Interesse darin, genau zu wissen, mit welchen Annahmen man bis wohin kommt und bis wohin nicht. Speziell für die Analysis hat sich eine eigene kleine Richtung entwickelt, unter dem informellen Titel „Reverse Mathematics" – deswegen so genannt, weil man hier nicht, wie sonst, aus Axiomen auf Sätze schließt, sondern aus Sätzen auf die zu ihrer Herleitung notwendigen Axiome. Es ist der Begründungszusammenhang als ganzer, den man verstehen möchte, nicht nur einzelne „logische Stränge" in ihm. Erst dieses Ganze, so muss gegen Heytings oben angeführte Worte eingewandt werden, ist imstande „to clarify human thought". ZFC ist ein Gebäude auf Widerruf (welches „menschliche Gemächte" ist das nicht), doch selbst wenn sich herausstellen sollte, dass der übliche Umgang mit dem Unendlichen wirkliche Widersprüche hervorbringt, die zur Revision des ganzen Standardsystems zwingen, wird man (so meine ich) einräumen müssen, dass dieser Weg zu versuchen war.

Literatur zu diesem Abschnitt

Von Brouwer sollte man wenigstens einige seiner programmatischen Erklärungen lesen, z. B. den ersten Teil seines berühmten Vortrags „Mathematik, Wissenschaft, Sprache", in [Br], S. 417 ff. Eine sehr detaillierte Gegenüberstellung des klassischen und intuitionistischen Kontinuums hat er selbst gegeben, siehe [Br], S. 429 ff.

Den leichtesten Einstieg in die Praxis der intuitionistischen Mathematik bietet Heyting [He]. Auch Dummett [Du] ist mathematisch sehr zugänglich, dafür philosophisch anspruchsvoller, mit umfangreichen Erörterungen erkenntnistheoretischer Natur. Zu nennen ist auch Troelstra [Tr].

Die konstruktive Mathematik ist, wie oben bemerkt, nicht an das intuitionistische Dogma gebunden. Man verschaffe sich einen Eindruck anhand von Troelstra/v. Dalen [TD].

Eine Einführung in die „Reverse Mathematics" bietet ein Aufsatz von Murawski [Mu].

Der Protest gegen die nicht-konstruktiven Verfahren der Standardmathematik hat noch weitere alternative Theorien des Kontinuums hervorgebracht. An erster Stelle ist hier Weyls Buch „Das Kontinuum" zu nennen ([WK]). Lorenzens „Differential und Integral" liegt auf derselben Linie ([LoD]); siehe auch die einschlägigen Aufsätze in Feferman ([FL]). Mit klassischer Logik, aber streng konstruktiv, also ohne die „starken" Mengenaxiome, kann man so gut wie alles rekonstruieren, was aus der Analysis überhaupt anwendungsfähig ist. Schließlich sei noch Bishop/Bridges angeführt ([BB]). In diesem Kapitel konnte es mir nur darum gehen, Ihnen einen ersten Eindruck von der „reinen Lehre" zu verschaffen.

Kapitel 10
Zusammenfassung

Wir haben einen langen Kursus hinter uns gebracht, haben in einem wahrhaften „Abenteuer der Ideen" die „Taten und Leiden des Kontinuums" kennengelernt und wenden uns, mit mehr Mathematik im Rücken als zuvor, zum Anfang zurück. Das Kontinuum zeigt sich in den Anschauungsformen Raum und Zeit; wir denken es als den immer gleichen, beständigen Zeitfluss, die immer gleiche, homogene Raumweite. So gedacht, in einem abstrakten An-Sich, gibt es uns gar keinen Ansatz für irgendeine Frage – es ist ja gerade die Strukturlosigkeit selbst, das Nichtsein von Unterscheidungen. Aber indem wir es so denken, haben wir auch das Phänomen verloren, denn das Kontinuum zeigt sich nie rein als solches, sondern immer schon durch Diskretes gegliedert, eingeteilt, mit Strukturen ausgestattet. Ohne diese wäre es für uns nichts, ganz im Sinne der Feststellung, mit der Hegels „Logik" beginnt, dass nämlich „reines Sein" und Nichts dasselbe sind. Alles Diskrete und Besondere besondert sich vor einem Hintergrund von Unbesondertem, eben Kontinuierlichem. Thom nennt das die „anteriorité ontologique du continu sur le discret" ([Th]). Umgekehrt aber würden ohne solche Besonderungen, die die Raumweite, den Zeitfluss gliedern, ihm Dimension, Orientierung, metrische Struktur verleihen, diese Kontinua gar nicht in unsere Wahrnehmung eintreten. Das könnte man die „anteriorité structurelle du discret sur le continu" nennen. „Unbesondertes und Besonderung" ist, wie „Teil und Ganzes" oder „Form und Gehalt", ein dialektisches Begriffspaar, bei dem kein Glied ohne das andere gedacht werden kann. Die Conditio Humana erlegt uns nun auf, dass wir mit diesem Vielfältigen „zurechtkommen", uns darin „auskennen", insbesondere Schemata zu seiner Bearbeitung entwickeln, Gliederung und Strukturierung selbst erzeugen müssen. Damit kann eine erste Aufgabe formuliert werden: die Charakterisierung des Kontinuierlichen in Termini von Teilungen; wie Aristoteles, dann Leibniz und schließlich Dedekind sie lösten, haben wir in der Einleitung gesehen.

Nun gehen wir weiter und betrachten das Problem von einem übergeordneten Standpunkt. Wenn es Aufgabe der Philosophie ist, die Welt auf Begriffe zu bringen, muss die Suche nach Grundbegriffen eine Grundaufgabe sein. In einem ersten

© Springer-Verlag GmbH Deutschland, ein Teil von Springer Nature 2019
E. Kleinert, *Mathematische Modelle des Kontinuums*,
https://doi.org/10.1007/978-3-662-59679-1_10

Anwurf wird das Seiende, wie es begegnet, nach seiner *arche* befragt, und die ionischen Naturphilosophen erklären Luft, Wasser oder Feuer für den Urgrund der Dinge. Sofern aber, mit Wittgenstein zu sprechen, die Grenzen meiner Sprache die Grenzen meiner Welt sind, muss ein Erstes nicht nur in den Dingen gesucht werden, sondern auch in den Möglichkeiten des Sprechens über die Dinge. Solches hat wiederum als erster Aristoteles in Form seiner Kategorien zu fassen versucht – Grundmomente nicht mehr im materialen Sinne wie die *archai* der Ioniker, der Urstoff der Welt, sondern im Sinne des Aussagen-Könnens; nichts anderes ist der Sinn des griechischen *kategoreisthai*, wörtlich: in die *agora* bringen, den Platz, an dem Dinge öffentlich besprochen werden. Die aristotelischen Kategorien entsprechen den Fragen nach *ousia* (Substanz), *poson* (wieviel), *poion* (wie beschaffen), *pros ti* (worauf bezogen), *pou* (wo), *pote* (wann), *keisthai* (Lage), *echein* (haben), *poiein* (wirken) und *paschein* (widerfahren). In erster Annäherung sind diese Kategorien eine Liste von Bestimmungen, durch welche ein Gegenstand mehr oder weniger vollständig beschrieben werden kann. Das Kategoriensystem von Aristoteles blieb lange Zeit der maßgebliche Versuch seiner Art, bis Kant das Thema neu behandelte.

Gehen wir mit dieser Liste an das Kontinuum, so scheint auf den ersten Blick, dass die Kategorie des *poion*, der Beschaffenheit hier maßgeblich sei. Aber wir sehen sofort, dass dies nicht weiterführt, denn die Frage „Wie beschaffen?" ruft sofort die Gegenfrage „In welcher Hinsicht?" hervor, also gerade die nach der gemeinten Kategorie. (Man sieht, dass das *poion*, wie auch die vielverhandelte *ousia*, nicht recht in die Liste passt, eher eine Art „Metakategorie" darstellt; das braucht uns hier nicht weiter zu beschäftigen.) Aristoteles charakterisiert das Kontinuum durch seine Beschaffenheit in Hinsicht auf das Geteilt-werden-Können. Es sind also eher die Kategorien des Wirkens und Widerfahrens einschlägig; diese aber sind zunächst nicht Gegenstand von Mathematik.

Die Proportionenlehre ist eine Mathematik des *poson*, der Quantität oder Größe. Objekte, Gegenstände unserer Anschauung oder unseres Denkens, die in irgendeiner Hinsicht Quantität aufweisen, können in dieser Hinsicht miteinander verglichen, nach „mehr oder weniger" befragt werden. Die Hinsicht kann Anzahl sein oder eine physikalische Dimension wie Länge, Fläche, Volumen, Gewicht, Temperatur, Dauer. Aristoteles beginnt seine Diskussion des *poson* (cat. 4 b) mit der Unterscheidung von zusammenhängend *(syneches)* und diskret *(diorismenon,* „abgetrennt"). Zahl *(arithmos)* ist „abgetrennt", die Gerade *(gramme)* zusammenhängend. Das Diskrete kann auch nach „wie viele" befragt werden, es trägt gewissermaßen seine Maßbestimmung in sich selbst, es zu messen heißt es zu zählen, anders als das Kontinuierliche, bei dem Messung immer nur Vergleich sein kann; Riemann bemerkt in seiner berühmten Antrittsvorlesung aus dem Jahr 1854, dass „bei einer diskreten Mannigfaltigkeit [das meint hier einfach eine Punktmenge] das Princip der Massverhältnisse schon in dem Begriffe dieser Mannigfaltigkeit enthalten ist, bei einer stetigen aber anders woher hinzukommen muss." Denkt man den Raum nach allen Richtungen um einen festen Faktor gestreckt, ändern sich die Längen, aber nicht die Anzahlen (etwa der Ecken eines Vielecks oder der Schnittpunkte zweier Kurven), auch nicht die (ebenfalls dimensionslosen)

Proportionen; in diesem Sinne sind jene „relativ", die letzteren „absolut". Bei fester Hinsicht ergibt das Zählen oder Messen eine erste mathematische Struktur, modern gesprochen die einer total geordneten Menge, meistens ohne größtes Element, im kontinuierlichen Fall auch ohne kleinstes sowie „dicht", d. h. zwischen je zwei Größen kann eine dritte gedacht werden (und damit unendlich viele). Und diese mathematische Struktur ist bei allen kontinuierlichen Hinsichten *immer dieselbe*, was doch a priori alles andere als selbstverständlich ist, von den Griechen in der Proportionenlehre, von uns heute als die Menge der (positiven) reellen Zahlen erfasst. Damit ist ein universelles Mittel zur Bearbeitung der Frage nach „mehr oder weniger", ein universeller Maßstab gewonnen.

Quantitäten derselben Art können vermehrt oder vermindert, zusammengefügt und vervielfacht werden. (Hier wäre sorgfältiger zwischen „extensiven" und „intensiven" Quantitäten zu unterscheiden; mit den letzteren ist schlecht rechnen, sie können eher „gesteigert" als „vermehrt" werden. Wir lassen das beiseite, weil es uns nur um das Kontinuierliche dabei geht.) Fixiert man auf einem linearen Kontinuum (einer Geraden) eine Einheitsstrecke OE, kann man sagen: jeder Punkt P des Kontinuums repräsentiert eine Proportion, nämlich der Strecke OP mit OE, und umgekehrt kann jede Proportion als Proportion einer Strecke mit der Einheitsstrecke gedacht werden, repräsentiert also einen Punkt des Kontinuums. Wir haben gesehen, wie man (im Wesentlichen) elementare Geometrie benutzen kann, um die Operationen mit den Quantitäten auf den universellen Maßstab zu übertragen; wenigstens die Addition der Punkte und damit der Proportionen wäre im Rahmen der Euklidischen Geometrie erreichbar gewesen. Die Griechen haben diesen Schritt nicht getan, aber er liegt doch in der Natur der Sache: der universelle Maßstab sollte nicht nur für das Erfassen und Vergleichen von Größen maßstäblich sein, sondern auch für das Operieren mit ihnen.

Soweit ist der Größenbegriff als solcher gefasst, worin aber das Kontinuierliche liegt, noch nicht im Blick. Es ist charakteristisch für die naturphilosophische Orientierung des Aristoteles, dass ihm offenbar nicht in den Sinn kommt, was uns im Rückblick naheliegend erscheint, nämlich seine Theorie vom Kontinuum mit der Proportionenlehre in Verbindung zu bringen, die er zweifellos gekannt hat. Ohne weiteres freilich geht das nicht, denn die Proportionenlehre bleibt ganz innerhalb der Kategorie der Quantität, sie hat für die Teilungen keine Begriffe; aber die oben beschriebene Identifikation von Proportionen mit den Punkten einer Geraden hätte die Verbindung herstellen können. Hier war doch, implizit wenigstens, eine Aufgabe gestellt, von der wir nicht wissen, ob sie gesehen wurde, die jedenfalls liegenblieb.

Im Prinzip schon mit der Einführung der analytischen Geometrie, vollends aber mit dem Aufkommen der Infinitesimalrechnung wird die Notwendigkeit unabweisbar, die Natur des Kontinuums mathematisch in klares Licht zu setzen. Die frühen Analytiker freilich kümmern sich zunächst wenig darum – zu erfolgreich ist der Kalkül und zu gut bestätigt, als dass man sich durch Grundlagenbedenken davon abbringen lassen möchte. Man arbeitet mit einem mehr oder weniger naiven Zahlbegriff sowie infinitesimalen Hilfsgrößen, deren logischer oder ontologischer Status unklar bleibt. Zunehmend aber wird dies als Mangel empfunden, bis in der bekannten Weise die Elimination der Infinitesimalien gelingt. Ihre Funktion übernehmen Grenzprozesse, die wiederum die *Vollständigkeit* erfordern. Im Begriff der Vollständigkeit liegt die erste, *mathematisch* dingfest gemachte Approximation an den Begriff des Kontinuierlichen. Sie tritt mit einer Vielzahl von Aspekten auf: die noch in gewissem Sinne „stofflich" zu denkende Schnittvollständigkeit, die Approximationsqualitäten der Cauchy- und Intervallvollständigkeit, die – in nichttechnischen Begriffen freilich schwer zu fassende – Heine-Borelsche Überdeckungseigenschaft, der geometrisch intuitive Zwischenwertsatz. Zugleich wird nun das Kontinuum nicht mehr bloß *beschrieben,* sondern *konstruiert,* und zwar nach Maßgabe einer Wissenschaft, deren Zwecke schon definiert sind. Die Logik des Infinitesimalkalküls wird bestimmend für die Theorie des Kontinuums.

Hier ist ein Wendepunkt der ganzen Entwicklung. Philosophisch betrachtet, geschieht hier der Schritt zum Idealismus, indem für die Wissenschaft nur noch gilt, was vom setzenden und konstruierenden Gedanken hervorgebracht wird. Mathematisch entscheidend ist die kategoriale Erweiterung des Bereichs der Mathematik. Die Konstruktion des reellen Kontinuums durch dedekindsche Schnitte geht über eine reine Größenlehre hinaus und macht die aristotelischen Kategorien des *poein* und *paschein* mathematikfähig: sie macht die Teilungen selbst, also Operationen des Verstandes (denn im Zusammenhang der Kontinuumsfrage sind die Teilungen immer nur als gedachte zu verstehen), zu mathematischen Objekten, mit denen ein Kalkül möglich ist. Die mathematische Vergegenständlichung der Teilung ist ihr Resultat, das als eine Teilmenge des rationalen Körpers, eben als Schnitt, fassbar ist. Indem die Menge aller Schnitte, durch die Axiome der Potenzmenge und Komprehension verfügbar (machen Sie sich das klar!), zum reellen Kontinuum erklärt wird, werden die Möglichkeiten des Teilens als simultan verwirklicht gesetzt. Die potenzielle wird durch eine aktuale Unendlichkeit aufgehoben; jede Darstellung einer Zahl als Grenzwert ist eine als vollzogen gedachte unendliche Approximation. Die kleinsten Teile, die es für Aristoteles nicht geben konnte, sind jetzt wirklich die Punkte; damit ist der aristotelische, noch von Kant formulierte Standpunkt endgültig verlassen. In der *Charakterisierung* des Kontinuierlichen als Schnittvollständigkeit ist die Mengenauffassung noch nicht vorausgesetzt; die *Konstruktion* des Kontinuums durch Schnitte lässt keine Wahl mehr. Die Mathematik aber, indem sie die Kategorie der Quantität hinter sich lässt, steigt, kantisch gesprochen, von der Ebene der Anschauungsformen, auf welcher sie noch als die Wissenschaft von „Zahlen und Figuren" gesehen werden konnte, zur derjenigen der Verstandesbegriffe auf; denn die Mengentheorie ist, wie in Kap. 4 dargetan wurde, eine Mathematik von den Extensionen der Begriffe (Die mathematische Kategorientheorie, so können wir hier ergänzen, gehört zur Mathematik der aristotelischen Kategorie des *pros ti,* der Bezogenheit). Erst damit nimmt die Mathematik ihr ganzes Feld in Besitz, wie ich es in der Einleitung skizziert habe, die Gesetzmäßigkeiten des kategorialen Apparats. Hierin liegt die eigentliche Revolution der neuzeitlichen Mathematik.

Die Mengentheorie ist nun mehr als ein formaler Rahmen für Analysis und Topologie, sondern gibt in der ihr eigenen Begrifflichkeit fundamentale Beiträge zur Mathematisierung des Begriffs „Kontinuum". An erster Stelle steht hier die Unterscheidung von abzählbar und überabzählbar. Machen wir sie noch einmal klar: eine abzählbare, genauer: eine abgezählte, d. h. mit $\mathbb{N}$ in Bijektion gesetzte Menge ist damit durch eine Konstruktion beschrieben, bei deren sukzessivem Vollzug man zwar nie „fertig" wird, aber doch jedes Element irgendwann erfasst; das primordiale Beispiel ist natürlich $\mathbb{N}$ selbst. Für eine überabzählbare Menge, schon die reellen Zahlen im Einheitsintervall, zeigt Cantors Diagonalargument, dass man zu jeder vorgelegten Abzählung von Elementen dieser Menge Elemente aufweisen kann, die von der Abzählung nicht erfasst werden, ja sogar die nicht erfassten „unendlich zahlreicher" sind als die erfassten, so dass man sagen kann: wie viele man auch immer erfasst, man kommt dem Ganzen „im Grunde" nicht näher und käme es selbst dann nicht, wenn man eine ganze abzählbare Unendlichkeit durchlaufen könnte. Dahinter steht die elementar, nämlich wieder durch ein Diagonalargument zu beweisende Tatsache, dass eine abzählbare Vereinigung abzählbarer Mengen selbst abzählbar ist; das erste Beispiel dafür ist die jeden Novizen verblüffende Tatsache, dass es „ebenso viele" rationale wie natürliche Zahlen gibt, obwohl doch zwischen je zwei natürlichen schon unendlich viele rationale liegen (eine der vielen „Paradoxien des Unendlichen"). Machen wir uns auch klar, dass weder Vollständigkeit noch Überabzählbarkeit noch beides zusammen unserer Intuition vom Kontinuierlichen entsprechen muss. Jeder endliche oder mit der trivialen Metrik (alle $d(x, y) = 1$, $x \neq y$) ausgestattete metrische Raum ist vollständig. Die Menge $\mathbb{R} \backslash \mathbb{Q}$ ist überabzählbar, aber als topologischer Raum total unzusammenhängend (wie übrigens auch $\mathbb{Q}$ mit der Relativtopologie von $\mathbb{R}$), was der stärkste denkbare Gegensatz zu „kontinuierlich" ist. Die Cantormengen (gewisse Teilmengen des Einheitsintervalls) sind vollständig und überabzählbar, aber nirgends dicht in diesem Intervall. Ein p-adischer Körper ist überabzählbar und vollständig, aber ebenfalls total unzusammenhängend. Und als Kuriosum: im Nichtstandardkörper $^*\mathbb{R}$ ist die interne Menge $^*\mathbb{Z}$ diskret und vollständig (man wende das Übertragungsprinzip an; jede Cauchyfolge wird konstant), aber überabzählbar (siehe den Beweis von Abschn. 6.3.2).

Auf die Elimination der Infinitesimalien, die eine beständige „Grundlagenkrise" der frühen Analysis dargestellt hatten, folgte die Konstruktion des Kontinuums durch die Mathematik selbst, die dabei noch einmal durch eine Krise hindurchgehen musste, freilich von etwas anderer Natur: nicht mehr logische Korrektheit stand in Frage, sondern die Legitimität eines bestimmten Zugangs. Die hierdurch erzwungene mathematische Selbstreflexion, die damit gewaltig in Gang gekommene Erforschung der Grundlagen mathematischen Denkens und Tuns durch die Mathematik selbst setzte diese in den Stand, die Fallstricke bei der Verwendung des Unendlichkleinen zu vermeiden und den Kalkül der Infinitesimalien auf eine sichere Grundlage zu stellen. Der alte, durch Dedekind zwar entbehrlich gemachte, aber damit doch nicht aufgehobene Gedanke, dass das Wesen des Kontinuierlichen durch eine nichtarchimedische Größenlehre zu begreifen sei, wird damit in sein wissenschaftliches Recht gesetzt. Die Infinitesimalien nun gehören, wie wir schon festgestellt haben, nicht zu den intuitiven, sondern zu den operativen Aspekten des Kontinuums (und darum konnte die Mathematik der Anschauungsformen ihnen nicht gerecht werden), und dies in einem gesteigerten Sinn: sie treten noch nicht auf beim bloßen Teilen, auch nicht beim Zahlenrechnen, sondern erst bei der Untersuchung von *Funktionen,* die auf dem Kontinuum definiert sind, genauer bei der Untersuchung von Funktionen dieser Funktionen, wie Tangentensteigung, Krümmung, Maxima und Minima, Flächeninhalt unter einer Kurve. Dies alles sind Dinge, die im ersten Begriff des Kontinuums jedenfalls nicht liegen, die der Mensch im Verfolg seiner Pläne (oder, mit einem heideggerschen Terminus, seiner Vorhabe) heranträgt und damit den ursprünglichen Begriff transformiert, ihn anreichert, ja schließlich mit möglichen Aspekten derart „auflädt", dass sie nicht mehr alle nebeneinander Bestand haben können; wir haben gesehen, wie sogar die „internen" Logiken der verschiedenen Theorien unvereinbar werden. Immer dichter wird das ursprünglich „rein angeschaute" Kontinuum überbaut von Konstruktionen aus reinen Begriffen; besonders die Kap. 6 bis 8 werden bei manchem von Ihnen vielleicht den Eindruck erzeugt haben, dass die Selbstermächtigung der Mathematik sich der Grenze zum „Anything goes" nähert (man erinnere sich an Conways „Freiheitsplädoyer"). Wenn es ein einziges mathematisches Objekt geben sollte, in dem die verschiedenen Aspekte dennoch wieder zusammengeführt werden, so ist dieses jedenfalls noch nicht ans Licht getreten.

Fragen wir nun nach einem roten Faden, einem gemeinsamen Thema der geschilderten Entwicklung, so finden wir: es ist die Frage nach dem principium individuationis der Punkte, die Frage, wie das Kontinuum zu seinen Punkten kommt, von deren Beantwortung die Theorie abhängt. Aristoteles denkt das Kontinuum noch als ein An-Sich-Seiendes, das mit (Teilungs-)Punkten versehen werden kann. Die klassische Theorie *ersetzt* es durch seine Punkte, indem sie diese, und zwar in ihrer Gesamtheit, aus der PotentialitätPotenzialität des Konstruiert-Werden-Könnens in die Aktualität des Konstruiert-Seins holt. Die Nichtstandardtheorie nach Robinson reichert die Punkte mit infinitesimalen Halos an. (Eine gewisse Analogie hierzu kann man in der String-Theorie sehen, welche die punktförmigen Teilchen durch Kurvenstücke ersetzt.) Fasst man die klassische Theorie als eine erste Approximation des mathematischen Gedankens an das Kontinuum, so erscheint die synthetische Theorie, die das Kontinuum als Funktor, als „variable Menge" präsentiert, als eine zweite und höherstufige, die zu beweisen scheint, dass auch ein „Medium freien Werdens" mathematikfähig ist, nur in anderer Weise als das, für dessen Werden es Medium ist – die Modelle der Theorie bilden eine ganz andere Welt als diese selbst, wie unsere Darstellung in Kap. 7 zeigte. Beide halten am Substanzbegriff wenigstens formal fest, indem sie in einem Akt von hypothetischem Platonismus die Mengen und Funktoren, die sich der Konstruktion entziehen, dennoch als mathematisch seiend, d. h. für den mathematischen Prozess verfügbar postulieren. Die intuitionistische Theorie schließlich lässt das Kontinuum selbst fahren und geht zurück auf die mathematische Tätigkeit selbst, auf Regeln für die Konstruktion von Punkten. Der mathematische Idealismus findet hier, wie Weyl mit Recht feststellt, seine reinste Verwirklichung.

Die natürlichen Zahlen sind (und so viel ist dem Intuitionismus sicher zuzugeben) die grundgebende *mathematische* Manifestation der Erlebnisform Zeit: das

Innewerden eines Zustands und seine Aufhebung in einem nächsten. Die Diskre-
tisierung in Zeit*punkte* ist natürlich schon eine mathematische Fiktion, die aber
immerhin durch die periodischen Vorgänge der Naturabläufe in gewissem Sinne
unterstützt wird. Die bisherige Entwicklung scheint zu zeigen, dass von der zeit-
entsprungenen Zahl aus das räumliche Kontinuum nicht ganz adäquat, nicht ohne
Rest erfasst werden kann. Ein erster Hinweis war die Entdeckung des Irrationalen,
ein ähnlicher und stärkerer die der (mathematischen) Transzendenz (über die algebraischen Irrationalitäten weiß man sehr viel mehr zu sagen), ein dritter liegt in
den logischen Gewaltsamkeiten, welche die mengentheoretische Behandlung des
Kontinuums mit sich bringt und auf die ich eingangs des letzten Kapitels hingewiesen habe. Hinter dieser „Inkommensurabilität" der Anschauungsformen steht
ein Unterschied, den wir schon in der Einleitung gestreift haben: phänomenologisch gleichursprünglich mit der Zeit ist das Ich; der Raum aber, in dem sich
das Ich immer schon vorfindet, in welchen es ausblickt, ausgreift, hineinwirkt,
in dem ihm Widerstand begegnet, ist das Nicht-Ich schlechthin. Dieses Andere
ist für das Ich ein ewiges Gegenüber, das es mit Theorien überziehen, aber nicht
als aus ihm selbst heraus erzeugt denken kann. Für die Mathematik hat das Gauß
in einer vielzitierten Briefstelle ausgesprochen: „Wir müssen in Demut zugeben,
dass, wenn die Zahl bloß unseres Geistes Produkt ist, der Raum auch außer unserem Geiste eine Realität hat, der wir a priori ihre Gesetze nicht vollständig vor-
schreiben können." Eben das, die Welt aus dem Geist neu erbauen und so erst
eigentlich begreifen, wollte der nachkantische Idealismus von Fichte an, auf den
sich Weyl berief; wogegen für Kant der Raum zwar Anschauungsform, aber nicht
vom Ich produziert ist, vielmehr ein Medium für die Begegnung des Ich mit dem
Nicht-Ich darstellt. Diesem war in Kants System eine sozusagen formale Heim-
stätte gewährt, nämlich im Begriff des Ding-an-sich, der systematisch unvermeid-
bar scheint, als ein Grenzbegriff der Vernunft, den aber seine kritischen ebenso
wie seine idealistischen Nachfolger zu überwinden suchten. Die Entwicklung
ging von außen nach innen, die Arbeit an den Phänomenen führte zur Entbindung
des Geistes, der die Phänomene in Theorien neu erfasst, durch Konstruktion und
Deduktion aus reinen Begriffen, deren Urheber er selbst ist. Sein Triumph, aber
auch seine Gefährdung, nämlich die Versuchung, die Bewältigung der Phänomene
zu einer hybriden All-Ermächtigung zu steigern.

So zeigt sich die Entwicklung des mathematischen Kontinuums korreliert mit
derjenigen der Philosophie, und wie diese hat sie einen Zustand erreicht, indem
Konkurrierendes, ja Widersprechendes nebeneinander besteht, neue Einheit aber
nicht in Sicht scheint. Die scheinbar so klare und bestimmte Anschauung vom
Kontinuum hat sich aufgelöst in eine Mannigfaltigkeit von Theoriebildungen; wieder finden wir uns, wie einst Leibniz, in einem Labyrinth. Mehr und mehr zeigte
sich die Frage nach dem Kontinuum als Teil der Grundfrage aller Metaphysik,
nämlich der nach dem Verhältnis von Subjekt und Objekt. Hinter der klassischen
und heute noch dominierenden Theorie – das Kontinuum reduziert auf seine Rolle
als Träger von Funktionen, die zu kennen und zu beherrschen uns in Herrschaft
über Natur und Dinge setzt – steht eine ganz bestimmte metaphysische Grundhaltung, und wie entschieden sie verfolgt wurde, zeigt sich gerade darin, dass

man so lange die Funktionen und ihre Gesetze studierte, ohne über den logischen oder ontologischen Hintergrund Rechenschaft geben zu können. Dieser Grundhaltung weiter nachzufragen, aus philosophischer oder historischer Sicht, ist hier nicht der Ort. Ob in der synthetischen Theorie, mit ihrer „Verflüssigung" fester Objekte, sich eine kommende „Revolution der Denkart" anzeigt oder ob sie eine bemerkenswerte, aber folgenlose Leistung der mathematischen Spekulation bleibt, wissen wir nicht. Zwar liegt den mathematischen Modellen, die in Physik und Technik zur Anwendung kommen, in der Mikro- wie der Makrophysik, von der Raumfahrt bis zur Statik von Großbauten, nach wie vor das klassische Kontinuum zugrunde (sofern ein Kontinuum überhaupt erfordert wird). Aber es ist nicht undenkbar, dass die Physik des Kleinsten irgendwann einen neuen Begriff von ihm benötigen wird, so wie die Physik des Größten eine neue Geometrie erzwang. Die Konstruktion von Conway ist vielleicht schon ein Schritt auf einem solchen Weg, indem sie das Kontinuum mit dem zuvor ganz fremden Bereich der Spiele in Verbindung bringt. Sie nähert sich damit den kombinatorischen Strukturen der diskreten Mathematik, die heute mindestens ebenso anwendungsträchtig sind wie die Mathematik des Kontinuums; eine Mathematik nicht nur von „An-Sich-Seiendem", sondern auch von speziellen Handlungen wie Suchen und Ordnen (ein kombinatorischer Charakter eignete schon Brouwers Fächern). Wie rasch die Veränderung sich vollzog, zeigt sich zum Beispiel daran, dass noch in Dieudonnés „Panorama of Pure Mathematics" (1982) diese Mathematik gar nicht vorkommt, obwohl sie nicht weniger „rein" ist als Zahlentheorie. Der Gedanke lässt sich kaum abweisen, dass eine „Transformation der Mathematik" im Gange ist, von der wir nicht absehen, wohin sie uns führen wird.

Die Erfahrung ist kontinuierlich, ihre begriffliche Erfassung diskret. Wie beides sich aufeinander einstellt, wie dieses Verhältnis, speziell das vom Kontinuum zu seinen Punkten, immer neu bestimmt wird, darin liegen Wandlungen in den Vorhaben der Menschen, liegt vielleicht das, was Heidegger „Seinsgeschick" nannte. Die Mathematik zeigt uns dabei die Kontingenz der menschlichen kategorialen Verfassung, denn indem sie die Gesetzmäßigkeiten der Anschauungsformen und des theoretischen Agierens entfaltet, macht sie Alternativen zu ihnen sichtbar, von den nichteuklidischen Geometrien bis zur parakonsistenten Logik. Die Mathematik der Pythagoreer war „reine Schau", Kontemplation „ewiger Wahrheiten". Die Überzeugung von solchen ist uns verlorengegangen, aber die mathematische Methode, der harte Kern unseres theoretischen Agierens, hat sich verselbständigt und ist ein unentbehrliches Ferment in dem Umbau der Lebenswelt, den wir heute erfahren. Das letzte Wort gebührt hier Hermann Weyl: „Vielleicht ist „Mathematisieren", wie Musizieren, eine schöpferische Tätigkeit des Menschen, deren Produkte nicht nur formal, sondern auch inhaltlich durch die Entscheidungen der Geschichte bedingt sind und daher vollständiger objektiver Erfassung trotzen" ([WP], S. 279).

Literatur zu diesem Kapitel

Die klassische Darstellung der Geschichte des Kategorienbegriffs ist das gleichnamige Buch von Trendelenburg [Tre]. Ich empfehle auch die einschlägigen Artikel in den Enzyklopädien [HW] und [HG]. Zum Verhältnis von mathematischem

und philosophischem Kategorienbegriff kann meine Arbeit [KK] lesen. Die neu-
zeitliche Wandlung des mathematisch-naturwissenschaftlichen Erkenntnisideals,
der Übergang vom Substanzbegriff zum Funktionsbegriff, ist das Thema von
Cassirers Buch [CSF]. Lesenswerte Gedanken über die im mathematischen Kategorienbegriff liegende „Negation der Konstanz" enthält das letzte Kapitel von
[BeT]. Über die mengentheoretischen und topologischen Aspekte des reellen Kontinuums, die wir hier nur gestreift haben, unterrichtet ausführlich [De]. Nächstver-
wandt mit der Entwicklung des mathematischen Denkens ist natürlich die oben
nur angedeutete der Philosophie. Damit betreten wir ein *sehr* weites Feld, in welchem eine Orientierung zu umreißen ich mich nicht kompetent fühle; hinweisen
möchte ich aber auf Apels „Transformation der Philosophie" [Ap], eine Sammlung
programmatischer Arbeiten, insbesondere den Aufsatz „Von Kant zu Peirce".

Literatur

[AC]   N. A'Campo, A Natural Construction for the Real Numbers, arXiv:math1301015vl
         (2003)
[Ap]   K.-O. Apel, Transformation der Philosophie, I, II Frankfurt/M 1976
[B]   E. Beth, The Foundations of Mathematics, Amsterdam 1959
[Ba]   F. Bachmann, Aufbau der Geometrie aus dem Spiegelungsbegriff, Berlin 1973
[BB]   E. Bishop, D. Bridges, Constructive Analysis, Berlin 1985
[Bel]   J.L. Bell, Infinitesimals and the Continuum, Math. Int. 17,2 (1995), 55–57
[BeP]   J.L. Bell, A Primer in Infinitesimal Analysis, Cambridge 1998
[BeT]   J.L. Bell, Toposes and Local Set Theory, Oxford 1988
[Br]   L.E.J. Brouwer, Collected works vol. I, ed. A. Heyting, Amsterdam 1975
[Bu]   W. Burkert, Weisheit und Wissenschaft, Nürnberg 1962
[C]   J.H. Conway, Über Zahlen und Spiele, Braunschweig 1983 (On Numbers and Games,
         Academic Press 1976)
[Ca]   M. Cantor, Vorlesungen über die Geschichte der Mathematik, Bd. II, Leipzig 1900
[Car]   O. Caramello, Toposes, Sites and Theories, Oxford 2018
[CSF]   E. Cassirer, Substanzbegriff und Funktionsbegriff, Darmstadt 1994
[Da]   D. v. Dalen, Logic and Structure, Berlin 1994
[De]   O. Deiser, Reelle Zahlen, Heidelberg 2008
[DS]   R. Dedekind, Stetigkeit und Irrationalzahlen, Braunschweig 1872
[Du]   M. Dummett, Elements of Intuitionism, Oxford 1977
[DZ]   R. Dedekind, Was sind und was sollen die Zahlen? Braunschweig 1960
[ED]   Die Elemente des Euklid, übers. v. C. Thaer, Darmstadt 1971
[EE]   T.L. Heath, The 13 Books of Euclid's Elements, Bd. II, Cambridge 1908
[FG]   G. Frege, Grundlagen der Arithmetik, Breslau 1884
[FL]   S. Feferman, In the Light of Logic, Oxford 1998
[Go]   R. Goldblatt, Lectures on the Hyperreals, Berlin 1998
[H]   D. Hilbert, Grundlagen der Geometrie (seit 1899 viele Ausgaben)
[HAD]   D. Hilbert, Axiomatisches Denken, Math. Ann. 78 (1918), S. 405 ff. (= Ges. Abh.,
         Bd. 3, S. 146 ff.)
[Ha]   H. Hankel, Geschichte der Mathematik im Altertum und Mittelalter, Leipzig 1874
[He]   A. Heyting, Intuitionism, Amsterdam 1956
[HG]   H. Krings, H.M. Baumgartner, C. Wild (Hrsg.), Handbuch philosophischer Grundbe-
         griffe, München 1973
[HL]   J. Barwise (Hrsg.), Handbook of Mathematical Logic, Amsterdam 1977

© Springer-Verlag GmbH Deutschland, ein Teil von Springer Nature 2019
E. Kleinert, *Mathematische Modelle des Kontinuums,*
https://doi.org/10.1007/978-3-662-59679-1

[HS]   H. Herrlich, G.E. Strecker, Category Theory, Berlin 1979

[HW]   J. Ritter (Hrsg.), Historisches Wörterbuch der Philosophie, Darmstadt 2007

[Hu]   E. Husserl, Formale und Transzendentale Logik, Tübingen 1981

[K]   D. König, Theorie der endlichen und unendlichen Graphen, Leipzig 1936

[KA]   E. Kleinert, Über die Anschauung im mathematischen Denken, Phil. Nat. 35 (1998), 309–331

[KB]   E. Kleinert, Beiträge zu einer Philosophie der Mathematik, Leipzig 2002

[KK]   E. Kleinert, Categories in Mathematics and Philosophy, in: M. Rahnfeld (Hrsg.), Gibt es sicheres Wissen? Leipzig 2006

[KMP]   E. Kleinert, Mathematik für Philosophen, Leipzig 2004

[KZ]   E. Kleinert, Über die Zwei und Dualität, in E.K., Studien zu Struktur und Methode der Mathematik, Leipzig 2012

[Kli]   M. Kline, Mathematical Thought, vol. I, Oxford 1972

[Kn]   D.E. Knuth, Surreal Numbers, Reading, Mass. 1974

[Ko]   A. Kock, Synthetic Differential Geometry, Cambridge 1981; siehe auch A.K., Synthetic Geometry of Manifolds, Cambridge 2010

[KoK]   M. Koecher, A. Krieg, Ebene Geometrie Berlin 2007

[KrV]   I. Kant, Kritik der reinen Vernunft

[KV]   H. Kasten, D. Vogel, Grundlagen der ebenen Geometrie, Berlin 2018

[L]   R. Lavendhomme, Basic Concepts of Synthetic Differential Geometry, Dordrecht 1996

[LaA]   M. Landmann, Philosophische Anthropologie, Berlin 1982

[Lab]   J.-M. Salanskis, H. Sinaceur (Hrsg.), Le labyrinthe du continu, Paris 1992

[LaG]   E. Landau, Grundlagen der Analysis, Darmstadt 1970

[LaK]   D. Laugwitz, Mathematische Modelle zum Kontinuum und zur Kontinuität, Phil. Nat. 34 (1997), 265–291

[LaZ]   D. Laugwitz, Zahlen und Kontinuum, Braunschweig 1986

[LG]   R. Lutz, M. Goze, Nonstandard Analysis, Berlin 1981 (Lecture Notes in Mathematics 881)

[LM]   G.W. Leibniz, Mathematische Schriften, ed. Gerhardt, Berlin ab 1848

[LP]   G.W. Leibniz, Philosophische Schriften, ed. Gerhardt, Berlin ab 1875

[Li]   R. Lingenberg, Grundlagen der Geometrie, Zürich 1978

[LoD]   P. Lorenzen, Differential und Integral, Frankfurt/M 1965

[LoM]   P. Lorenzen, Metamathematik, Mannheim 1962

[LoT]   P. Lorenzen, Die Theoriefähigkeit des Kontinuums, in: Jahrbuch Überblicke Mathematik, Mannheim 1986

[LR]   F.W. Lawvere, R. Rosebrugh, Sets for Mathematics, Cambridge 2003

[M]   S. MacLane, Categories for the Working Mathematician, Berlin 1971

[Me]   K. Menninger, Kulturgeschichte der Zahlen, Breslau 1934

[MM]   S. MacLane, I. Moerdijk, Sheaves in Geometry and Logic, Berlin 1992

[MR]   I. Moerdijk, G. Reyes, Models of Smooth Infinitesimal Analysis, Berlin 1991

[Mu]   R. Murawski, Reverse Mathematik und ihre Bedeutung, Math. Sem.-Ber. 40 (1993), 105–113

[NM]   N.J. Cutland, M. di Nasso, D.A. Ross (Hrsg.), Nonstandard Methods and Applications in Mathematics, Cambridge 2016

[PI]   J. Piaget/B. Inhelder, Die Entwicklung des inneren Bildes beim Kind, Frankfurt/M 1990

[PP]   C.S. Peirce, Collected Papers 8, ed. W. Burks, Cambridge, Mass. 1958

[PT]   C.S. Peirce, The New Elements of Mathematics, ed. C. Eisele, New Jersey 1976

[Ri]   M. Richter, Ideale Zahlen, Monaden und Nichtstandardmethoden, Braunschweig 1982

[Rie]   O. Riemenschneider, 37 elementare axiomatische Charakterisierungen des reellen Zahlkörpers (www)

[RN]   P. Ehrlich (ed.), Real Numbers… Dordrecht 1994

[SS]   D. Schleicher, M. Stoll, An Introduction to Conway's Games and Numbers, arXiv:math/0410026v2

[SW]   G. Skirbekk, Wahrheitstheorien, Frankfurt 1977
[TD]   A.S. Troelstra, D. v. Dalen, Constructivism in Mathematics, Amsterdam 1988
[Th]   R. Thom, L'anteriorité du continu sur le discret, in [Lab]
[Tr]   A.S. Troelstra, Principles of Intuitionism, Berlin 1969 (Lecture Notes in Mathematics 95)
[Tre] A. v. Trendelenburg, Geschichte der Kategorienlehre, Berlin 1846
[WA]   B.L. v. d. Waerden, Algebra I, Berlin 1966
[Wi]   W. Wieland, Das Kontinuum in der Physik des Aristoteles, in: W. W., Die Naturphiloso-
       phie des Aristoteles, Darmstadt 1975
[WK]   H. Weyl, Das Kontinuum, Leipzig 1918
[WP]   H. Weyl, Philosophie der Mathematik und der Naturwissenschaft, München-Wien 1966
[Z]   H.D. Ebbinghaus et al., Zahlen, Berlin 1983
[Ze]   H.G. Zeuthen, Geschichte der Mathematik im 16. und 17. Jahrhundert, Stuttgart 1966

Springer

Willkommen zu den Springer Alerts

- Unser Neuerscheinungs-Service für Sie:
  aktuell *** kostenlos *** passgenau *** flexibel

Springer veröffentlicht mehr als 5.500 wissenschaftliche Bücher jährlich in gedruckter Form. Mehr als 2.200 englischsprachige Zeitschriften und mehr als 120.000 eBooks und Referenzwerke sind auf unserer Online Plattform SpringerLink verfügbar. Seit seiner Gründung 1842 arbeitet Springer weltweit mit den hervorragendsten und anerkanntesten Wissenschaftlern zusammen, eine Partnerschaft, die auf Offenheit und gegenseitigem Vertrauen beruht.

Die SpringerAlerts sind der beste Weg, um über Neuentwicklungen im eigenen Fachgebiet auf dem Laufenden zu sein. Sie sind der/die Erste, der/die über neu erschienene Bücher informiert ist oder das Inhalts-verzeichnis des neuesten Zeitschriftenheftes erhält. Unser Service ist kostenlos, schnell und vor allem flexibel. Passen Sie die SpringerAlerts genau an Ihre Interessen und Ihren Bedarf an, um nur diejenigen Informa-tion zu erhalten, die Sie wirklich benötigen.

Mehr Infos unter: springer.com/alert

A14465 | image: Tsahatuwangu/iStock

Printed in the United States
By Bookmasters